国家出版基金项目
NATIONAL PUBLICATION FOUNDATION

自然 生态 保护

金丝猴的社会

（第2版）

A Field Study of the Society of Rhinopithecus roxellanae

苏彦捷 主编

北京大学出版社
PEKING UNIVERSITY PRESS

图书在版编目(CIP)数据

金丝猴的社会/苏彦捷主编. —2版. —北京：北京大学出版社，2014.12
（自然生态保护）
ISBN 978-7-301-25155-3

Ⅰ.①金… Ⅱ.①苏… Ⅲ.①金丝猴—研究 Ⅳ.①Q959.848

中国版本图书馆 CIP 数据核字(2014)第 272313 号

书　　　名：金丝猴的社会（第二版）
著作责任者：苏彦捷　主编
责 任 编 辑：陈小红　赵睛雪
标 准 书 号：ISBN 978-7-301-25155-3/Q · 0153
出 版 发 行：北京大学出版社
地　　　址：北京市海淀区成府路 205 号　100871
网　　　址：http://www.pup.cn　新浪官方微博:@北京大学出版社
电 子 信 箱：zpup@pup.cn
电　　　话：邮购部 62752015　发行部 62750672　编辑部 62752038　出版部 62754962
印　刷　者：北京大学印刷厂
经　销　者：新华书店
　　　　　　720 毫米×1020 毫米　16 开本　20 印张　326 千字
　　　　　　2014 年 12 月第 1 版　2014 年 12 月第 1 次印刷
定　　　价：80.00 元

"山水自然丛书"第一辑

"自然生态保护"编委会

序一

在人类文明的历史长河中，人类与自然在相当长的时期内一直保持着和谐相处的关系，懂得有节制地从自然界获取资源，"竭泽而渔，岂不获得？而明年无鱼；焚薮而田，岂不获得？而明年无兽。"说的也是这个道理。但自工业文明以来，随着科学技术的发展，人类在满足自己无节制的需要的同时，对自然的影响也越来越大，副作用亦日益明显：热带雨林大量消失，生物多样性锐减，臭氧层遭到破坏，极端恶劣天气开始频繁出现……印度圣雄甘地曾说过，"地球所提供的足以满足每个人的需要，但不足以填满每个人的欲望"。在这个人类已生存数百万年的地球上，人类还能生存多长时间，很大程度上取决于人类自身的行为。人类只有一个地球，与自然的和谐相处是人类能够在地球上持续繁衍下去的唯一途径。

在我国近几十年的现代化建设进程中，国力得到了增强，社会财富得到大量的积累，人民的生活水平得到了极大的提高，但同时也出现了严重的生态问题，水土流失严重、土地荒漠化、草场退化、森林减少、水资源短缺、生物多样性减少、环境污染已成为影响健康和生活的重要因素等等。要让我国现代化建设走上可持续发展之路，必须建立现代意义上的自然观，建立人与自然和谐相处、协调发展的生态关系。党和政府已充分意识到这一点，在党的十七大上，第一次将生态文明建设作为一项战略任务明确地提了出来；在党的十八大报告中，首次对生态文明进行单篇论述，提出建设生态文明，是关系人民福祉、关乎民族未来的长远大计。必须树立尊重自然、顺应自然、保护自然的生态文明理念，把生态文明建设放在突出地位，以实现中华民族的永续发展。

国家出版基金支持的"自然生态保护"出版项目也顺应了这一时代潮流，充分体现了科学界和出版界高度的社会责任感和使命感。他们通过自己的努力献给广大读者这样一套优秀的科学作品，介绍了大量生态保护的成果和经验，展现了科学工作者常年在野外艰苦努力，与国内外各行业专家联合，在保护我国环境和生物多样性方面所做的大量卓有成效的工作。当这套饱含他们辛勤劳动成果的丛书即将面世之际，非常高兴能为此丛书作序，期望以这套丛书为起始，能引导社会各界更加关心环境问题，关心生物多样性的保护，关心生态文明的建设，也期望能有更多的生态保护的成果问世，并通过大家共同的努力，"给子孙后代留下天蓝、地绿、水净的美好家园。"

2013 年 8 月于燕园

序二

　　1985 年，因为一个偶然的机遇，我加入了自然保护的行列，和我的研究生导师潘文石老师一起到秦岭南坡（当时为长青林业局的辖区）进行熊猫自然历史的研究，探讨从历史到现在，秦岭的人类活动与大熊猫的生存之间的关系，以及人与熊猫共存的可能。在之后的 30 多年间，我国的社会和经济经历了突飞猛进的变化，其中最令人瞩目的是经济的持续高速增长和人民生活水平的迅速提高，中国已经成为世界第二大经济实体。然而，发展令自然和我们生存的环境付出了惨重的代价：空气、水、土壤遭受污染，野生生物因家园丧失而绝灭。对此，我亦有亲身的经历：进入 90 年代以后，木材市场的开放令采伐进入了无序状态，长青林区成片的森林被剃了光头，林下的竹林也被一并砍除，熊猫的生存环境遭到极度破坏。作为和熊猫共同生活了多年的研究者，我们无法对此视而不见。潘老师和研究团队四处呼吁，最终得到了国家领导人和政府部门的支持。长青的采伐停止了，林业局经过转产，于 1994 年建立了长青自然保护区，熊猫得到了保护。

　　然而，拯救大熊猫，留住正在消失的自然，不可能都用这样的方式，我们必须要有更加系统的解决方案。令人欣慰的是，在过去的 30 年中，公众和政府环境问题的意识日益增强，关乎自然保护的研究、实践、政策和投资都在逐年增加，越来越多的对自然充满热忱、志同道合的人们陆续加入到保护的队伍中来，国内外的专家、学者和行动者开始协作，致力于中国的生物多样性的保护。

　　我们的工作也从保护单一物种熊猫扩展到了保护雪豹、西藏棕熊、普氏原羚，以及西南山地和青藏高原的生态系统，从生态学研究，扩展到了科学与社会经济以及文化传统的交叉，及至对实践和有效保护模式的探索。而在长青，昔日的采伐迹地如今已经变得郁郁葱葱，山林恢复了生机，熊猫、朱鹮、金丝猴和羚牛自由徜徉，那里又变成了野性的天堂。

　　然而，局部的改善并没有扭转人类发展与自然保护之间的根本冲突。华南虎、白暨豚已经趋于灭绝；长江淡水生态系统、内蒙古草原、青藏高原冰川……一个又一个生态系统告急，生态危机直接威胁到了人们生存的安全，生存还是毁灭？已不是妄言。

　　人类需要正视我们自己的行为后果，并且拿出有效的保护方案和行动，这不仅需要科学研究作为依据，而且需要在地的实践来验证。要做到这一点，不仅需要多学科学者的合作，以及科学家和实践者、政府与民间的共同努力，也需要借鉴其他国家的得失，这对后发展的中国尤为重要。我们急需成功而有效的保护经验。

　　这套"自然生态保护"系列图书就是基于这样的需求出炉的。在这套书中，我们邀请了身边在一线工作的研究者和实践者们展示过去30多年间各自在自然保护领域中值得介绍的实践案例和研究工作，从中窥见我国自然保护的成就和存在的问题，以供热爱自然和从事保护自然的各界人士借鉴。这套图书不仅得到国家出版基金的鼎力支持，而且还是"十二五"国家重点图书出版规划项目——"山水自然丛书"的重要组成部分。我们希望这套书所讲述的实例能反映出我们这些年所做出的努力，也希望它能激发更多人对自然保护的兴趣，鼓励他们投入到保护的事业中来。

　　我们仍然在探索的道路上行进。自然保护不仅仅是几个科学家和保护从业者的责任，保护目标的实现要靠全社会的努力参与，从最草根的乡村到城市青年和科技工作者，从社会精英阶层到拥有决策权的人，我们每个人的生存都须臾不可离开自然的给予，因而保护也就成为每个人的义务。

　　留住美好自然，让我们一起努力！

2013 年 8 月

自序

提笔开始写序,要说的话很多,竟然一时不知从何处下笔。酝酿了几天,我决定写三个方面的内容:关于川金丝猴、关于我们与金丝猴结缘的研究历程、关于这本书。

一、金丝猴

我们这本书的主角是川金丝猴,它是金丝猴家族中最大的一支,在我看来也是最漂亮的一种。研究金丝猴的人聚到一起都会说自己所研究的金丝猴最好:小龙(龙勇诚)说滇金丝猴最像人,有着粉红脸蛋和红嘴唇;李保国一定和我一派,说川金丝猴最漂亮最名副其实,有着金色的毛发。研究黔金丝猴的会说他们的猴子最珍贵,只分布在梵净山,数量最少。言归正传,我们将文献中提供的有关金丝猴的背景信息介绍如下。

十九世纪后半叶,金丝猴才被科学界认识。1871 年,法国人 Sonlie 在云南采集了七只金丝猴标本运到巴黎自然历史博物馆。1879 年,由著名动物分类学家米尔恩·爱德华兹(Milne Edwards)定名为*Rhinopithecus bieti*,即滇金丝猴。同时,他也首次正式报道了巴黎自然历史博物馆的四川金丝猴,*R. roxellanae*。1903 年,*R. brelichi*,即黔金丝猴,由英国人 Thomas 定名。1912 年,Dollman 描述了生活在越南北部森林中的越南金丝猴,*R. avunculus*,它们曾被划入黑叶猴属中,但现在仍被认为是金丝猴属中的一个种[①]。2010 年,灵长类研究专家 Thomas

---

[①] 潘文石,雍严格. (1985). 金丝猴的生物学. 野生动物,(6): 10-13.

Geissmann率领的FFI(野生动植物保护国际)在缅甸调查当地的灵长类动物时,通过访谈当地猎人,从当地猎人手中收集到标本,确定了一个新物种,并将其命名为 *Rhinopithecus strykeri* [①]。2012年,中国科学院昆明动物所张亚平院士课题组和云南大学于黎研究员课题组对采集到的怒江金丝猴粪便进行了DNA检测[②]。其DNA序列与越南金丝猴相似度最低,为92.2%;与滇金丝猴相似度为96.7%。与在缅甸发现的金丝猴新物种相似度最高,达到98.2%。这样的结果说明,怒江金丝猴为中国金丝猴新种群。

　　金丝猴是灵长类疣猴科的一个属,具有疣猴科动物的复杂的适于食叶的复胃,解剖结构上与其它的疣猴有很多共同点。大多数疣猴生活在热带雨林中,金丝猴的栖息环境却迥然不同,它们生活在北温带寒冷而潮湿的高山森林中,金丝猴是除人类以外分布的海拔最高的灵长类,可达海拔4000米以上。由于它能适应极端寒冷气候的栖息环境,在形态学上具有很多特异性。比如,发展出一些与温带高海拔哺乳动物相似的特点,如身材魁梧,体格健壮,披有厚厚的皮毛。金丝猴四肢粗壮,它可能是疣猴中最重的动物,体重可达30公斤。体重有明显的性二型性,而性二型性在树栖的疣猴中通常是很微弱的(除了长鼻猴,*Nasalislarvutus*)。

　　金丝猴与其它居住在热带雨林中同科的种属相比,分布的海拔较高,这些栖息地在冬天都会冰雪覆盖,万木凋零。这恰好去除了许多遮挡,对于观察者来说却是很好的条件。

　　与大多数树栖疣猴一样,金丝猴的新生婴猴毛色与成猴毛色迥然不同,从幼年到成年,毛色越来越深,毛也不断增厚。我们可以从成猴的毛色来区分我国的四种金丝猴:川金丝猴是金黄色的;滇金丝猴是棕色的,臀部两侧有明显的白毛斑块;黔金丝猴又名灰金丝猴,毛色银灰,背部两肩之间有一明显的白色斑块。怒江金丝猴全身只有脸部、胸部和会阴部呈白色,其他部位都是黑色的。对这四种金丝猴来说,一般雌猴比雄猴毛色浅暗,且较稀疏,尽管毛色的性二型性不是很明显,但在野外观察时可据此区分金丝猴的不同性别和年龄。

[①] Geissmann, T., Lwin, N., Aung, S. S. et al. (2011). A new species of snub-nosed monkey, Genus *Rhinopithecus* Milne-Edwards, 1872 (Primates, Colobinae), From Northern Kachin State, Northeastern Myanmar. *American Journal of Primatology*, 73(1): 96-107.

[②] Wang XP, Yu L, Roos C, Ting N, Chen CP, et al. (2012). Phylogenetic relationships among the Colobine Monkeys revisited: New insights from analyses of complete mt Genomes and 44 nuclear non-coding markers. PLoS ONE 7(4): e36274. doi:10.1371/journal.pone.0036274.

二、研究川金丝猴的历程回顾

我从 1986 年大学三年级的时候进入生物心理学实验室,师从邵郊教授和任仁眉教授以来,至今将近 30 年了。当时任老师刚从美国威斯康星灵长类研究中心访学归来,给我们介绍了她和 de Waal Frans 教授合作开展的短尾猴和恒河猴和解行为的比较研究,很有趣也很新鲜。1987 年我上研究生的第一学期,系统学习了"灵长类行为的演化"一书[①]。1988 年底,实验室和北京濒危动物驯养繁殖中心(现在是北京野生动物园)联系,计划对笼养川金丝猴展开系统的行为观察研究。1989 年 5 月,我开始了我的第一个川金丝猴的研究。1991 年,任仁眉老师得到一笔自然科学基金,三年 35 000 人民币,选择神农架为野外考察基地,进行野外栖息地川金丝猴的研究。1991 年冬天和春天,任老师带领周茵老师和李进军老师两赴神农架,和当时神农架自然保护区管理局朱兆泉副局长、科研所副所长胡振林老师以及胡云峰一起建立了我们的大龙潭野科考站。1992 年 7 月我获得博士学位后,于 9 月到次年 1 月初,第一次到神农架,跟猴子们跑了三个多月。后来在有了规律的教学任务之后,每次的研究时间就缩短到一个月左右。随着研究的深入,心理学的实验通常需要进行个体识别,所以我们的工作地点就逐渐转移到了北京野生动物园和上海野生动物园。上海野生动物园最吸引我们的地方是那里的川金丝猴半放养场中有两个家庭群和一个全雄群,和野外的社群结构比较相似。

川金丝猴的研究对我来说有着特别的意义。从做学生到做老师,第一次参加国际学术会议、第一篇心理学报的论文、第一篇英文论文、第一个自然科学基金,都是有关川金丝猴的。所以,虽然现在实验室里研究动物和比较心理学课题的是小众,但我一直舍不得放弃这一研究方向。当然比较的观点对我们所研究的心理能力发生发展是不可或缺的,而川金丝猴与我的渊源肯定是其中的重要原因之一。

这一路下来,要感谢的人很多,也结识了很多忘年交、好朋友:老一辈的,中科院动物所的全国强老师、冯祚建研究员、蒋志刚研究员;昆明动物所的王应祥研究员;西北大学的刘诗峰教授;贵州师大的谢家骅教授;北京大学的潘文石教授,还有我的两位恩师邵郊教授、任仁眉教授。和我同辈的:中科院动物所的魏辅文、李明、黄乘明;西北大学的李保国、高云芳;安徽大学的李进华;昆明动物所的龙勇诚、

---

① Jolly, A. (1985). The Evolution of Primate behavior. Macmillan Publishing Company.

蒋学龙；华南师范大学的江海声；郑州大学的陆纪琪；梧州黑叶猴珍稀动物繁殖中心的唐朝晖。年轻一代的：中科院动物所的任宝平、刘志瑾；贵州师范大学的周江；中南林业大学的向左甫；中山大学的张鹏、西北大学的齐晓光、郭松涛；广西师大的周岐海；大理学院的范鹏飞；河南师范大学的吕九全；天津师大的赵大鹏。国外的同行和朋友们：Nina G. Jablonski（澳大利亚），Tetsuro Matsuzawa（日本），R. C. Kirkpatrick（美国，研究滇金丝猴），W. Bleisch（美国，研究黔金丝猴），Reimann Giselle（在我们实验室暑期实习的瑞士学生）。

我们研究小组的工作主要在神农架自然保护区、北京野生动物园和上海野生动物园完成。这些单位的领导、老师和饲养员们给予我们大力的支持和帮助，他们是神农架自然保护区的朱兆泉、胡振林、胡云峰、杨敬元、杨敬文；北京野生动物园的熊万华、戚汉君、梁冰、鲍文永、刘昕晨、王双军、陶玉静；上海野生动物园的夏述忠、邱军华。由于野外基地需要大量的后勤保障工作，所以我要特别感谢神农架保护区并肩战斗的战友的家属们：我们考察期间能吃到美味的扣肉、凉拌柑橘皮……都是胡振林老师的妻子刘大姐的功劳；朱兆泉局长的夫人杜晓玲，常常是我们上下山的接应，而返京的紧俏火车票每次都要麻烦她。

最后，当然还有我们实验室的众多同事、老师和学生们：李进军、严康慧、周茵、耿晓峰；舒树静、王光辉、刘祖祥、刘立惠、严霄霏、陈玢、王彦、隋晓爽、衣琳琳、孙沛、刘青、刘宇、赵迎春、王慧梅、张真、李潜、万美婷、谭竞智、薛茗、次海鹏、金暎、陶若婷、秦美英、陈涛、高洁。

还有好多老中小伙伴们，感谢大家，分享我们有关猴子，特别是金丝猴的记忆。

我们的研究得到了国家自然科学基金（39070348，39870111，30170131，30370201，30970907）和科技部973项目经费的支持（2010CB833904）。

三、关于这本书

2000年的时候，在积累了将近十年野外研究资料的基础上，任老师主笔撰写了《金丝猴的社会》一书。2013年，北京大学出版社的陈小红编辑提议修订再版这本书。当时想的比较简单，保留以往的内容，补充我们随后新的研究结果。但真正动手修订工作，发现困难多多，对保留的章节内容要查阅新的文献，在新的视角基础上整合以往的数据，越做越多、越做越不满意。新加的内容也随着研究进展，不断更新整理，也一直久拖未决。最终在出版日期临近时，我们才心怀忐忑地交出了一份粗糙的答卷,希望各位读者不吝指正,以便以后有机会不断完善。

书稿完成的过程是这样的:我做了总体章节的框架设计,请陈涛、高洁两位同学对 2000 年版一书中原有内容合并、整合、补充新的文献。金暎(第 8 章)、张真(第 9 章)、陶若婷(第 10 章)和我(第 6 章)是在以往学位论文的基础上撰写本版新增的章节。在审读、修订和文献整理的过程中,金晓雨、张真和陈涛协助我做了大量的工作。我负责并完成了对全书的统稿和审读。需要说明的一点是,在重新整理之前书稿的过程中,我们尽量保留了近乎原始记录的描述,一方面,这些是非常珍贵的第一手资料,我想各位同仁都会承认目前很多金丝猴的研究都受到了这些描述的启发。另一方面,看到这些文字,会让我们回忆起以往的日子,同时也是对这个工作的开创者任仁眉教授(1932—2013)最好的纪念。

本书的完成,还要感谢本书第一版的编辑朱新邨老师以及同样从事生态保护相关研究的同仁,长青林业局的胡万新、赵纳勋和向定乾三位研究者,为我们提供了大量精美的野外川金丝猴照片,可以让您感受到我们的川金丝猴有多么可爱。

谢谢大家! 愿我们永远拥有这些可爱的生灵们!

苏彦捷

2014 年 12 月

目　　录

第 1 章　行为模式

1　动物的典型行为和仪式化行为

现代习性学（modernethology）认为，每个物种在其演化过程中，为了适应其独特的生存环境，会形成一套固定的行为模式，其中一些行为为该物种所特有，我们称之为典型行为。从分类学角度，一般来说，在分类学上较接近的物种，比如同目、同科、同属的动物，它们的行为模式较为相似；而在分类学上相距较远的物种，其行为模式相差较大。但这并不绝对，由于不同物种的动物生存环境会有许多不同，从演化的适应性角度来看，即便在同属的各物种中也会形成一些这一物种独特的行为模式（Dawkins，1987）。

仪式化行为指动物中失去原来的意义而转变为传递另外信息的行为（任仁眉等，2005）。一般仪式化行为由非仪式化行为演化而来。某些行为模式经过长期的演化过程，通过自然选择机制转化为仪式化行为。仪式化行为在动物行为学的研究方面占有重要的地位，是动物行为学家们极为关注的课题。《牛津动物行为学辞典》（*Oxford Companion to Animal Behavior*）是这样描述仪式化行为的：仪式化行为是把具有各种功能的行为模式，通过演化的过程转变成为具有交流功能；这种转变是通过自然选择进行操作的，它把行为模式转变成为更加可信的、显著的交际形式；这种转变的过程，是通过对动物行为的比较研究获得的。由以上论述可知，仪式化行为是把有某些功能的行为模式转变为交际功能，成为个体或群体之间交流信息的手段，这种转变是通过长期的演化并借助于自然选择而形成的。在动物世界中，仪式化行为是普遍存在的。

通过对动物行为的比较研究，一种行为模式转变为仪式化行为有许多途径：

（1）常见的是把一种行为变成刻板的和不完全的形式，使之成为仪式化行为。例如，灵长类动物间正常的理毛行为，是一种较为缓慢而平和的行为，它的直接功能是帮助其它个体清理身上的脏物，如汗粒和寄生虫等，而间接功能则是表示友好的一种手段；而仪式化的理毛行为，常常是局限在其它个体身体的某些部位，动作相对精简，有时只有象征性的动作。因而，理毛行为已经失去了原来的功能，而是传达一种和解友好的信息。

（2）把有些行为的动作"冻结"成一种姿势，也是把正常的行为变成仪式化行为的一种形式，许多威胁行为就是通过这个途径形成的。比如，人们常常把要打人的手举在空中"冻结"住以示威胁，传达将要打人的信息，这就是一种仪式化行为。

（3）还有一种途径是，改变原有动作的强度，使之成为一种刻板的、具有独特强度的、含义更清楚的行为。例如，啄木鸟利用喙啄掘树干造窝或取食，发出嗒嗒的声音，这种行为通过转变成为仪式化行为。雄性黑啄木鸟敲击干树枝，以表明此块领地被它占领，其它雄性不要过来，并吸引雌性来与之婚配。这种敲击是有独特而刻板的节律的，很容易和正常雕啄鸟巢时的敲击声相区别。又如，当一对配偶啄掘鸟巢过程中，一只鸟工作到一定时候，它就飞到洞边的进口处，用很慢的节律敲击洞口，通知它的配偶来替换它，继续工作，这些敲击声不是在挖掘鸟巢，而是交际的符号。

（4）把一种行为的原来的动机，转变成另一种动机也是形成仪式化行为的一种途径。很有名的例子就是鸟类求婚时的乞食行为。鸟类的有些物种，当求婚到了最后阶段时，雌性对它的雄性配偶作出一种乞食姿势。在正常情况下，这种乞食姿势是幼儿对父母求食时做出的；雌性只是在繁殖周期内很局限的阶段才做出这种姿势，当时它并不饥饿；因此这种乞食行为的动机是和幼儿乞食行为的动机全然不同的，它转达了性接受的含义。

（5）仪式化行为有时也把具有某种功能的行为，转变成其它功能以传达信息。例如，黑头鸥在交配之前，有一种仰头的动作模式，配偶走到一起，不停地急速仰头，同时还伴有轻柔的叫声。这种模式原来也是一种幼儿向父母乞食的动作模式，不停地仰头，可以激发父母的喂食反应；但在仪式化的过程中，这种乞食行为变得刻板而夸张，表明双方已做好交配的准备。幼儿行为的仪式化，在交配过程中起到安抚的功能是很普遍的，尤其是在交配双方互相抱有戒心的配偶之中。

由以上例子可见，仪式化行为是动物间通信的信号（尚玉昌，2005），是一种传达信息的手段。这种传达信息的手段非常重要，它在动物的交往之中，起到缓和矛盾，避免互相伤害，保存实力的作用。例如上面所举的例子，"举手"是威胁的仪式化行为，传达要打人的信息，但是并没有打，如对方理解了他的意思走开，就避免了打斗的发生；又例如雄性啄木鸟啄击树枝，传达此块领地已被占领的信息，其它雄性了解此意，不再来侵入，就避免了一场战斗。上述例子都说明仪式化行为在动物的交往之中，起着重要的作用。

在灵长类动物中，仪式化行为是很多的，尤其是在群居的动物之中。金丝猴是典型的群居灵长类动物，对于金丝猴来说，其行为模式中的仪式化行为起着十分重要的作用。

2　社会行为模式

社会生活会给动物带来很多好处（尚玉昌，2005），例如减少环境或气候因素造成的损害、防御捕食者、较独居动物更易找到配偶和繁殖机会、觅食成功率较高等。由于适应社会生活会对个体产生相应的演化压力，对于社会生活的适应就会以一套特有的行为模式所体现出来，我们称这套特有的行为模式为社会行为模式。

由于社会行为模式是在社会生活的自然选择压力下演化而来的，那么这些行为模式就会有相应的作用和意义（任仁眉等，2000）。在研究各种动物行为模式社会含义的过程中，需要注意以下几个方面：

（1）首先需要了解行为的发起者。研究社会关系，就是了解各种不同类别个体之间的关系，故而要明确辨认行为的发起者。如果是笼养被试研究，必须清楚辨认出每一个个体，知道其年龄和性别，甚至可以给它们取一个名字以加深印象；如果是野外研究，群内的个体在 40 只左右，清楚辨别个体也是完全可能的。但是像金丝猴群有 200～300 只个体，很难清楚的辨别出群内的每一个个体，这时就需要辨别清楚所记录个体的年龄和性别，不然记录的数据是无用的。

（2）要清楚行为的接受者。社会行为是指，A 个体针对 B 个体或其它个体发出了一个行为，如 A 个体给 B 个体理毛，或 A 个体追赶 B 个体和 C 个体等。而如果 A 个体做一个行为只是针对自己，如自我理毛、自我挠痒等，这些都不属于社会行为。因此对行为的接受者也必须辨别清楚，这是了解社会关系的必要条件，因为不同个体之间的行为含义，会随着其关系的不同而有所不同。例如 A 个体和 B 个体是母女关系，它们之间发生的理毛行为的社会含义，与 A 个体不是 B 个体的母亲而互相理毛的社会含义是大大不同的。

（3）清楚记录行为发起者和行为接受者所做的各种行为的模式：如肌肉的动作、身体各部的姿势、面部表情以及声音等；这各个方面组成统一的一种模式；个体使用同一种行为模式来表达同一种社会含义，这是个体间传递信息的关键部分，从而也表达了个体间的社会关系。

（4）清楚了解行为发生的情境，只有这样才能把所发生的行为，从社会行为的角度来考察。另外，还要记录行为发生的时间长短。大多数行为发生的时间很短暂，约在 1～3 秒左右，开始和结束很明确，很容易和另一个行为相区分，如威胁、屈服等；然而有些行为持续的时间较长，如理毛、挨坐、拥抱等，有时会有十几分钟，甚至延续 1 小时以上。为了便于表明时间因素，我们常常规定时间的最长时长，超过最长时长则不计为一次行为。比如确定 3 分钟为一个时间段，如一次行为超过 3 分钟就以另一次行为计算。

川金丝猴社会行为模式丰富，表 1-1 和表 1-2 分别列出笼养被试各类社会行为节目的情况和野外观察各类社会行为的发生情况。

表 1-1　笼内各类社会行为节目及其发生的次数

分类	攻击行为				作威行为		屈服行为				和解和友谊行为							总计
节目	咬住	抓打	追赶	威胁	摇笼	取代	回避	逃逸	蜷缩	张嘴	抱腰	拥抱	理毛	挨坐	趋近	游戏	邀请	总计
次数	19	65	143	433	189	96	96	102	87	1262	81	1041	2977	596	1353	34	465	9039
百分比	7.3				3.15		3.15				86.4							100

本表引自：任仁眉等，1990

表 1-2　野外观察各类社会行为次数

行为类别	攻击行为	作威行为	屈服行为	友谊行为	交配行为	育幼行为	总计
观察次数	87	32	20	780	61	80	1060

在野外观察到社会行为的日数（天数）76

在野外观察到社会行为的时数（小时）47

本表引自：任仁眉等，2000

3　行为取样方法

　　系统的行为观察是了解动物及其群体的第一步和基础。在观察行为的过程中，根据研究问题选择适宜的取样方法可以保证我们获得更客观的数据。目前文献中通常涉及的行为取样方法（Altmann，1974）主要有随意取样（ad libitum sampling）、焦点动物取样（focal-animal sampling）、序列取样（sequence sampling）、事件记录（all occurences of some behaviors）、瞬时扫描（instantaneous and scan）等。

　　（1）随意取样，又称典型野外记录（typical field notes），该方法不预先指定观察时间、目标个体和观察的行为，而是对所有的观察到的行为进行记录（见到什么记什么）。通常应用于观察的初期，能够在对研究对象没有充分的了解的情况下，获取大量的信息，并且能够记录到发生频率很低但重要程度很高的行为。值得一提的是，随意取样法容易造成观察的倾向性，活动性较强的个体，以及引人注目的事件被记录的可能性偏高。随意取样法通常与其他观察方法结合使用，或者作为定量观察方法的补充方法。

　　（2）焦点动物取样，又称焦点动物技术，指的是选择某一个个体，或者某几个个体作为焦点动物，对其进行连续观察，并记录其在每一取样时期内焦点动物所表现出的所有行为（包括行为的发生时间、结束时间、行为的类型、行为的结果等）；而且，应该包括每一样本的预定时间量和样本中（焦点个体）实际被观察到的时间量。在取样时间内，焦点动物应该一直被跟踪观察。这种方法是目前在行为学研究中最有价值的方法。但是在野外条件下，焦点动物取样法有一些困难，因为要求对焦点动物取样的顺序是随机的，野外观察较难满足取样的随机性。而且野外观察中，焦点动物有时会在视野中消失，无法进行连续的观察。

　　另外，焦点动物可以是单一个体，也可以是亚群体，但在后一种情况下，只有在亚群体内所有成员在取样时期内都能被持续看到时才能使用。因此，在观察条件较差时，应以单一个体为焦点动物。另外由于野外观察条件较差，焦点动物取样法实施特别困难，一般适用于笼养研究。值得注意的是，一些研究者常常含混不清地将焦点动物取样法看做是连续记录(continuous recording)的同义词。其实,焦点动物取样法涉及观察什么,而连续记录涉及如何记录所观察的行为。事实上,在记录焦点动物的行为时,可以使用连续记录、瞬时取样和1—0 取样三种不同记录法中的任何一种,但多数研究者倾向于将焦点动物取样法和连续记录同时使用。

(3) 序列取样方法中观察的焦点是相互作用的过程,而非任何特定的个体。每个样本的记录开始于相互作用发生时,结束于相互作用结束或被中断时,所有被研究的行为都要按顺序记录。判断每一过程的开始和结束取决于观察者对可能发生的相互作用的预期能力,因此需要观察者对特定的相互作用有一定的熟悉程度。

序列取样方法既可以研究状态,也可以研究事件,使用过程与焦点动物取样法类似,但根本区别在于:序列取样法以行为的开始和结束为标准,焦点动物取样法则以个体可见为依据。

(4) 全事件记录法是对于特定的事件进行记录,记录事件发生的时间、结束的时间、参与的个体、事件发生的全过程以及具体的细节等。通常用于记录一些特殊但是非常重要的行为,如交配、打斗、杀婴等。全事件记录法要求在一个观察期内记录群体内某一特定行为系列的全部发生过程,可以提供准确可信的行为记录、测出真正的频次和持续时间,以及行为序列开始和终结的时间。

全事件记录法经常与焦点动物取样法和扫描取样法结合使用。由于特殊事件的发生难以预测,经常是突发的和迅速的,在野外观察中观察到事件发生的起止时间,以及所有过程较为困难。所以在观察中,应尽可能详细地记录特殊事件的各种细节,这种记录的数据对了解研究对象的社会行为有重要的意义。

(5) 瞬时扫描取样又称瞬时扫描技术,它可人为地分为瞬时取样(instantaneous sampling)和扫描取样(scan sampling)。前者又称点取样(point sampling)或固定间隔时间的点取样(fixed-interval time point sampling)。如果在一非常短的时间内采集到所有可见个体的行为样本,此时的瞬时取样法称为扫描取样法。在实际研究中,瞬时取样和扫描取样常常结合使用,故称"瞬时扫描取样法"。这种方法是将观察时间分为许多短的取样时区,在每一时区的某一固定时点上记录当时正在发生的行为。它用于记录状态而非事件,可从大量群体成员中收集数据,研究各种活动所消耗的时间百分比。

每隔固定的时间间隔,对所有的观察对象进行一次扫描观察。记录每个个体在扫描瞬间所处的行为状态。这种方法经常用于记录一种行为或者几种行为类别，要求扫描完成的时间要大大的短于扫描的间隔，最常应用于研究个体的日活动节律。在扫描过程中，可能会忽略一些较为罕见的行为，从而对研究结果造成误差。减少误差的方式是缩短扫描间隔，以及与其他观察方法结合使用。

这些取样方法在研究的不同阶段和解决不同问题时选用，但研究者往往是多种方法一起搭配使用，以期更全面地描绘动物的行为表现和规律。

4 川金丝猴的社会行为节目及其动作模式

探讨川金丝猴社群内部的社会关系，首先需要对川金丝猴的各种社会行为模式进行说明，然后结合笼养的研究结果和野外的资料，讨论有关金丝猴各种社会交往方式，以及表现出的各种社会关系，如优势行为、友谊行为、和解行为、繁殖行为和育幼行为等（Ren et al.，1991；任仁眉等，1990a；任仁眉等，1990b；苏彦捷等，1992；严康慧等，2006）。

4.1 时间、地点和观察对象

我们的研究总计分三个阶段，共计观察约 3000 小时。

第一阶段（1988 年冬到 1990 年初）在北京濒危动物驯养繁殖中心观察笼养小繁殖群，累计观察时间 164 天，约 858 小时（任仁眉等，1990b；苏彦捷等，1992）。研究观察对象是分别饲养在两个繁殖笼内的两个繁殖群，每群都有 1 只雄性成年猴和 3 或 4 只雌性成年猴以及它们的子女。

第二阶段（1991 年 11 月到 2005 年 4 月）在神农架自然保护区对野外的川金丝猴群进行跟踪观察，累计观察时间超过 1000 天，约 2000 小时（任仁眉等，2000）。观察到的野生猴群个体数量在 100 只到 300 余只，构成多个家庭繁殖群和多个全雄群集合在一起的社群。

第三阶段（2000 年 10 月到 2001 年 1 月）在上海野生动物园观察半笼养状态下川

金丝猴,共计 65 天,约 280 小时。这个群组建于 1995 年,其社会结构正好是野外猴群的基本形式。观察期间有 11 只个体,1 只成年雄性和 3 只成年雌性以及幼体共 7 只组成繁殖单元,另外 2 只成年雄性,1 只亚成年雄性和 1 只少年雄性组成全雄单元。

4.2　研究方法

对笼养和半笼养条件下的观察对象,首先进行个体识别,标以符号或名称,并尽可能地了解个体之间的亲缘关系。采用焦点动物取样记录法和随意取样记录法进行观察(Altmann,1974)。在记录时,必须标明这个社会交往的发起者是哪个个体,动作模式是怎样的;也必须标明行为接收者是谁,又是用什么行为模式来回应的。同时描述社会交往发生时的社会场景;最后,通过大量的记录数据来分析各种动作模式、脸部表情或声音所代表的社会功能。

野外观察猴群时,没有进行个体识别,也不可能了解个体之间的亲缘关系,但是对所有观察到的对象归入了 6 种按性别和年龄因素划分的组合,分别为:成年雄性组、成年雌性组、亚成年雄性组、青年组、少年组和婴猴组。在这个基础上,其他的观察程序和方法与笼养和半笼养条件下相同。

4.3　研究结果

我们对观察数据整理分析提出行为节目 54 项,进一步分为非社会行为(个体独处行为)和社会行为(个体间交际行为)两大类。其中,社会行为类又分亲密行为、作威行为、威胁行为、攻击行为、屈服行为、繁殖行为、母性和幼儿行为 7 种。以下以行为名称、社会功能以及动作模式的顺序分别叙述每一项行为节目。除非特别说明,川金丝猴的个体都可以发出这些行为。与其他文献对灵长类的行为描述相比较,标记星号的行为有一定的独特性。

4.3.1　非社会行为类行为节目(个体独处行为)

独睡(sleeping):独自睡觉。

独躺(laying down):独自躺卧在一处。

独坐(sitting)：独自坐在一处。

独走(walking)：独自走路。

独跑(running)：独自跑步。

自理(self-grooming)：自己给自己理毛。

喝水(drinking)：喝水。

寻食(foraging)：寻找食物。

进食(eating)：吃东西。

4.3.2　社会行为类行为节目(个体间交际行为)①

(1) 亲密行为(affiliative behavior)。

趋近(approaching)：某一个体向另一个体走去,两个体的身体距离为一臂左右,或紧密相挨。

跟随(following)：某一个体开始走,另一个体跟随其后。

离开(leaving)：某一个体走到另一个体身边,后者站起身,离开前者而去;或两个体原在一臂之内,其中一个体离去。

挨坐(contact sitting)：两个体采取坐姿身体相互接触,但是臀部和腿部不与对方相交或相抱,头部也不与对方相碰。

拥抱(embracing)：两个个体的腹部相对并紧挨,一方或双方伸出双臂抱住对方,一方的头部放在另一方的胸前或肩上,尾巴围绕在身边,脸部表情放松,有时发出"呜呜"柔和的声音。

抱腰(holding lumbar)：表示友谊有时又带有轻微的惩罚意味。某个体在另一个体的身后抱其腰部,有时还向怀里拉几下。一般来说,抱腰发起者的等级常高于接受者。

吻背(kissing back)：在抱腰行为发生时,发起者同时用嘴部轻压或舔几下接受者的背部。

理毛(allo-grooming)：一个体给另一个体清理皮毛的行为。梳理者采取坐姿,双手分理着被梳理者的毛发,目光注视着手的动作,嘴微微张动,发出轻微的"吧嗒"声,并时时用嘴碰触毛发,清理异物。

---

① 本小节中＊为在其它灵长类物种中目前还没有报道或比较少见。

挨坐　赵纳勋摄

拥抱　赵纳勋摄

理毛 赵纳勋摄

快理*（fast-grooming）：是一种抚慰与和解行为。例如，有时一个体邀请另一个体理毛，或在双方个体发生冲突之后，被邀请的一方或冲突的一方有时给对方进行快速而短暂的理毛以示抚慰或和解。这种模式持续时间少于10秒。

无性爬背（non-sexual mounting）：只具有爬背的行为模式（见爬背节目），而无其他性行为节目相随，称为无性爬背。这种行为常出现在同性之间，尤其出现在雄性之间。

拉手（holding hand）：某一个体拉住另一个体的手。

触碰（touching）：某一个体用手或身体去接触另一个体身体的某一部分。

张嘴*（opening mouth）：发起者把嘴张开，不明显露齿，同时头、颈、肩、身躯和四肢处于正常状态。

邀请（solicitation）：某一个体对另一个体的示意邀请行为。邀请的内容多为理毛、拥抱和游戏等。行为模式是多样的，有时走近对方拉拉手，有时碰碰对方，有时把一侧的肩头指向对方,有时在对方的身边躺下等待以示邀请。

目光交流(communicating with the eyes):某一个体用眼光寻找另一个体的眼光,引导后者注意或观看某种状况或事物。

乞食(begging food):某一个体把嘴部伸到另一正在吃食物个体的嘴边,要求得到食物。发起者多为年幼者。

游戏(playing):此行为多发生在少年和幼年个体之间。半张着嘴,脸部肌肉放松,头微微摇动颇具挑逗之意的一张"游戏脸"是游戏行为的主要特征。绝大多数的游戏行为发生在群内轻松的气氛之中。动作模式是多样的,如抓拍对方的头和肩,头对头地前进后退,扭抱一起在地上打滚,互相假咬,追赶或奔跑等。

抓拿(robbing food):某一个体抓抢或拿走另一个体的食物,而对方或让其拿走,或抢回,或进行威胁,甚至引起冲突。

(2) 作威行为(displaying behavior)。

作威(displaying):某个体在群内显示自己的社会地位和强壮体魄的行为。用较大的动作如震跳、狂跑、摇树、摇笼等使身边的物件发出巨大响声以示其威风。在野外金丝猴的群体中,作威行为的动作模式还有协调群体一致行动的功能。在迁移前,数个青壮雄性个体在群中作威,以发动群体迁移。

替代(supplementing):社会等级高者取代社会等级低者优势位置(如凉爽,温暖或取食方便等位置)的行为。如社会等级高者走向正处在该种优越位置上的社会等级低者时,后者让出该位置称为回避行为,前者占领该位置称为替代行为。

(3) 威胁行为(threatening behavior)。

瞪眼(staring):一种最轻微的威胁行为。发起者头向前倾,闭嘴瞪眼注视对方。

瞪咕*(staring and vocalizing gugu):发起者除了头向前倾,闭嘴瞪眼以外,还发出咕咕之声。

对瞪*(staring each other):双向威胁行为。冲突双方相对站立,互相瞪眼。

正步走向*(striding toward):某个体头部前倾,闭着嘴,迈正步径直走向对方,有兴师问罪之势。

瞪咕　赵纳勋摄

（4）攻击行为（aggressive behavior）。

赶走（driving away）：某个体跑向另一个体，后者迅速逃逸后，前者站住。

冲向（lunging）：某个体向另一个体猛冲过来站住，后者原地不动或逃走。

追赶（chasing）：某个体追赶另一个体，后者在前跑，前者在后追出一段距离。

抓打（grasping and hitting）：某个体用手抓或打另一个体。

摔跤（wrestling）：两个体在发生冲突时，双方都用手去抓对方头、颈、肩等部位的毛，有时一方把另一方抓住后，能把对方抡起摔下来。

咬住（biting）：某个体用嘴去咬另一个体。是攻击行为中强度最大的。

（5）屈服行为（submissive behavior）。

回避（avoiding）：替代—回避是一对行为节目。参见替代行为节目。

蜷缩*（crouching）：屈服者采取坐姿，上身往前弓，缩颈，耸肩，低头，眉毛放松，目光向下，有时张嘴，下巴往里收，前臂放在大腿上，手放在膝盖上，腿蜷缩在身下，两腿并拢，尾巴自然下垂，这种姿势僵持2～3秒后放松。

退却*（retreating）：某个体在受到威胁或攻击时，面向对手退几步或转身走开几步后，与对方对峙。

逃逸（fleeing）：某个体在受到威胁或攻击时逃跑。

（6）繁殖行为（reproductive behavior）。

匍匐*（prostration）：在性行为前，雌性个体向雄性个体邀请交配的行为，采取匍匐的动作模式。雌性先看雄性一眼，与雄性对视，再跑一小段，然后把面部和腹部紧贴地面，前肢和后肢成弯曲状靠近腹部，尾巴自由放下。

爬背（mounting）：雌雄两性的性行为是以雄性的爬背行为开始的。一般情况下，雄性的双脚踩在雌性的双腿上，身体前倾，腹部与雌性的背部相挨，双手抓扶在雌性的背部，头向下，尾巴自然下垂，有时发出轻柔的声音。与此同时，雌性也与其配合把臀部向上翘，有时还把头向一侧歪过去，与雄性的目光相对。完整的性行为，必须要有插入、抽动、射精等过程相随其后。

爬背　赵纳勋摄

插入（penetrating）：雄性在爬背行为以后将其阴茎插入雌性的阴道内。

抽动（thrusting）：雄性在爬背和插入以后，其臀部前后推动。

停顿（pausing）：在抽动过程中，有时有停顿的现象。

射精（ejaculating）：性行为的最后动作，雄性将其精液射入雌性的阴道内。

（7）母性和幼儿行为（maternal and infant behavior）。

哺乳（nursing）：母亲给幼儿哺乳。

哺乳　赵纳勋摄

吸吮（sucking）：幼儿吸吮母亲的乳汁。

拒哺（refusing to nurse）：母亲拒绝给幼儿哺乳。在幼儿的断乳期，幼儿想方设法要得到吃乳的机会，而母亲则用多种动作，如趴在地上、挡住胸前、别转身去、走开、按住幼儿的头给予理毛等以拒绝哺乳。

抢婴（kidnapping）：非母雌性从母亲怀中抢夺婴猴。

撒娇（tantrum）：幼儿表示不满情绪的一种行为。幼儿表现出大吵大闹的动作模式,如把头摇来摆去,甚至转着圈摇,颤抖并抽搐着身躯上下跑,并伴有尖叫声。

(8) 在上述 45 项社会行为中,有 8 项是比较独特的,下面详细描述这 8 项行为的特点:

● 快理:有两种社会功能,一是在个体双方争斗后和解时出现的一种和解行为模式。川金丝猴在和解时运用多种友谊的行为模式如张嘴、拥抱、挨坐、握手以及理毛等,快理是其中之一(Ren et al.,1991)。另一种功能是,当有其它个体邀请理毛时,被邀者(多半是雄性)为抚慰对方就快理几下交差了事。快理的动作模式与正常理毛的动作模式相似,但动作夸张而快速,一般持续时间很短,在 10 秒以内就结束。实际上,快理行为起不到理毛行为的功能作用,只是一种表达和解和抚慰的仪式化行为。

● 张嘴:这种行为在川金丝猴的社会交往中很普遍,是和解行为的重要模式。动作模式明显而单一,把嘴张开,不露齿,体态平和。成年雄性,尤其是雄性家长,边走边张嘴,以示友好和无害。在其它物种中,张开嘴的这种动作模式多半是表示威胁或攻击(任仁眉等,1990c),而用来表示友谊是很少见的。

● 瞪咕:这种动作模式在川金丝猴群中非常普遍,是威胁行为的重要模式。某一个体或几个个体向另一个体瞪眼,并闭着嘴发出"咕咕"声,发出的声音越强越长,威胁之意越烈。需注意嘴是闭着的,许多物种的威胁行为模式都是张着嘴发出"呵呵"声(任仁眉等,1990c)。

张嘴 胡万新摄

瞪咕威胁 赵纳勋摄

● 正步走向：某个体（大多数是成年雄性）踩着正步、闭着嘴走向另一个体，以示威胁。在川金丝猴的社会交往中，嘴的张开和关闭是有很大区别的。前面提到边走边张嘴的行为模式是以和平友好的态度走向对方，而闭着嘴以正步威严的姿态走向对方是进行威胁的。

● 对瞪：这是一种双向的威胁行为，个体对另一个体瞪眼威胁，对方以瞪眼作为回应，互不相让。这种双向威胁的行为模式，与川金丝猴的社会结构以及社会等级关系特点有密切关联。在一个等级森严的社会中，是不会有对峙的行为出现的，只有在等级关系相对宽松的社会中（任仁眉等，1990a），等级低的个体才敢于向等级高的个体表示反抗。

● 退却：某个体受到威胁或攻击后，虽处于弱势地位，但并不快速逃走，而是面对攻击者向后退，或向后走几步又回过身来与攻击者对峙。这是一种不甘心屈服的表现，与对瞪有异曲同工之妙，都是在等级关系不太严格的社会中出现。

● 蜷缩：在功能上与许多其它灵长类物种呈臀行为（presentation）（Altmann，1962）相对应。川金丝猴中没有呈臀（把臀部呈现出来，对着威胁者或攻击者）的行为模式，而是以蜷缩表示屈服。

● 匍匐：这是雌性向雄性邀请与之交配的行为模式，简称邀配行为。雌性金丝猴的邀配行为非常突出。虽然有的灵长类物种雌雄交配前有明显的邀配行为，如前面提到的亚洲叶猴属长尾叶猴的呈臀和头部震颤模式，但以匍匐这种动作模式来表示邀配的还没有在其它物种中观察到。

4.4　小结和讨论

4.4.1　行为的适应意义

动物的各种行为都具有一定的适应意义，行为模式是适应生态环境的产物；换句话说，每一种行为都是在适应生态环境的过程中形成的，它们都为个体的生存和种族的繁衍起着特定的功能作用，否则这种行为就不会产生，更没有存在的必要。

现今的灵长类动物约有二百余个物种，它们的生存环境多种多样，有热带雨林、温带和热带落叶林、针叶林、季风季节林、热带无树大草原、沼泽地、沙漠等。为了生存和繁衍，为了适应各自的生态压力，它们演化出各种各样的行为。从功能上看，群体内个体之间最主要的社会行为有 4 种：① 攻击行为，是个体双方或群体双方较量力量的行为;② 作威行为,是显示个体力量的行为;③ 屈服行为,这是弱者对强者的表现;④ 友谊行为,即个体间表示友好关系的行为。从我们的研究来看,考察川金丝猴社会关系也是以这 4 种社会行为为基础的。

4.4.2　三种金丝猴的行为模式的差异

黔金丝猴、滇金丝猴和川金丝猴同属疣猴亚科。从演化角度,这三种疣猴亲缘关系近,在行为模式上存在很大的相似性。从种系发生角度,疣猴亚科的社会结构包括一雄一雌、多雄多雌的结构,以及一雄多雌和全雄群的社会结构。聂帅国等人(2009)对黔金丝猴的研究证实了,黔金丝猴和川金丝猴以及滇金丝猴具有相同的社会结构,即一雄多雌和全雄群的社会结构。

但由于生存环境差异较大且地理隔绝,这三种金丝猴的行为还是表现出了较大的差异。特别是有研究者发现滇金丝猴和川金丝猴在具体的行为模式上存在较大的差异(李勇等,2013)。

李勇等人(2013)对云南白马雪山分布的滇金丝猴进行了"姿势-动作-环境"(posture-act-environment,PAE)的行为分析,发现了滇金丝猴与和金丝猴间存在11 项行为差异。这 11 项差异如下:① 快理:川金丝猴的快理有争斗后和解的作用(任仁眉等,2000),而滇金丝猴的快理则具有抚慰的社会功能,而且发生的频率也比较低。② 抱团:川金丝猴中抱团的规模较小,而滇金丝猴生活在高海拔地区,常年温度较低,在休息过程中形成了独特的抱团休息模式(齐晓光等,2010)。③ 抱腰:在川金丝猴的行为活动中代表友谊,有时又带有轻微的惩罚意味(任仁眉等,2000)。而在滇金丝猴中抱腰只表示友谊功能,是单元内的个体在休息时的一种方式,而不能表示个体的等级高低。④ 支持:在川金丝猴很少看到这样的行为,而滇金丝猴中表现很突出。⑤ 惩戒。⑥ 张嘴:这种行为在川金丝猴的社会交往中很普遍,是和解行为的重要模式(Ren et al.,1991),友谊的表示。动作模式明显而单一,把嘴张开,不露齿,体态平和。而在滇金丝猴中,张嘴的这种动作模式多半是表示威胁或攻击。⑦ 瞪咕与瞪哇:这种动作模式在川金丝猴群中非常普遍,是威胁行为的重要模式(任仁眉等,2000)。而在滇金丝猴中的这种威胁行为模式都是张着嘴的,并且发出"哇哇"声。⑧ 屈服与蜷缩:在川金丝猴中一方对另一方屈服是以蜷缩来表示的(任仁眉等,2000)。而在滇金丝猴中的屈服只是趴伏在地面上,抬头看着对方而没有蜷缩的表现,在动作上与匍匐邀配有些相似。⑨ 停顿:在川金丝猴交配抽动过程中有时有停顿的现象(任仁眉等,2000),而在滇金丝猴的抽动最后总会有停顿的现象,并且停顿是滇金丝猴射精的一个标志,停顿的时间一般在2～3秒。⑩ 性打扰:在川金丝猴中无论是笼养还是野外的性打扰行为都表现得比较温和,表现为趋近、注视、声音和匍匐,被打扰者很少攻击打扰者(杨斌,2009)。而滇金丝猴在交配开始前或交配过程中,其它个体通过对主雄的威胁性的叫声或进行攻击等方式进行干扰,阻止交配行为的进一步进行,发起者可以是单元内的其它成年母猴,也可能是单元内的少年猴。少年猴对交配行为的打扰可能会延缓母猴的怀孕,从而使其获得更大的收益(杨斌,2009)。

4.4.3　川金丝猴行为模式演化

川金丝猴具有社群结构复杂,社会行为丰富的特点。特别是与维持社群稳定相关的行为尤为突出。在川金丝猴日常的行为中,理毛行为发生的频率占所有友谊行为的比例最高(任仁眉,2000;蔚培龙等,2009a),特别是在社会单元内,较社会单元间这种行为发生的频率更高。拥抱行为也是灵长类表达友好的一种行为表现,Qi等人(2010)对秦岭川金丝猴进行观察,发现拥抱行为不仅伴有生物学的意义,更多具有社会意义,且拥抱行为的模式随季节有所变化。

友谊是金丝猴社会的主旋律,即使发生了争斗,总体也是"平和"的。有研究者发现(蔚培龙等,2009b),神农架川金丝猴投食群攻击行为中打架的频次很少,仅在主雄间或主雄与全雄单元间发生,而且少有因打架致伤的现象,维持等级关系最多的是仪式化咕叫行为。

从上述研究中我们看到,川金丝猴的行为模式大体与其它灵长类动物的行为模式相似,但也具有两种特有的仪式化行为:威胁和张嘴。其它物种威胁行为模式的基本形式是张着嘴的,而金丝猴的威胁行为的基本模式是闭着嘴的,就是在发出"咕咕"声时也是闭着嘴的;而金丝猴友谊行为节目中确有"张嘴"一项;如果不是经过几千次的观察记录和分析,很可能会把"张嘴"误认为是一种威胁行为。至于这两种特殊行为模式产生的原因,目前还不是很清楚。但就各种行为模式本身来说,一般都受到遗传因素和环境因素的多重影响。尤其有些行为模式可能不是通过遗传传递而来,而是通过后天的个体学习而获得(Nishida,1987),然后通过文化传递而表现出某些行为节目的变异,这样的行为模式是有地域性的(Whiten et al.,2001),滇金丝猴和川金丝猴的行为差异也证实了这个观点。

　　进一步来说，上述各项行为节目是川金丝猴在物种演化适应过程中形成的，多数应普遍存在于笼养、半笼养以及野外的各种状态中(Dawkins，1987)。在不同的环境中，川金丝猴的行为表现出了一些差异，例如作威行为。我们认为造成这些差异原因有两点：一是由于在特定的生存环境下，有些行为表现不出来，或者说，用不着出现。例如，作威行为，它在笼内是一种表示个体社会等级地位和对干扰源示威的一种行为模式，这种功能在其它灵长类物种中是很普遍的；然而作威行为在野外金丝猴的社群中，除了以上的功能以外，还有组织通讯、统一行动的功能。利用作威行为来告诉和发动猴群将要行动的信息，从而统一整个队伍的步调，是统一协调机制之一。在笼养和半笼养条件下，猴群没有长距离迁移的可能，因此就观察不到作威在迁移时的协调和发动群体的功能。又例如，在单独的小繁殖群内只有 1只成年雄性，它对群内的雌性是爱护有加，因此攻击和威胁行为出现较少；但在有繁殖群又有全雄群的生存状态下，雄性数量增加，攻击和威胁行为节目的出现也会有所增加(任仁眉等，2000；李保国等，2006)。第二个原因是，我们确实不能排除有很少量的行为节目不是通过物种遗传传递而来，而是通过后天的个体学习由文化传递而来的可能性(Nishida，1986)。文化传递可能会形成区域性，同一物种，不同的种群可能出现动作模式的变异(Whiten et al.，2001)。在我们的观察研究中，有过这样的个案记录(严康慧等，2006)。由于川金丝猴在我国分布较广，有可能由于生存环境的不同，也可能由于个体的学习，然后通过文化传递而表现出某些行为节目的变异。这样的行为节目是有地域性的。因此今后对川金丝猴不同生活环境的观察分析一方面有助于确定较为全面的行为谱，另一方面也将有助于理解这一物种可能的文化行为(Whiten et al.，2001)。

5　结语

　　川金丝猴是一种有复杂行为模式的物种，特别是具有丰富的社会行为节目。根据我们的研究分析总结出川金丝猴共有非社会行为和社会行为两大类行为模式。其中非社会行为模式 1 类共 9 项，社会行为模式 7 类共 45 项。

　　川金丝猴的独特行为模式的形成，可能是由遗传和其栖息环境所共同作用而成的。关于这个物种的行为模式的形成机制，还可以在和相近物种的异同比较中进一步探讨。

参考文献

Altmann, J. (1974). Observational study of behavior: Sampling methods. *Behavior*, 49 (3), 227-267.

Altmann, S. A. (1962). A field study of sociobiology of rhesus monkeys (*Macaca mulatta*). *Annual of the New York Academy of Science*, 102(2), 338-435.

Dawkins, R. (1987). Evolution. In: McFarland Ded. *The Oxford Companion to Animal Behavior*. Oxford, New York: Oxford University Press, 153-159.

Ding, W., Yang, L., & Xiao, W. (2013). Daytime birth and parturition assistant behavior in wild black-and-white snub-nosed monkeys (*Rhinopithecus bieti*) Yunnan, China. *Behavioral Processes*, 94, 5-8.

Nishida, T. (1986). Local Traditions and Cultural Transmission. In: Smuts, B. Bed. *Primate Societies*. Chicago: The University of Chicago Press, 462-474.

Nishida, T. (1987). Local traditions and cultural transmission. Smuts, B. B., Cheney, D. L., Seyfarth, R. M., eds. *Primate Societies*. Chicago: University of Chicago Press, 462-474.

Qi, X. G., Wang. M., Zhang, P., Wang, X. W., Watanabe, K., & Li, B. G. (2010). Pattern and influencing factors of huddling behavior in golden snub-nosed monkeys (*Rhinopithecus roxellana*). *Acta Theriologica Sinica*, 30, 365-376.

Ren, B., Li, D., Garber, P. A., & Li, M. (2012). Evidence of allomaternal nursing across one-male units in the Yunnan snub-nosed monkey (*Rhinopithecus bieti*). *PloS One*, 7 (1), e30041.

Ren, R. M., Yan, K. H., Su, Y. Y., Qi, H. J., Liang, B., Bao, W. Y., & de Waal, F. B. (1991). The reconciliation behavior of golden monkeys (*Rhinopithecus roxellanae*) in small breeding groups. *Primates*, 32(3), 321-327.

Whiten, A., Goodall, J., McGrew, W. C., Nishida, T., Reynolds, V., Sugiyama, Y., Tutin, C. E. G., Wrangham, R. W., & Boesch, C. (2001). Charting cultural variation in chimpanzees. *Behaviour*, 138(11-12), 1481-1516.

胡永乐,杨君英,郭斌,丁桥周. (2010). 周至国家级自然保护区川金丝猴个体社群行为观察. 陕西林业科技,4,30-32.

蒋志刚. (2000). 麋鹿行为谱及 PAE 编码系统. 兽类学报,20 (1),1-12.

蒋志刚. (2004). 动物行为原理与物种保护方法. 北京: 科学出版社.

李保国,李宏群,赵大鹏,张育辉,齐晓光.(2006).秦岭川金丝猴一个投食群等级关系的研究.兽类学报,26(1),18-25.

李勇,任宝平,李艳红,黎大勇,胡杰.(2013).滇金丝猴的行为谱及 PAE 编码系统.四川动物,32(5),641-650.

聂帅国,向左甫,李明.(2009).黔金丝猴食性及社会结构的初步研究.兽类学报,29(3),326-331.

齐晓光,王铭,张鹏,王晓卫,渡边邦夫,李保国.(2010).秦岭川金丝猴个体间团抱模式及其影响因素.兽类学报,30(4),365-376.

任仁眉,苏彦捷,严康慧,戚汉君,鲍文永.(1990a).繁殖笼内川金丝猴社群结构的研究.心理学报,22(3),277-282.

任仁眉,严康慧,苏彦捷,戚汉君,鲍文永.(1990b).川金丝猴社会行为模式的观察研究.心理学报,22(2),159-167.

任仁眉,严康慧,苏彦捷,王庆伟,孙耀忠.(1990c).比较短尾猴和恒河猴的社会行为模式.心理学报,22(4),441-446.

任仁眉,严康慧,苏彦捷,周茵,李进军,朱兆泉,胡振林,胡云峰.(2000).金丝猴的社会-野外研究.北京:北京大学出版社,67-89.

任仁眉主编.(2005).比较心理学辞典.上海:上海教育出版社.133.

尚玉昌.(2005).动物行为学.北京:北京大学出版社,297-299.

苏彦捷,任仁眉,戚汉君,梁冰,鲍文永.(1992).繁殖群中婴幼川金丝猴社会关系的个案研究.心理学报,24(1),66-72.

蔚培龙,廖明尧,胡汉斌,赵本元,杨敬元,鲍伟东.(2009a).神农架自然保护区川金丝猴投食群友好行为的初步观察.动物学杂志,44(3),43-48.

蔚培龙,杨敬元,鲍伟东,余辉亮,姚辉,吴峰.(2009b).神农架川金丝猴投食群的攻击行为及等级序列.兽类学报,29(1),7-11.

严康慧,苏彦捷,任仁眉.(2006).川金丝猴社会行为节目及其动作模式.兽类学报,26(2),129-135.

杨斌.(2009).秦岭川金丝猴的性打搅行为研究.硕士学位论文.西安:西北大学.

第 2 章　等级行为

1　等级与等级行为

自然选择的观点认为动物总是彼此竞争的。虽然有时为了共同的利益,动物个体之间会有很强的合作,但是个体之间对于资源、利益的竞争是一直存在的。特别是当资源有限、个体利益重叠较多时,动物往往对其它个体更富有侵略性。如雄性的象海豹和欧洲马鹿(Manning & Dawkins,2012)。雄性象海豹在繁殖季节时,投入大量精力彼此争斗,来获取交配权。争斗一般非常剧烈,很多象海豹甚至在没有完全性成熟之前就在争斗中死去;只有很少的象海豹可以在繁殖季节中成功,获得交配权。虽然争斗的胜利是很可观的,但代价也是巨大的。欧洲马鹿的情况与此相似。而一些情况下,争斗之前的评价行为,则被认为可能是一种进化稳定策略——它可以避免个体与能力超过自己的个体直接争斗,减少对自身的伤害。动物从过去的经历中了解到的每个个体的能力强弱,可以用来判断是否要采取争斗,从而避免与可能伤害自己的个体发生冲突。这种模式反映了物种内部的等级地位关系:在动物社会中,个体之间的攻击性行为会产生支配与被支配的关系,进而产生等级(Bang,Deshpande,Sumana,& Gadagkar,2010)。

等级行为在动物中是普遍存在的,如昆虫、鸟及哺乳类(Neumann et al.,2011)中均有。最早被研究的动物等级行为是在家禽之中。在一个稳定的家禽群中,个体之间互相辨认,社会地位高的个体啄击社会地位比它低的个体,形成线性的啄击等级或叫等级制。社会的等级关系在许多物种里表现出共同的特点,就是进行攻击性的遭遇战来确定社会地位的高低。如果某一个体赢了这场战斗,失败的个体马上表示屈服,那么战斗不再重复和继续,社会地位的排列也就建立了;如果双方力量相当,战斗仍将继续,直到建立等级关系为止。一旦等级关系确立后,不再有明显的攻击战斗;当等级高的个体接近时,等级低的个体常常走开,或做出屈服的姿态。一般来说,群内个体之间是通过学习建立等级关系的。

很多研究表明,等级与个体的年龄、外表、行为及激素水平有关。在对放归初期的普氏野马的研究中,发现年龄与屈服行为发出次数存在显著相关,雌马的等级序列基本按照年龄排列,年龄越长,等级越高(张峰等,2009)。家狗则表现出非线性的等级与年龄的相关性(Cafazzo, Valsecchi, Bonanni, & Natoli, 2010)。体重差异则被证明在根田鼠和大仓鼠中是社会等级的预测指标(王振龙,王大伟,张知彬,2007;赵亚军等,2003)。在家禽群中,等级高的雄性有较大的身躯,鲜艳的鸡冠和垂肉,这些特征主要是受雄性激素的影响。在华北平原大仓鼠中的研究表明,睾丸酮作用于繁殖期的雄性大仓鼠的攻击性与社会支配,褪黑激素在调节大仓鼠非繁殖期的行为有作用。这两种激素的水平都与大仓鼠的等级相关(Wang, Zhang, & Zhang, 2012)。

等级的差异会使等级高的个体在社会关系、食物、领地、交配等方面有优先权。灵长类的等级行为很普遍。等级行为是灵长类动物各种社会关系的中间变量;换一句话说,等级关系可以通过各种社会活动表现出来;反之,各种社会交往也可以表现出等级关系。例如,个体之间存在等级关系,不仅可以预测攻击行为的方向,而且还可以预测友谊行为的性质和方向,特别是理毛行为。研究者表明,有些物种,高等级的雌性,得到其它个体与之理毛的回合最多;同样,在黑猩猩中,等级高的雄性,要比等级低的雄性得到同伴们的理毛多得多。在幼年的狒狒中,谁的母亲社会地位高,同伴们就喜爱和它游戏等。由此可见,个体之间的等级区别是和个体间各种不同的社会关系相联系的。Colvin(1983)对 4 组同年龄的雄性少年恒河猴(2~3 岁)进行等级行为研究。结果表明,组内的等级关系是稳定的、线性的,是按照它们母亲的等级地位而排列的;几乎所有的雄性少年猴都是与自己等级相近的同伴进行各种社会交往。在游戏时,游戏的发起者大多数是等级高的少年猴,退出游戏的大多数是等级低的个体;有趣的是,在兄弟之间,游戏的发起和退出的次数是均等的；这说明等级高的个体在群体中是处于积极状态，并有较大的吸引力；而等级低的个体处于被动状态，存有惧怕接近等级高个体的心态，吸引力也弱；兄弟之间的积极性和吸引力是相等的，并不存有惧怕之心。Seyfarth（1980）发现，成年雌性的非洲黑脸长尾猴也是喜爱和等级相近的个体接近，如理毛、挨坐、觅食、游戏以及形成联盟等。陈燃等（2009）的研究表明，黄山短尾猴（*Macaca thibetana*）对于高等级个体会表现更多的架桥、爬跨、呈臀、摇树等表示友好的行为。这些有社群顺位等级的友好行为对于维持社群稳定有重要作用。

关于等级和食物及交配资源的关系也有很多研究。高等级的个体可以不通过战斗即获取有限的资源。倭黑猩猩的群体中，高等级的雌性享有食物的优先权，这对于维持群体内雌性的友好关系有很大作用（White & Wood，2007）。除了食物，交配资源对于种群的生存繁衍也意义重大。而在许多物种中，高等级雄性占据大多数的交配份额，例如，只占6%的高等级雄性象海豹，却与88%的雌性交配。性成熟的雌性根田鼠对于优势雄鼠社会探究频次和友好频次等显著大于从属雄鼠，且访问时间也长。另外，优势雄鼠优先交配，且从属雄鼠没有能力打断优势雄鼠的交配（赵亚军等，2003）。Muniz等（2010）在对120只野外白脸卷尾猴（*Cebus capucinus*）的研究中，发现其中主雄的后代数目比机遇水平显著要多，说明主雄在卷尾猴群体中享有交配的优先权。

但是事物是一分为二的，社会地位高的个体并不总是很惬意的。例如，一种红鹿，高等级雄性在交配季节，为了维持自己的地位而非常忙碌，没有时间进食，又经常战斗，身体很虚弱；而等级低的个体就可以偷到机会和它的雌性交配。有些物种，高等级雄性之间战斗频繁，死亡率很高，低等级个体因此可以改善自己的地位。例如北方有毛海豹，地位高的雄性，在繁殖季节为了保卫自己的领地，与对手争斗，从早到晚两个月不进食，死亡率高于雌性3倍；而等级低的个体，它们应用安抚和屈服的姿势，得以在高等级个体的身边，因此可以得到机会取得食物和雌性。另外，低等级个体在群中受到群的保护，以避免捕猎者的袭击。在多雄的群体中，雄性成熟的年龄延晚，一旦达到成熟年龄，年轻者向年老者挑战，最终进行替换。替换以后可能保持一个较长时期的稳定，但也可能只保持一个繁殖季节。因此，等级行为或等级关系是动物界长期适应环境的结果，它能保持群的稳定，避免个体之间的战斗和伤亡，幼弱者可以得到群的庇护。

de Waal（1989）对不同灵长类物种的等级制度的严格程度进行了比较。他发现不同物种的等级关系的严格程度有不同,有的物种等级关系非常严格,如我们常见的恒河猴(*Macaca mulatta*)即是如此,在群内极少见到等级低的个体冒犯等级高的个体,等级高的个体有绝对的权威。有些物种情况并不如此,它们虽然存在着严格的等级制度,但高等级个体比较宽容和缺少攻击。还有些物种,等级制度的程度更显得缓和,常常发生双向的攻击行为。另外,在等级社会相同的同一物种中,高等级个体的个别差异性也是存在的,有的高位者凶暴残忍,喜用攻击,群内气氛紧张;有的高位者比较平和,群内气氛缓和。

金丝猴的社会是有两种单元三个层次的复杂结构,因此除了个体间在单元中的等级关系外,还有单元间的关系、分队间的关系等,是相当复杂的。下面将分别从社会等级中的行为表现、社会等级关系及其与生存资源的关系这三个方面说明金丝猴的社会等级。

2 川金丝猴的等级行为表现

等级是在个体间攻击—屈服的互动过程中建立起来的,等级行为的具体表现也主要体现在攻击性的行为和屈服性的行为两个方面。

作威行为是表示个体等级地位的行为,是一种攻击性的行为。在群体中只有社会地位高的个体有作威行为。这种行为在灵长类动物中普遍存在,其动作模式大同小异,无外乎是震跳、摇笼、摇树、狂跑等,总之是企图作出巨响,发出威慑力震慑对方。笼养的金丝猴主要是雄性家长有作威行为。它的动作模式是,箭步斜冲上笼内的栖架,跳跃向前,踩得栖架摇晃,喳喳作响,然后再用手抓住笼子摇晃几下,发出哗哗之声,然后从栖架上,迈着稳健的大步,一边走一边张嘴,最后平息下来。在野外的观察中,动作模式除了上面所述以外,还有在地上环行奔跑,这在笼内是没有的,也许是由于笼内空间小,不宜做此动作。另外,在笼内作威时,多在两个家长同时出现在各自的笼内,为了互相不示弱,各自作威以示威风;还有当笼外有巨响,如天上有飞机飞过时,雄猴作威以示抗击,这都说明作威行为是个体显示有威慑力的一种表现。

然而,在野外的观察中,作威行为除了对干扰源(看见观察者或其他人类,听见炮声或汽车声等)表示抗击以外,金丝猴的作威行为还有另一种重要的功能作用。前面已经提到,当群体需要迁移,而大多数个体,尤其是雌性个体和幼体还坐着不动时,就会看到一些雄性在群中,上蹿下跳,做着作威动作,以催促大家起身移动,这以后群就开始迁移了。因此,作威行为还有用来协调部队一致行动的功能。利用这种动作模式在庞大的社群内做联络,发动的信号是有优越性的,因为作威动作大,延续时间长,看起来明显。这种联络和协调功能在笼养没有见到,在其它物种中也没有报道,这可能是与金丝猴庞大群体的需要有关的,也是很值得注意的一种现象。

我们把"取代"行为也归入作威行为类中,因为它在功能上和作威行为类似,表示个体的社会地位。取代—回避是一对行为。在灵长类动物中,社会地位高的个体,常常是占有良好的位置,如夏天占有树阴凉的地方,冬天占有晒太阳的地方,吃食物时总是走在前面等。如果好的地方是等级低的个体在那里,那么当等级高的个体走过来时,等级低的个体必须马上让开此处,由等级高的个体占有。等级高的个体表现的是"取代"行为,而等级低的个体表现的是"回避"行为。在金丝猴群中,无论是笼养还是野外,取代—回避这一对行为是普遍存在的。

动物在产生社会交往时,有的个体占上风,有的个体处于屈服的地位,因此在社会交往之中,表示屈服是一种很重要的手段,否则就要遭殃。总的来说,屈服行为和攻击性的行为在动作模式的表现上是截然相反的。动物在攻击时,表现出身体的庞大,如抬头、竖毛、瞪眼等以示力量和威风;而在屈服时就尽量把身体缩小,低头缩肩以示驯服和渺小。

金丝猴屈服行为的动作模式非常典型,用"蜷缩"来表示。金丝猴在表示屈服时,采取坐姿,上身往前弓,缩颈、耸肩、低头、眉毛放松、目光向下、有时张嘴、下巴往里收、上肩贴胸收紧、前臂放在大腿上、手放在膝盖上、腿蜷缩在身下、两腿并拢、尾巴自然下垂。这种姿势保持2～3秒,然后放松。有时蜷缩的姿势略有改变,例如动物正在活动的时候,需要蜷缩以示屈服时,它就保持当时的姿势僵持2～3秒,同时也缩颈、耸肩、眉毛放松、低头、目光向下,但四肢并不一定做蜷缩状。蜷缩是一种仪式化行为,传达明确的社会含义。金丝猴个体在两种情况下出现蜷缩的模式:① 个体遭到群内其他成员威胁或攻击时,作出蜷缩模式表示屈服;② 等级低的个体,主动向等级高的个体表示问候时,也以蜷缩表达意思。

我们把"逃逸"行为和"回避"行为都归入屈服行为类之中,因为它们都是社会地位低的个体所表现的行为。这两种行为的动作模式,与其功能一致,一目了然。在野外的观察中,屈服行为类中的三种行为节目,与笼养所观察到的是一致的。

在对野外投食群的研究中,对于攻击性行为和屈服性行为的行为表现研究有相似的结果,同时也发现一些新的行为类型:咕叫、抓打、追赶、瞪眼、瞪咕、驱赶、抢食、打架(神农架大龙潭)(蔚培龙等,2009);瞪眼、威胁、驱赶、厮打、按住、拽尾巴和躲避与对方直视、大叫、蜷缩、逃逸、被爬跨(秦岭玉皇庙西梁)(张鹏,李保国,谈家伦,2004);抓打、追赶、威吓、取代和回避、逃跑(秦岭玉皇庙西梁)(李保国等,2006)(表 2-1)。不同的研究,结果略有差异,甚至相同地点(秦岭)的群体也有不一样的行为表现,说明等级行为的表现可能与具体的生态及社会环境有关。

表 2-1 秦岭投食群观察到的不同类型的攻击行为和屈服行为

行为类型		行为具体表现
攻击行为	抓打	常见的模式为一方用手抓或打另一方,有身体接触
	追赶	强度比抓打行为要低一级,这种行为是一方追赶另一方,但没有身体接触
	威吓	对立双方无身体接触,只是表示对对方的攻击意图,常见的模式为瞪视对方的同时,伴有闭着嘴发出"咕咕"或"呜呜"的声音
	取代	等级高的个体走过来时,等级低的个体必须马上让开此处,由等级高的个体占有该位置
屈服行为	回避	低位者受到高位者威吓或无威吓时转身呈背或有意离开
	逃跑	低位者受到高位者的追赶时迅速逃走

本表引自:李保国等,2006

3 川金丝猴的等级关系

3.1 笼养繁殖群的研究

我们从 1988 年 11 月到 1989 年 7 月,在北京濒危动物驯养繁殖中心,对笼养条件下金丝猴繁殖群中的等级关系进行研究(任仁眉等,1990b),此研究是与行为模式的研究（任仁眉等，1990a）同时进行的。繁殖群相对野外的结构来看，相当于家庭单元，只是在笼养繁殖群中的成员是人为安排的，而不是在自然条件下形成的。研究对象是两个繁殖群内的个体。繁殖东笼内有 1 只成年雄性，5 只成年雌性，还有在笼内出生的幼猴 1 只；西笼内有成年雄猴 1 只，成年雌性 1 只，亚成年雌雄性各 1 只，还有在笼内出生的幼猴 1 只。在数据分析中，幼猴的数据是被排除在外的。

研究灵长类动物等级关系的方法非常多，所应用的指标也很多，但最常用的是以攻击行为的指向和次数作为指标。因此，我们以笼内个体间发生的攻击行为和屈服行为作为行为指标，采用的是计算优势指数的方法（Zumpe & Michael，1986）来判断笼内各成员的等级排列。这是一种简单易行的方法。简单地说，把群内成员之间的攻击行为和屈服行为的指向和次数，作为确定优势等级地位的最关键的因素。

优势指数的计算方法分为四步：

（1）计算发出攻击行为的百分比：在群内可组成的各对个体中，每对个体中的一个个体对另一个个体发出的攻击行为的次数，占这对个体彼此发出的全部攻击行为总数的百分比。

（2）计算屈服行为的百分比：在群内可组成的各对个体中，每对个体中的一个个体接受另一个个体发出的屈服行为的次数，占这对个体彼此接受的全部屈服行为总数的百分比。

（3）计算发出的攻击行为和接受的屈服行为百分比之和的平均数：在群内可组成的各对个体中，每对个体中的一个个体对另一个个体，发出的攻击行为和接受的屈服行为的百分比之和的平均数。

（4）计算优势指数：每个个体对群内所有其它个体发出的攻击行为和接受的屈服行为百分比的平均数。把优势指数从高到低排列起来，就表明群内的等级排列。

通过应用优势指数的方法，把所有的数据按照一步一步的程序，列出了东西笼个体发出的攻击行为矩阵（表 2-2），东西笼个体接受的屈服行为矩阵（表 2-3）和东西笼个体优势指数及等级排列（表 2-4）。

从数据看，东笼内优势指数最高的，不是雄性家长 ♯3，而是雌性 ♯2。但这个结果与还没有分析数据之前的直接观察所得的印象不一致。原来印象的根据

有 3 个方面:

(1) 一般认为,在大多数情况下,在一个繁殖群中,雄性家长的等级地位是最高的。

(2) 在我们的实际观察中,♯3(雄性家长)在某些方面总是优先的,如它总是大摇大摆地第一个来接受饲养员分配的食物,其它成员都不敢抢在它的前面。

(3) 它能控制群内的局势,如几个雌猴打架,它总是义不容辞地出来干涉,平息争斗,这些都是其它雌性做不到的。

因此在观察者的心目中,东笼雄性家长♯3 在小繁殖群内是等级地位最高的。然而,统计的数字确实表明♯3 的优势指数低于雌性♯2,不是最高的(表 2-4),引起了我们进一步的分析和思考。

表 2-2　东西笼个体发出和接受攻击行为矩阵

东　笼

A\R	♯ 3M	♯ 2F	♯ 16F	♯ 14F	♯ 4F	♯ 10F	合计
♯ 3M	—	11	24	12	12	5	64
♯ 2F	15	—	12	35	34	20	116
♯ 16F	15	9	—	23	59	23	129
♯ 14F	5	5	5	—	2	1	18
♯ 4F	4	2	1	8	—	2	17
♯ 10F	2	1	0	2	0	—	5
合计	41	28	42	80	107	51	349

西　笼

A\R	♯ 9M	♯ 12F	♯ 8SF	♯ 7SM	合计
♯ 9M	—	2	6	54	62
♯ 12F	0	—	6	12	18
♯ 8SF	0	0	—	30	30
♯ 7SM	14	4	3	—	21
合计	14	6	15	96	131

A=行为的发生者;R=行为的接受者;M=成年雄性;F=成年雌性;SF=亚成年雌性;SM=亚成年雄性;阿拉伯数字为猴的编号,以后各表同此。
本表引自:任仁眉等,1990b

表 2-3　东西笼个体接受和发出屈服行为矩阵

东　笼

A\R	♯3M	♯2F	♯16F	♯14F	♯4F	♯10F	合计
♯3M	—	4	10	12	11	28	65
♯2F	4	—	7	7	29	33	80
♯16F	4	2	—	7	12	10	35
♯14F	2	0	2	—	0	3	7
♯4F	2	2	0	4	—	3	11
♯10F	0	1	0	3	3	—	7
合计	12	9	19	33	55	77	205

西　笼

A\R	♯9M	♯12F	♯8SF	♯7SM	合计
♯9M	—	0	0	31	31
♯12F	0	—	4	2	6
♯8SF	0	0	—	3	3
♯7SM	3	0	3	—	6
合计	3	0	7	36	36

本表引自：任仁眉等,1990b

表 2-4　东西笼个体优势指数及等级排列（$M \pm SE$）

东　笼

	♯2F	♯3M	♯16F	♯4F	♯14F	♯10F
优势指数	0.81±0.19	0.72±0.16	0.69±0.34	0.33±0.40	0.20±0.14	0.20±0.23
等级	1	2	3	4	5	6

西　笼

	♯9M	♯12F	♯8SF	♯7SM
优势指数	0.95±0.09	0.63±0.55	0.23±0.40	0.19±0.10
等级	1	2	3	4

本表引自：任仁眉等,1990b

优势指数是以攻击行为的指向和次数为依据的,我们在表 2-2 中见到,雄性家

长＃3 发出的攻击行为次数(64),大大低于雌性＃2 和＃16 发出的攻击行为次数
(116)和(129);从表 2-3 中可见,＃3 接受的屈服行为次数(65)也少于雌性＃2 接
受的次数(80)。再进一步分析攻击行为的指向和原因时,就清楚地看到,雄性家长
发出攻击行为,与雌性们发出的攻击行的原因是不一样的。雄性家长＃3 在群内
是起平衡作用的,它主要是在调解相互争斗的雌性时,才应用攻击行为以平息争
斗;平时它从不主动发起攻击指向雌性,而是与群内的雌性多用和解和友谊行为方
式交往。而雌性＃2 和雌性＃16 则在群内个体之间主动采用攻击行为,它们的攻
击行为次数大大多于＃3。另外,雄性＃3 在群内接受的攻击次数(41)也多于雌性
＃2 所接受的次数(28)。雄性＃3 受攻击的原因主要是:有时雄性＃3 路过群内的
一只小婴猴(小婴猴是雌性＃2 和雄性＃3 的女儿)旁边,或偶然碰一下小婴猴,小
婴猴则哇哇大叫,表示委屈,这时常常引起笼内所有的雌性攻击雄性家长;另外,由
于雄性＃3 有时活动时震动了栖架,惊扰了雌性们的休息,这时笼内的雌性们也会
群起而攻之。这些就是雄性家长＃3 的优势指数为什么低于雌性＃2 的原因。

西笼的情况有所不同,由于笼内的成员结构不是一个典型的繁殖小群,也不能
与野外的家庭单元相比较,因为西笼内只有一对成年雌雄成员,并有 2 只未成年的
雌雄个体;但是这增加了在东笼内没有的条件,那就是年龄的优势和雄性之间的关
系。在 1988～1989 年期间雄性＃9 大约是 9～10 岁,而未成年雄性＃7 大约是 5～
6 岁。西笼的成年雄性＃9 在西笼是优势指数最高的,它与成年雌性＃12 和未成
年雌性＃8 的关系是平和的,对它们只发出极少的攻击行为(为总的攻击次数的
6%),这与东笼的情况相似;而雄性＃9 的极大多数的攻击行为是向未成年的雄性
＃7 发出的(为总的攻击次数的 41%);另一方面,未成年雄性＃7 也向雄性＃9 发
出攻击(为总攻击次数的 10.6%)。从这些数据看,在一个繁殖群内,如有 2 只雄
性,它们的关系是紧张的。

从以上的研究结果和分析来看,金丝猴笼养繁殖群的等级关系是很有特点的:

(1) 雄性家长对它的雌性伴侣,是以爱护和友谊的态度来维系群内的平衡,而
不是采用暴力和攻击来维持群内的稳定;

(2) 群内的雌性无一例外的,都可以对雄性家长发起攻击行为,有时还群起而
攻之;

(3) 东笼内的 5 个雌性,从优势指数来看,可以排列等级顺序,但雌性个体之
间并没有哪一个占绝对的优势,如最低等级的雌性＃10 也对最高等级的雌性＃2

发起过攻击。

由此可见，金丝猴笼养繁殖群的等级关系是存在的，但并不严格，构成一幅家长热爱并娇纵妻子，妻子们打架，家长来劝架的家庭景象。笼养的雄性家长为了平息雌性之间的争斗才利用攻击行为之外，从不对雌性们主动发起攻击。

3.2 自然栖息地群体研究

3.2.1 神农架金丝猴群的等级行为

在分析野外所得数据时，我们一方面像处理笼养的数据一样，把所有的行为记录进行分类和计算其次数，并以各种行为发起者的类别编制出"各年龄性别组发起友谊、攻击、作威、屈服行为次数表；根据这种数据可以清楚地看出，各类成员在各种不同的行为类别中，发起行为的次数。此外，在野外的研究中，我们还用另外两种数据来说明各种社会关系，其中一种是行为回合的计算。在分析数据时，无论是在一定的时间内只记录到一次行为的发生，还是在一段时间内在相同的个体中有一连串行为连续发生，我们都称之为一个行为回合。用行为回合来分析社会关系更能把当时的情景表现出来，说明个体之间的关系。我们把记录到的1060次行为，以发生的时间和连续的一串行为划分为不同的回合，按照不同的单元组合列于表2-5。

表 2-5　各类单元内发生社会交往的回合次数*

	家庭单元	全雄单元	幼体集群	母系单元	交配对	合计
回合次数	67	75	40	20	19	223
总时数（分钟）	1534	546	400	282	37	2800

* 在一段时间内某一单元中，成员之间发生的单次或连续几次的有关联的社会交往，都作为一次回合来记录。

说明个体间社会关系的另一种方法，是利用片段观察记录。这种方法的缺点是涵盖的方面窄，只说一时一事；但是优点是可以生动地把当时的情景烘托出来，更能使阅读者心领神会。因此，我们在揭露野外金丝猴的社会关系时，比较多地利用片段观察记录来丰富人们对它们的理解，这也是其他灵长类学家在野外研究中常用的一种方法。

由于金丝猴社群是由两个基本单元组成的三个层次的复杂结构,因此在野外要了解群内的等级关系需要进行多层次的分析,要从家庭单元内部的等级关系;全雄单元内部的等级关系;各家庭单元之间的等级关系;各全雄单元之间的等级关系以及分队内部与分队之间的等级关系等进行。但被采集的数据所限,在下面我们只论述家庭单元中等级关系的表现和雄性之间的等级关系的表现。我们按照笼养研究整理数据的方式,列出"野外各类成员发出和接受作威及攻击行为矩阵"(表2-6)和"野外各类成员发出和接受屈服行为矩阵"(表2-7)。

在表2-6和表2-7中,成年雄性类(♯1类)和成年雌性类(♯2类)之间没有发生任何攻击行为和屈服行为。这个数据表明,在野外的行为记录中,在家庭单元内部,成年雄性家长和成年雌性之间,没有观察到发生任何攻击行为和屈服行为。

表 2-6　野外各类成员发出和接受作威及攻击行为矩阵

A\R	♯1类	♯2类	♯3类	SF类	♯4类	♯5类	♯6类	作威	合计
♯1类	41	0	15	0	5	3	0	22	86
♯2类	0	5	0	5	1	9	0	0	20
♯3类	0	0	5	0	0	0	0	7	12
SF类	0	0	0	0	0	0	0	0	0
♯4类	0	0	0	0	0	0	0	1	1
♯5类	0	0	0	0	0	0	0	0	0
♯6类	0	0	0	0	0	0	0	0	0
合计	41	5	20	5	6	12	0	30	119

表 2-7　野外各类成员发出和接受屈服行为矩阵

A\R	♯1类	♯2类	♯3类	SF类	♯4类	♯5类	♯6类	合计
♯1类	4	0	0	0	0	0	0	4
♯2类	0	2	0	0	0	0	0	2
♯3类	10	0	1	0	0	0	0	11
SF类	0	0	0	0	0	0	0	0
♯4类	2	1	0	0	0	0	0	3
♯5类	0	0	0	0	0	0	0	0
♯6类	0	0	0	0	0	0	0	0
合计	16	3	1	0	0	0	0	20

雌性之间,雌性和幼体之间有攻击和屈服行为发生。表2-6表明,在家庭单元

内部,攻击行为存在于在成年雌性之间,成年雌性与亚成年雌性之间和成年雌性与青年及少年猴之间。表 2-7 表明,在家庭单元内部,成年雌性之间有屈服行为的发生和接受。以上这些争斗和屈服行为发生在家庭单元内部。在 67 次行为回合的记录(表 2-5)中,其中有 3 回合次记录到雌性之间的争斗行为。

野外的家庭单元和笼养小繁殖群所表现的等级关系是一致的。雄性家长对妻妾和幼小子女,都是关怀备至,爱护有加的。笼养的雄性家长为了平息雌性之间的争斗才利用攻击行为之外,从不对雌性们主动发起攻击;在野外,没有记录到雄性家长对成年雌性发出任何攻击行为。在笼养和野外都有雌性之间发生争斗的记录。笼养按照优势指数的排列,可以看出雌性之间有社会等级的差异;但是不可忽视的是,优势指数最低的个体,也有向优势指数最高的个体发起攻击行为的记录,这说明它们之间的等级关系不是很严格的。野外的记录和笼养的情形相似,雌性之间有争斗。

表 2-6 表明,成年雄性类共发出攻击行为 64 次,其中大多数是发生在全雄单元之间,但是有 4 次是在家庭单元中的雄性家长对来访的雄性发出的。在我们的记录中,无论是在局部范围内,还是整体队伍迁移时,绝大多数的家庭单元只有一只成年雄性,极少数的有两只雄性。在行为观察中发现,雄性家长对来访的其它雄性是极力地攻击和驱赶的,它们这种排斥来访雄性的行为,造成了一雄多雌的家庭单元的现象,也是全雄单元形成的原因。

表 2-6 和表 2-7 表明,成年雄性和亚成年雄性发出的攻击行为占总数的77.5%,屈服行为占总数的 75%。攻击行为的接受者中,成年雄性和亚成年雄性为总数的 68.5%;屈服行为接受者雄性占总数的 85%。这说明在猴群中,我们观察到的大多数攻击行为和屈服行为发生在雄性之间。上面提到有 4 次攻击行为发生在家庭单元的雄性家长和来访的雄性之间;其余的都是发生在家庭单元以外的雄性之间。有的可能是发生在同一全雄单元中的成员之间;也有的可能发生在不同的全雄单元中的成员之间。

野外雄性家长对来访的雄性的攻击和驱赶,是很重要的事实。在绝大多数的家庭单元中,只有一个成年雄性,这种情况是由于雄性家长对外来雄性的绝对排斥而形成的;另外,全雄单元中的成员,都是被家庭单元排斥出来的个体,因此形成它们处于群的边缘位置。而雌性的态度大不一样,在列出的例子中,有雌性被外来的雄性所吸引,跑去给它理毛;而雄性家长在这时不是去斥责雌性,而是去赶走外来的雄性。这是金丝猴雄性家长的处世哲学：它们是不会攻击自己的爱妻的。

在行为回合次数的记录中，全雄单元记录到 75 回合次。其中，牵涉攻击行为的回合共 23 次。雄性之间的等级关系是复杂的。在我们的记录中，雄性之间有典型的威胁和屈服的形式；互相攻击的形式；有个体之间联合攻击的形式；有其它个体参与干涉攻击的形式；有攻击其它个体表现领导职能的形式；还有独占"灯台树"表现第一高位的形式。由于我们还不能很清楚地知道，在发生这些攻击回合的过程中，参与的个体是属于同一个全雄单元，还是属于不同的单元，因此目前只能把这些攻击行为看成是个体之间的关系。其实，在这些关系中，一定是包含有全雄单元之间的关系，甚至是分队之间雄性的关系。

3.2.2　神农架投食群金丝猴的等级行为

在神农架地区开展的投食群金丝猴的等级行为研究利用采用行为取样法和全事件记录法得到了更加深入的结果（蔚培龙等，2009）。此研究的对象是活动于神农架自然保护区大龙潭区域的投食群，共有 3 个一雄多雌单元和 1 个全雄单元，共 45 只。这些个体被分为成年、亚成年、青年、少年和婴幼猴，主要研究前 4 个年龄段个体的攻击行为和等级序列。数据记录时间从 2007 年 1 月 4 日至 6 月 17 日，有效观察日为 52 天，每天投食期间观察 3 小时。结果发现此猴群的攻击行为有直接冲突的攻击行为（打架、抓打、抢食、追赶、驱赶）和仪式化威胁行为（瞪眼、咕叫、瞪咕）共 8 种。攻击行为按发生频次多少依次为：咕叫、抓打、追赶、瞪眼、瞪咕、驱赶、抢食、打架（表 2-8）。

表 2-8　神农架川金丝猴投食群攻击行为发生的频次

行为类型	总次数（次）	频次（次/小时）
抓打	106	2.14±1.12
咕叫	90	6.27±4.32
追赶	66	4.30±2.17
瞪眼	31	3.88±1.85
抢食	17	2.57±0.92
瞪咕	16	3.20±1.96
驱赶	11	3.02±1.09
打架	4	2.14±1.12

可见金丝猴通常只采用仪式化的威胁行为,而很少采用打架这种最可能致伤的行为(只发生在主雄间或主雄与全雄单元之间)。这说明野外投食群金丝猴社会的等级关系是比较缓和的。

不同性别和年龄组间的攻击行为有差异。攻击行为的发起者在性别间差异显著,雄性多于雌性;承受者差异不显著。攻击行为的发起者在年龄间差异显著,按次数多少依次为:成年猴、亚成年猴、青年猴、少年猴;承受者差异不显著。根据攻击—屈服行为优势指数得出一雄多雌单元内成员的等级序列,发现等级序列是按照主雄、成年雌性、亚成年、青年、少年猴的顺序排列的。

投食群攻击行为在雄性发起次数多于雌性,这与雄性维持其最高等级的行为一致。攻击行为最多的是仪式化的咕叫行为,这种行为可以起到威慑作用又不至于产生实质性的伤害,这反映出金丝猴群内等级较为缓和,成员间关系较平和的特点。

3.2.3 秦岭投食群金丝猴的等级行为

李保国等(2006)采用焦点动物取样法和全事件记录法研究了秦岭金丝猴投食群的社会单元内部及社会单元间的等级关系及其随繁殖周期的变化。研究地点位于陕西秦岭北坡中段周至国家级自然保护区内玉皇庙村,海拔 1400～2890 米,属温带半湿润山地气候。选择西梁投食群作为研究对象,共 8 个社会单元,58 只个体,社会单元分别以单元内有特色的成年雄性个体命名。观察从 2002 年 9 月到 2003 年 6 月,观察天数为 112 天,每天从上午 9:00 开始至下午 5:00 结束,按照交配季节(9～12 月)和产仔季节(4～6 月)进行比较分析。应用优势指数的方法确定等级关系(表 2-9)。

表 2-9　8 个社会单元间的等级排列在全年的变化

	黑头	长毛	井字头	秃头	八字头	断指	刀疤	红腿
交配季节等级	1	2	3	4	5	6	7	8
产仔季节等级	1	2	5	3	4	6	7	8
全年等级	1	2	3	4	5	6	7	8

表 2-9 显示社会单元间的等级关系在交配季节前后发生变化:等级较高的黑头社会单元、长毛社会单元和等级较低的刀疤社会单元、红腿社会单元的等级地位在一年的观察期内没有发生变化,而处于中间等级的八字头社会单元、井字头社会

单元、秃头社会单元和断指社会单元的等级地位发生变化。这说明等级较高的社会单元可以维持自己的地位,等级较低的社会单元难以通过争斗提高等级,而中间等级的社会单元则有能力产生等级地位的变动。例如,八字头社会单元在交配季节等级顺序为第5位。在产仔季节时别的社会单元陆续有了婴猴,雌猴为照顾婴猴,放松与成年雄性的联系,在社会单元冲突时不参与其中。而八字头社会单元成员没有产婴猴,在单元间冲突时,成年雌猴能更好协助雄猴,以取得优势地位,因此在产仔季节该社会单元顺序上升到第4位。这表明更高等级的社会单元内部可能更加协调一致,会通过合作来攻击其它社会单元,取得优势。

社会单元内部的等级研究显示成年雄性较少攻击单元内成员,只有为平息内部的争斗时,才产生攻击行为,这与之前在笼养群和神农架野外群的研究是一致的。按照性别年龄组来划分,成年雄性居最高地位,其次是成年雌猴,再次是亚成体,地位最低的是幼猴。这也与蔚培龙等(2009)的研究结果一致。此外,金丝猴成年雌性的等级地位会随着产仔发生变化,一般产仔的雌性等级地位高于未产仔的雌性。

4　川金丝猴等级行为与生存资源的关系

4.1　取食优势

王晓卫等(2007)和赵海涛等(2013)对位于秦岭玉皇庙地区的金丝猴投食群进行社会等级的研究,主要探讨取食优势与家庭单元间等级、家庭单元内部成年雌性等级的关系。王晓卫等(2007)选取家庭单元下地并到达投食地点的取食时间、取食次数、取食顺序三个参数,计算取食优势指数。过程为:

(1) 计算出每个参数的总值:每个家庭单元在整个观察期内到达投食区的总取食次数、总取食时间、以第一序位(最优位)取食的总次数。

(2) 计算出每个单元每个参数的总值占所有单元该参数总和值的百分比:每个家庭单元的取食次数占8个家庭单元总取食次数的百分比;每个家庭单元的取食时间占8个家庭单元总取食时间的百分比;每个家庭单元以第一序位取食次数

占 8 个家庭单元总第一序位取食次数的百分比。

（3）计算优势指数：以家庭单元为单位分别计算出 3 个百分比的平均数，并将其从高到低排列得到家庭单元全年总的等级排列。

与攻击—屈服行为优势指数法的结果进行比较，除两个家庭单元排序颠倒（但数据都是极显著正相关）外，其他顺序都是一致的。首先，取食优势指数可以反映社会等级关系。这说明更高等级的社会单元享有食物资源的优先权。高等级社会单元不用通过争斗，就可以直接优先获取食物。这一点维持了整个社群的稳定。而且，取食优势指数一定程度上可以代替攻击—屈服行为的优势指数法，因行为观察需要判定行为的发出者与接受者，且有时行为模式不明显导致不易判断，所以更加简明的取食优势指数计算可以在一定条件下作为社会等级地位判定的根据。

赵海涛等（2013）研究了相同地点投食群的家庭单元内部成年雌性的社会等级与优势资源占有的关系。取食过程中的食物和空间优势资源占有通过焦点动物取样法和全事件记录法来观察和记录。因雌性攻击性行为显著少于雄性，因此采用取代行为指数法判定雌性等级地位。发现更高等级的雌性享有食物资源的优先权。这一点与产仔雌性拥有更高的社会等级是一致的（李保国等，2006）。它可以满足后代对于食物、营养的需求，有利于种群的繁衍。另外，因食物资源占有这一指标更容易测量，此方法也可一定程度上代替行为优势指数法来判定社会等级地位。

4.2　生殖优势

贺海霞等（2013）研究了秦岭玉皇庙地区的投食群中 4 个社会单元的成年雌性社会等级和交配机会的关系。研究采用取代行为判定雌性社会地位，运用斯皮尔曼等级相关非参数检验对雌性等级与交配频率进行统计，验证其相关性（表 2-10，图 2-1）。

表 2-10　4 个单元内雌性等级与交配机会之间的相关系数 r 和 p 值

	单元一	单元二	单元三	单元四
相关系数 r	−0.900	−1.000	−1.000	−1.000
p 值	0.037	0.000	0.000	0.000

本表引自：贺海霞等，2013

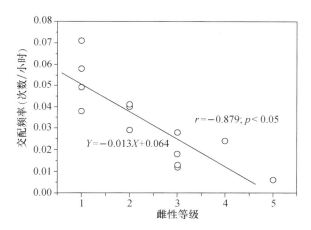

图 2-1　雌性等级与交配频率之间的相关性

雌性等级最高等级记为 1,最低等级记为 5

本图引自:贺海霞等,2013

结果显示,成年雌性的等级与交配竞争之间存在正相关,这与其它叶猴的研究结果是一致的。单元内雌性个体之间的取代行为频率较低,且以象征性的声音警告居多,说明金丝猴的社会等级关系较为缓和,个体之间关系较为友好,也与之前的研究结果一致。而当交配竞争出现时,高等级的个体还是会占有优势。这种优势一方面影响雄性的交配选择,另一方面也可能影响雌性低等级个体的交配策略。

5　小结

综合以上的研究结果,可以看出金丝猴社会单元内部和社会单元之间是有等级地位顺序的,而且社会单元成员间仪式化的行为更多而实质性的打斗较少,说明金丝猴的社会容忍度较高,等级地位较为缓和。雄性家长在家庭单元中很少发出攻击性行为,只在平息内部争斗时才会对群内成员攻击。成年雌性也有较为和缓的等级顺序,且高等级个体在食物、空间、交配等资源竞争中有优势地位。同时,产仔的雌性等级越高,越能保证后代可以享有较为充分的资源。社会单元之间也有等级顺序和资源竞争的优势差异，高等级的社会单元的内部成员往往更加配合协调，共同维持单元地位。这些等级行为的存在，可以维持社群的稳定，有利于优秀性状的传递和物种繁衍。另外，取食优势指数及取代行为优势指数的方法，在一定条件下可以代替攻击—屈服行为优势指数，简化数据收集与处理过程，得到更加准确的结果。

参考文献

Bang, A. , Deshpande, S. , Sumana, A. , & Gadagkar, R. (2010). Choosing an appropriate index to construct dominance hierarchies in animal societies: a comparison of three indices. *Animal Behaviour* ,79(3),631-636.

Cafazzo, S. , Valsecchi, P. , Bonanni, R. , & Natoli, E. (2010). Dominance in relation to age, sex, and competitive contexts in a group of free-ranging domestic dogs. *Behavioral Ecology* ,21(3),443-455.

Colvin, J. (1983). Rank influences rhesus monkey peer relationship. In R. A. Hinde (Ed.), *In Primate Social Relationships: An Integrated Approach*. Oxford: Blackwell.

de Waal, F. B. M. (1989). Dominance "style" and primate social organization. In V. Standen and A. Foley (Eds.), *Comparative Socioecology: The Behavioral Ecology of Humans and Other Mammals*. Oxford: Blackwell,243-264.

Manning, A. , & Dawkins, M. S. (2012). *An Introduction to Animal Behaviour (sixth edition)*. Cambridge: Cambridge University Press.

Micheletta, J. , & Waller, B. M. (2012). Friendship affects gaze following in a tolerant species of macaque, *Macaca nigra*. *Animal Behaviour* ,83(2),459-467.

Muniz, L. , Perry, S. , Manson, J. H. , Gilkenson, H. , Gros-Louis, J. , & Vigilant, L. (2010). Male dominance and reproductive success in wild white-faced capuchins (*Cebus capucinus*) at Lomas Barbudal, Costa Rica. *American Journal of Primatology* ,72(12),1118-1130.

Neumann, C. , Duboscq, J. , Dubuc, C. , Ginting, A. , Irwan, A. M. , Agil, M. , Widdig, A. , & Engelhardt, A. (2011). Assessing dominance hierarchies: validation and advantages of progressive evaluation with Elo-rating. *Animal Behaviour* ,82(4),911-921.

Seyfarth, R. M. (1980). The distribution of grooming and related behaviours among adult female vervet monkeys. *Animal Behaviour* ,28(3),798-813.

Wang, D. , Zhang, J. , & Zhang, Z. (2012). Effect of testosterone and melatonin on social dominance and agonistic behavior in male. *Tscheskia triton*. *Behavioural Processes* ,89(3),

271-277.

White, F. J., & Wood, K. D. (2007). Female feeding priority in bonobos, Pan paniscus, and the question of female dominance. *American Journal of Primatology*, 69(8), 837-850.

Zumpe, D., & Michael, R. P. (1986). Dominance index: a simple measure of relative dominance status in primates. *American Journal of Primatology*, 10(4), 291-300.

陈燃, 李进华, 朱勇, 夏东坡, 王希. (2009). 黄山短尾猴不同顺位等级雄性个体友好行为的比较研究. 兽类学报, 29(3), 246-251.

贺海霞, 齐晓光, 王晓卫, 郭松涛, 纪维红, 王程亮, 魏玮, 李保国. (2013). 秦岭川金丝猴单元内成年雌性的等级关系与交配竞争. 科学通报, 58(16), 1513-1519.

李保国, 李宏群, 赵大鹏, 张育辉, 齐晓光. (2006). 秦岭川金丝猴一个投食群等级关系的研究. 兽类学报, 26(1), 18-25.

任仁眉, 严康慧, 苏彦捷, 戚汉君, 鲍文勇. (1990a). 川金丝猴社会行为模式的观察研究. 心理学报, 22(2), 159-167.

任仁眉, 严康慧, 苏彦捷, 戚汉君, 鲍文勇 (1990b). 繁殖笼内川金丝猴社群结构的研究. 心理学报, 22(3), 277-282.

王晓卫, 芦竹艳, 吴晓民, 肖红, 李保国, 王永奇. (2007). 秦岭金丝猴的繁殖生物学. 生物学通报, 42(10), 13-14.

王振龙, 王大伟, 张知彬. (2007). 雄性大仓鼠体重对其斗殴行为及社会等级的作用. 兽类学报, 27(1), 26-32.

蔚培龙, 杨敬元, 鲍伟东, 余辉亮, 姚辉, 吴峰. (2009). 神农架川金丝猴投食群的攻击行为及等级序列. 兽类学报, 29(1), 7-11.

张峰, 胡德夫, 李凯, 曹杰, 陈金良. (2009). 普氏野马繁殖群在组建和放归初期的争斗行为与社群等级建立. 动物学杂志, 44(4), 58-63.

张建军, 梁虹, 施大钊. (2006). 雌性动情状态和雄性等级对布氏田鼠社会行为的影响. 草地学报, 14(3), 280-283.

张鹏, 李保国, 谈家伦. (2004). 秦岭川金丝猴一个群的社会结构. 动物学报, 49(6), 727-735.

赵海涛, 王晓卫, 齐晓光, 王程亮, 高存劳, 司开创, 李保国. (2013). 秦岭川金丝猴成年雌性优势资源占有与社会等级的判定. 兽类学报, 33(3), 215-222.

赵亚军, 孙儒泳, 房继明, 李保明, 赵新全. (2003). 青春期雌性根田鼠初次择偶行为与雄性优势等级. 动物学报, 49(3), 303-309.

第 3 章　理毛与友谊行为

1　友谊行为

灵长类动物的生活中,既有残酷的生存竞争的一面,也有和平共处的一面。攻击和导致对方伤亡的战斗比起较温和的威胁来要少得多。在群体成员的相互作用中,表现出许多友好的行为,以维持或恢复社群和谐并促进群体成员的团结。这就是友谊行为。

友谊行为包括友好而放松的接触、问候、社会游戏、理毛、食物分享、帮助和利他等。这一章除了对友谊行为做一般介绍外,着重讨论理毛行为。

金丝猴的社会容忍度比较高,成员之间的友谊和和解行为很多,等级并不十分严格。这是金丝猴社会不同于其它灵长类动物的一个特点。金丝猴有许多友谊行为的表现,这在野外和圈养条件下的观察数据都有所体现。理毛行为是一种最普遍的表示友谊的行为,在金丝猴中也是如此。本章将通过考察金丝猴友谊行为特别是理毛行为的表现、模式及功能,说明金丝猴社会中个体间关系的一些特点。

1.1　金丝猴的友谊行为表现

灵长类学家们在观察灵长类动物时发现,有血缘关系的个体在空间距离上是靠近的,如在迁移、觅食物和睡觉时都在一起。最为接近的是母亲与孩子之间;祖孙及姨甥之间在日常生活中的空间距离也小于无血缘关系的个体之间的空间距离(Gouzoules & Gouzoules,1987)。因此,研究者们把个体间的空间距离,作为个体之间关系亲密与否的指标。趋近、挨坐和拥抱等行为节目就作为友谊行为来看待。游戏和邀请也是友谊行为。因为,只有在个体间关系是友好时才进行游戏;邀请是一个个体对另一个个体发起各种友好的交往,如理毛、拥抱或游戏等。此外,金丝猴较独特的友好行为是张嘴,这种行为模式在亲近和和解的情景中出现频繁。

除了"趋近""挨坐""拥抱""游戏""邀请""理毛""张嘴"等,金丝猴的友谊行为还包括"抱腰""跟随""等候"等(详见"行为模式"一章)。值得注意的是,在川金丝猴中,友谊行为种类较多,发生也较为频繁,因此川金丝猴是一个等级地位不算特别严格、成员关系比较温和友好的独特物种。

无论在笼养条件还是野外栖息地的金丝猴群体,观察者所记录的数据中,个体之间安静而友好的交往要比争斗打架的交往多得多。友谊行为的节目也比其他种类的行为节目多,以下分述各种行为节目的动作模式:

(1)"张嘴"是一种仪式化行为,传达友谊和解的信息。它的动作模式很简单,就是把嘴张开,不明显露齿;张嘴时头、颈、肩、躯干和四肢处于常规状态。这种模式在金丝猴的社会交往中很普遍,大约有以下几种情况:一种是在威胁行为后出现张嘴行为,例如甲威胁乙后,甲又张嘴,并把威胁时伸出的头收回,面部表情放松,这样威胁就以和解的方式结束了;第二种情况是,等级高的成员走向其它成员时,边走边张嘴,表明这种趋近是无害的、友谊的;第三种情况是在需要调解和安抚的情景中发生的,如当两个个体之间发生攻击行为时,群内等级最高的个体(雄性家长)常常充当调解者插身两个个体之中,频频地左右摆动头部,并同时向双方张嘴,还用手抚拍受到攻击的个体,以示安抚;第四种情况是,当有的成员,尤其是幼小的成员惊恐尖叫时,成年的或等级高的个体就接近它,并向它张嘴,有时还加以拥抱,以示安慰;第五种情况是,在成年雌雄交配之前,雄性常常用张嘴这种模式对雌性进行邀配;第六种情况是,在游戏活动中,游戏双方都张嘴,形成一张游戏脸。总之,张嘴这种模式是被金丝猴用在友谊、和解和安抚的社会含义之中。野外观察的张嘴行为与笼养一致。

(2)"抱腰"也是金丝猴的一种仪式化行为,它主要是传达友谊的信息,但在行为发生的过程中,它又带有轻微的惩罚意味。抱腰的动作模式是,成员甲坐着不动,成员乙从身后抱着成员甲的腰,有时还向怀里拉几下,也有时用整个头部在甲的背部蹭几下。抱腰时甲乙双方的面部表情都是放松的。抱腰行为常常发生在威胁行为之后,抱腰行为的发起者常是等级较高的个体。另外,我们还观察到,当一个雌性主动邀请雄性与之交配时,另一个雌性,常常是等级较高的雌性,就对该雌性做抱腰行为,以干扰它的邀配行为,使其不能与雄性交配。在这两种情况下发生抱腰行为,就意味着既有和解,但又有轻微惩罚的社会含意。这种行为在野外观察中也有,我们一并把蹭背和蹭腹行为模式也列入此节目。

(3)"拥抱"是和解和友谊行为。拥抱的动作模式是两个个体腹腹相对,一方伸出双臂抱住对方,双方腹部紧挨,两条尾巴围绕在身边,头部放在对方的肩或臂上,脸部表情放松,有时发出呜呜柔和的声音。基于对笼养或野外群体的观察,拥抱行为发生在以下几种情况中:第一种是在攻击或威胁行为之后,或笼养条件下的抢食行为之后,接着互相拥抱表示和解;第二种情况是互相拥抱表示友谊;第三种情况是在睡眠时互相拥抱;第四种是拥抱后马上理毛,此时的拥抱是一种邀请行为。

(4)"理毛"行为从表面功能看,是个体之间清理毛发下分泌的汗粒、盐粒或异物的行为。但大量研究表明,在灵长类动物中,"理毛"是一种社会性非常强的行为,可作为个体间友谊程度的重要指标,是一种友谊行为。理毛行为在大多数灵长类动物的社会行为中,是发生次数最多,占时间比例最大的行为,金丝猴也如此。金丝猴理毛行为的动作模式和其它灵长类动物的一致。理毛者采取坐姿,双手分理着被理毛者的毛发,目光注视着手的动作,嘴微微张动,发出轻微的吧嗒声,时时用嘴碰触毛发,清理异物。从理毛的姿态就可以看出,理毛者是认真地理毛、巴结地理毛还是敷衍地理毛等。年轻成员在理毛时爱用手拍打对方身体,可能是理毛的动作还不熟练之故。被理毛者的姿势也是多样的,有时坐,有时站,有时躺,站立时爱把臀部撅起,以便于理肛门周围的区域,如理毛时间较长,被理毛者也常常变换姿势。理毛行为在成年雌性中发生最多,它们互相理毛以增进友谊。另一种情况是在雌雄两性交配之后,有时互相理毛,以表达爱意。最值得注意的是一种"快速理毛"的行为,它表现出和解的社会含义。当成员间发生攻击或威胁行为之后,被攻击或被威胁者,常常给攻击者或威胁者快速理毛,这时的动作模式和正常情况下有所不同,理毛者急促地跑到被理毛者的身边,快速地在对方的身上理几下,然后就跑开了。这好像是在说,"惹您生气了,很抱歉!"在野外的观察中,也见到了快速理毛的行为,这是金丝猴和解行为的一种行为模式。

(5)"挨坐"是一种友谊行为。个体之间身体有接触,但臂和腿不与对方相交或相抱,头部也不与对方相碰。有时几只动物依次挨坐。挨坐行为也可作为个体之间友谊程度的指标。

(6)"趋近"是一种友谊行为,指的是一个成员坐在那里,另一个成员走向它,有时身体之间有接触,成为挨坐行为;有时身体不接触,但距离不超过一臂之遥。趋近行为也可以作为个体之间友谊程度的指标。

(7)"游戏"是一种友谊行为,在灵长类动物中游戏行为普遍存在。这种行为多发生在友谊、轻松、缓和的社会环境之中。如果群内社会等级非常严格,等级高的成员非常凶暴,或者群内发生了强烈的攻击行为时,那么游戏行为就会大大减少。游戏行为多见于幼年和青少年之间,但成年个体之间、成年和青少年或幼年之间也会发生游戏行为。金丝猴的游戏行为模式和其它灵长类动物的模式基本相同。在游戏时,参加的成员都有一张游戏脸,就是半张着嘴、脸部肌肉放松、不瞪眼、不挑眉、不扇耳朵、头微微摇动有挑逗对方之意;有时有轻微的呼呼喘气声,与此同时互相用手抓拍对方的头或肩,抓拍时轻轻摇晃,常常来回许多次,有时还头对着头前进和后退。以上的模式是较为文雅的形式,常常发生在幼年雌性之间,成年雌性或成年雌雄个体之间;青壮年及少年雄猴之间的游戏动作更为粗鲁,除了以上动作外,还扭打在一起,有时抱着在地上打滚,互相假咬、追赶或奔跑。有趣的是,粗鲁的游戏过了分,就会变脸,引起真正的争斗。在野外观察中,青少年猴及幼年猴的游戏行为是非常频繁的,只要是在休息的时候,它们就聚集在一起游戏,在野外海阔天空,猴儿们上蹿下跳,奔跑打滚,不亦乐乎!

(8)"邀请"是一种友谊行为。这种行为在灵长类动物中也是普遍存在的。邀请行为是指在理毛、拥抱或游戏之前,一个成员对另一个成员的示意行为。邀请行为的动作模式是多样的,如用手碰碰对方,拉对方的手,有时走近对方躺下,等等。这些动作的目的,是要引起对方的注意,以达到拥抱、游戏或理毛的目的。邀请行为的发起者和接受者之间的关系是比较密切的,如母女之间,姐妹之间,配偶之间等。一方做出邀请行为,另一方可能回答,也可能不理睬,甚至走开。因此"走开"和"不睬"也是两种行为,它们也可以归入友谊行为之中。

（9）"跟随"是一种友谊行为，是指一个个体在前面走，另一个体跟随其后；有时成员们坐在一起，有一个个体站起来走，有的个体跟着它走。这种行为标志着跟随者和被跟随者之间的关系是亲密的。因此在观察猴群时，个体之间有跟随行为的，说明它们有亲密的关系。在笼内观察时，跟随行为发生次数很频繁，在野外也是如此。

（10）"等候"是一种独特的友谊行为，严格地说，它不是一种行为模式，而是一种心理状态的表现。等候在笼养条件下没有见到，只有在野外的条件下，才见到这种行为，这是只有雄性家长才表现出来的。当猴群迁移时，雄性家长常常走在前面，有时它停下来，等待它的家庭成员，它抬头张望，张嘴示意；有时由于道路崎岖，不易行走，家长们更是百般鼓励，耐心等待，等到每一个家庭成员都走过以后它才跟随其后，当时的情景是非常感人的。

2 金丝猴的友谊关系特点

下面我们分别呈现笼养条件和野外栖息地对金丝猴友谊关系的观察结果。

2.1 笼养条件下的友谊关系

2.1.1 笼养繁殖群内的友谊关系

我们的金丝猴笼养小繁殖群内友谊行为的数据，是与等级行为研究的数据同时记录的，研究的地点、对象和方法完全相同。友谊行为发生次数占总行为次数的86.4%，而攻击和作威及屈服行为的次数只占总行为次数的13.6%。由此可见，友谊行为在金丝猴的生活中占主导地位。下面以东笼内个体之间的总的友谊行为、理毛行为和张嘴行为的数据列表于下：表3-1为东笼个体之间总的友谊行为次数矩阵，表3-2为东笼内个体之间理毛行为次数矩阵，表3-3为东笼内个体之间张嘴行为次数矩阵。

表 3-1　东笼内个体发出及接受各种友谊行为次数矩阵*

A\R**	♯3M	♯2F	♯16F	♯4F	♯14F	♯10F	合计
♯3M	—	281	317	490	337	305	1730
♯2F	250	—	599	297	167	416	1729
♯16F	486	302	—	197	122	86	1193
♯4F	297	164	150	—	102	137	850
♯14F	420	120	135	126	—	145	946
♯10F	112	213	62	92	115	—	594
合计	1565	1080	1263	1202	843	1089	7042

* 表中个体除♯3M以外,5位雌性排列顺序依据优势指数等级而定(见表2-4)。表中总数以原表5-1中的友谊行为总数减去西笼友谊行为次数和游戏行为次数所得。

** A:发出者,R:接受者,以后各表同此。

表 3-2　东笼内个体发出及接受理毛行为次数矩阵

A\R	♯3M	♯2F	♯16F	♯4F	♯14F	♯10F	合计
♯3M	—	113	55	140	86	22	416
♯2F	146	—	202	77	42	34	501
♯16F	364	100	—	91	52	22	629
♯4F	213	79	67	—	54	38	451
♯14F	329	32	27	61	—	29	478
♯10F	92	86	38	29	40	—	285
合计	1144	410	389	398	274	145	2760

表 3-3　东笼内个体发出及接受张嘴行为次数矩阵

A\R	♯3M	♯2F	♯16F	♯4F	♯14F	♯10F	合计
♯3M	—	97	147	238	150	189	821
♯2F	0	—	29	3	3	7	42
♯16F	10	68	—	14	2	5	99
♯4F	17	12	14	—	1	5	49
♯14F	7	43	24	11	—	14	99
♯10F	1	6	0	4	1	—	12
合计	35	226	214	270	157	220	1122

分析数据,发现笼养条件下金丝猴的友谊行为有如下特点:

（1）雄性家长控制社会平衡。

综合雄性家长在繁殖群内的作用，发现雄性家长对笼内雌性发出的友谊行为次数的多少，与该雌性在笼内受攻击的次数正相关（皮尔逊相关系数 $r = 0.9075$，$p < 0.05$，双尾检验），在笼内哪个雌性受攻击次数最多，雄性家长对它发出的友谊行为次数也最多。这种相关表明，雄性家长以友谊的交往安抚受攻击者，维护群内的平衡，从而使得群内的等级关系趋于缓和。当然，也存在另外一个方向的可能性：雄性家长对哪个雌性个体发出的友谊行为多，这一雌性会遭到其它雌性的"妒忌"而受更多地攻击。因此，为了说明因果关系还需要进一步的研究。另外，雄性家长除了为压制雌猴们打架而发出攻击行为外，它从不无故对任何雌性采用攻击的形式；相反，它是笼内发出友谊行为最多的一个，尤以张嘴行为最显著（表 3-3），发出友好安抚的信息。由此可见，雄性家长一方面能控制笼内不平衡的局面；另一方面善待每一个雌性，保持笼内祥和的气氛。

（2）雄性家长最有吸引力。

表 3-1 可见，雄性家长得到友谊行为最多，其中尤以理毛行为为最（表 3-2）（$Z > 2.58$，$p < 0.005$）。这说明繁殖群内的雄性家长是最有吸引力的角色；雌性们都趋向它、接近它，以它为核心（图 3-1）。

图 3-1　在金丝猴的家庭单元中雄猴得到最多的理毛，图为两只雌猴给雄猴理毛

（3）雌性之间表现特殊的友谊关系。

笼内 5 位雌性之间的友谊关系不是均衡的。以雌性间友谊行为占其所有相互作用的总次数（包括攻击、屈服和友谊行为）的百分比，进行独立样本比率差异显著性检验表明，在 5 个雌性之间有成对的特殊友谊关系（$Z > 2.58$，$p < 0.005$）。在观察过程中，优势指数最高的 ♯2F 和优势指数第三位的 ♯16F 之间，有显著频繁的友谊关系。

（4）等级最低的雌性最不活跃。

从表 3-1 看，笼内优势指数最低的个体 ♯10F 发出的友谊行为显著少于其它个体（$Z > 3.30$，$p < 0.0001$）。这说明它在笼内不主动参与个体间的交往。但优势指数最高的 ♯2F 对它发出的友谊行为次数却很多。从具体的情景来看，♯2F 常常主动走到 ♯10F 面前，要求理毛，或与之拥抱而睡。观察者估计，♯2F 是靠在 ♯10F 的身上睡得舒服，而 ♯10F 是做它的支架而已。

2.1.2　野生动物园笼养条件下的友谊关系

Ren 等人（2010）报告了在野生动物园笼养情况下川金丝猴群的友谊行为。在这种笼养情况下，川金丝猴群形成类似于野外环境下的家庭单元和全雄单元。结果发现家庭单元和全雄单元内的个体表现出相似数量的亲密行为，只在挨坐行为上表现出差异（表 3-4）。

表 3-4　家庭单元与全雄单元以及全部个体间的友谊行为的次数及其相互间的曼-惠特尼 U 检验

		全部个体	单元内	单元间
理毛	U	4.0	7.0	8.0
	p	0.073	0.230	0.315
拥抱	U	6.0	6.0	5.0
	p	0.614	0.614	0.109
游戏	U	7.0	11.0	12.0
	p	0.230	0.648	0.788
挨坐	U	4.0	3.0	8.0
	p	0.073	0.042	0.315

本表引自：Ren et al.，2010

　　单元内的亲密行为要比单元间的亲密行为发生更为频繁。川金丝猴会花更长的时间和单元内的成员进行理毛(维尔克松T检验：$n=11$，$T=0$，$p=0.004$)，拥抱($n=11$，$T=3$，$p=0.009$)，游戏($n=11$，$T=0$，$p=0.007$)和挨坐($n=11$，$T=0$，$p=0.004$)(图3-2)。

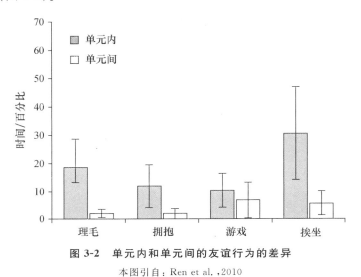

图3-2　单元内和单元间的友谊行为的差异

本图引自：Ren et al.，2010

　　研究还将这四种友谊行为综合分析，发现没有一个成员处于核心的地位，同时也没有一个成员被孤立。全雄单元中的个体间与家庭单元中成年雌性对雄性家长的友谊行为数量上不存在差异($\chi^2=1.302$，$df=1$，$p=0.253$)，并且家庭单元内的雄性家长和成年雌性间的相互理毛数量上也没有差异($n=3$，$T=0$，$p=0.250$)。

2.2　野外家庭单元内部的友谊行为

　　我们在神农架自然保护区野外观察累计约2000小时，记录到个体间发生的社会行为共1060次，其中友谊行为有780次。由于野外的记录，不像笼养记录的数据来得严谨，因此不适宜做统计分析；以此观察记录为基础，列出"野外各类成员发出和接受各种友谊行为矩阵"(表3-5)、"野外各类成员发出和接受理毛行为矩阵"(表3-6)和"野外各类成员发出和接受张嘴行为矩阵"(表3-7)等表，以分析个体之间相互关系的一般趋势。

表 3-5　野外各类成员发出和接受各种友谊行为矩阵

A\R	♯1类	♯2类	♯3类	SF类	♯4类	♯5类	♯6类	其他	合计
♯1类	87	85	13	8	8	7	0	8	216
♯2类	91	105	0	0	31	69	68	3	367
♯3类	4	1	21	0	0	0	0	0	26
SF类	14	5	0	2	0	0	0	0	21
♯4类	17	15	1	0	5	11	2	2	53
♯5类	12	51	0	0	2	11	2	2	80
♯6类	0	15	0	0	2	0	0	0	17
合计	225	277	35	10	48	98	15	15	780

表 3-6　野外各类成员发出和接受理毛行为矩阵

A\R	♯1类	♯2类	♯3类	SF类	♯4类	♯5类	♯6类	合计
♯1类	39	13	1	1	0	1	0	55
♯2类	66	51	0	0	27	45	56	245
♯3类	0	0	7	0	0	0	0	7
SF类	3	1	0	0	0	0	0	4
♯4类	2	4	0	0	2	9	2	19
♯5类	3	16	0	0	0	5	2	26
♯6类	0	6	0	0	0	0	0	6
合计	113	91	8	1	29	60	60	362

表 3-7　野外各类成员发出和接受张嘴行为矩阵

A\R	♯1类	♯2类	♯3类	SF类	♯4类	♯5类	♯6类	其他	合计
♯1类	3	13	4	0	0	1	0	1	22
♯2类	0	1	0	0	0	0	0	0	1
♯3类	3	0	2	0	0	0	0	0	5
SF类	0	0	0	0	0	0	0	0	0
♯4类	0	0	0	0	0	0	0	0	0
♯5类	0	0	0	0	0	0	0	0	0
♯6类	0	0	0	0	0	0	0	0	0
合计	6	14	6	0	0	1	0	1	28

　　雄性家长与成年雌性们发出和接受的友谊行为次数是相当的,成年雌性间的友谊行为发生的略多(表 3-5)。由于在家庭单元中,雄性家长只有一个,而雌性却

有好几个，因此，可以这样认为，家长在家庭中是得到最多友谊行为的。从表 3-6 的数据看，在家庭单元内部，雄性家长对成年雌性理毛为 13 次，而成年雌性为家长理毛有 66 次，这表明在家庭中，雄性家长享受到最多的理毛服务。在野外记录到的张嘴行为仅 28 次，成年雄性占 22 次，其中针对成年雌性的有 13 次（表 3-7）。这说明，家长对雌性们是倍加安抚和友好的。表 2-5 表明，家庭单元中有 67 次行为回合记录，其中大多数是成员间的友好交往，有互相理毛、互相拥抱而眠、紧挨而坐、挤入扎堆、跟着走，等等。最有趣味的是，家长对家庭成员们的爱护和等待。下面是几个原始记录的例子：

例一：1995 年 3 月 1 日上午 09：00—09：55，晴，龙头山。猴群迁移一定距离以后，开始停下来吃食和休息了。记录一家庭单元（有 1 只成年雄猴和 4 只成年雌猴，还有 5 只少年猴和大婴猴）55 分钟的社会交往。

09：00：一对雌猴（雌 1 理雌 2）在理毛，有两只大婴猴在身边跑来跑去；又来一只雌猴（雌 3），从两只理毛的猴头上蹭过去，把它们冲散；被理毛的那只雌猴（雌 2）走开了，理毛的那只雌猴（雌 1）抱起了小猴；冲散别人的那只雌猴（雌 3），又给身边的另一只雌猴（雌 4）理毛；另外，还有一只两岁的小猴在给雄性家长理毛，不一会儿，它们就分开了。雌 4 在雌 3 面前趴下，雌 3 继续给雌 4 理毛。

09：05：现在是雌 4 给雌 3 理毛了；离开 2 米处，雌 1 和雌 2 也在理毛，不一会儿也散了；雄性家长在撕桦树皮吃，5 只小猴在附近游戏；雌 1 和雌 2 坐在树枝上，离吃桦树皮的雄性家长一臂之远。

09：10：雌 3 和雌 4 不理毛了，互相挨坐；小猴发出吵架声，两只雌猴同时往那边看，雄性家长也匆忙走到小猴边，搬着屁股看，没事了，又坐下；小猴们又玩得高兴了，上下乱蹿；雌 3 又开始给雌 4 理毛了，雌 4 赶紧摆好被理毛的姿势，一手揪住树枝，很惬意的样子；另一对雌猴还在树上坐着；小猴们打闹到雄猴身上了，蹦上蹦下，雄猴一下子站起来，小猴们都纷纷落下，雄猴走开了。

09：15：雌 3 和雌 4 还在理毛，雄猴家长走到她们身边，一臂之远低头坐下；过了 3 分钟，雄猴站起来，用头开始挤，硬是挤进了雌 3 和雌 4 之间，这时雌 3 和雌 4 停止互相理毛，都开始给家长理毛了。

09：20：雌 3 和雌 4 都在给雄猴理毛；有一对小猴在理毛，还有的小猴在游戏，常常是两只脚抓住树枝倒挂着，另一只小猴跳到它身上，倒挂树枝的小猴掉下来，另一只小猴再倒挂，如此上下折腾；还有一对雌猴在树丛里。

09：25：雌 3 离开雄猴,到一边坐下;雌 4 仍给雄猴理毛,雄猴一臂向上伸出,抓住树枝;过一会儿,雄猴离开雌 4,走到雌 3 身边;雄猴给雌 3 理毛,雌 3 给身边的小猴理毛。

09：30：雄猴仍在给雌 3 理毛,雌 3 给小猴理毛。

09：35：雌 4 独坐,有一只小猴走到她身边,给她理毛;小猴们不太吵闹了。

09：40：雄猴仍在给雌 3 理毛;雌 4 在给小猴理毛。

09：45：雄猴仍给雌 3 理毛,小猴给雌 4 理毛。

09：50：有一只小猴挤进雌 3 的怀中,雄猴站起来离开雌 3;雄猴走向雌 4,向雌 4 张嘴,坐在雌 4 的对面,雌 4 开始给雄猴理毛。

09：55：雌 4 给雄猴理毛,雌 3 给挤进怀里的小猴理毛;其它的猴都看不见了。

例二：1996 年 5 月 8 日中午 12：10—14：30,阴,坟岩湾。猴群开始午休。记录一个家庭单元,其中有成年雄性 1 只、成年雌性 4 只、小猴 6 只。

12：10：这个家庭分坐在两棵树上,一棵树上是成年雄猴挨坐在两个成年雌猴之间,这两个成年雌猴各自怀抱一个刚出生的小婴猴,在这棵树的一个树枝上,还独自坐着一只小猴;在另一棵树上的一个树枝上,一成年雌猴怀抱一小猴,另一个树枝上也有一个成年雌猴怀抱一小猴,在上面的树枝上独坐着一个年龄较大的少年猴,它老看下面带小猴的雌猴。猴们都在睡午觉。

13：00：树枝上独坐的少年猴,忽然跑下来,抱住雄性家长的背部,亲吻它的背,并发出撒娇声;这时与雄猴挨坐的两只雌猴,都跳到下面的树枝上,各自抱着小婴猴对坐;跳下来的少年猴开始给雄猴理毛;以后少年猴又到上面的树枝上去了,雄猴又回到雌猴的旁边,猴们继续午睡。

13：38：少年猴又从上面下来,跳到雄猴的背后,雄猴发出安慰声,其它雌猴也发出回应声;小猴又发出撒娇声,并环顾它的家人;这时雄猴与一只雌猴对抱午睡,小婴猴夹在它们之间;过一会儿,两棵树上的猴们都齐声叫,是一次家庭合唱。

14：01：小猴又发出撒娇声,雄猴又发出安慰声,全部成员又合唱一次。小猴们都离开雌性开始寻食吃。

14：30：它们又有一次家庭合唱,并有小猴报警声;都开始移动了,它们是横着沿半山腰往前走了。

例三：1997 年 5 月 4 日下午 16：30—17：30,晴,坟岩湾。猴群正在迁移,从北部山梁翻过来,开始它们在地上走,观察者看不见,以后要下山了,猴们就上树了。

16：45：有一只成年雄性一直在树上坐着,一些猴们过去了,它还不走,总往山梁上看,好像在等待什么;等了一会儿,没有猴下来,它就下树了,走到一棵树旁坐下,在这棵树上已有两只成年雌猴,各自怀抱着小婴猴,在它们的旁边,另外还有一只成年雌猴。

17：05：果然有两只怀孕的雌猴从上面来了,它们的肚子很大,步履艰难,一个树枝一个树枝慢慢地走,雄猴一直看着它们,等它们俩往前走一截,它在后面跟一截,小心翼翼地保护着,很感动人!

17：30：猴们走了一段,到对面山上,这个家庭又到树上了,雄猴走到雌猴的身边,先对她们张嘴,在边上坐一会儿,然后再与雌猴挨坐,很主动地接近她们。

例四：1997 年 10 月 2 日中午 12：30,雨,观音洞。猴群在迁移。有一只成年雄猴从悬崖上下来,到土坡上的一棵华山松树上坐下,然后就一直仰头向上看,看了十几分钟,直到几只成年雌猴从悬崖上下来,它才把头低下。如果为了看它们是否过来了,不需要一直仰头看;因此这种长时间仰头行为,可能包含着爱护、鼓励和期望之意,因为悬崖很陡、很危险,雌猴可能会害怕。

2.3 野外雄性之间的友谊行为

表 3-5 表明,成年雄性和亚成年雄性之间,发出和接受的友谊行为共 125 次。从表 3-6 看,成年雄性和亚成年雄性之间,发出和接受的理毛行为是 47 次。表 3-7 表明,成年雄性和亚成年雄性之间,发出和接受的张嘴行为是 12 次。表 2-5 表明,全雄单元内有 75 次回合记录到雄性之间的社会交往,其中攻击屈服行为和作威行为均为 23 次,其他 29 次为友谊交往。这说明野外雄性之间也有较多的友谊行为。以下举例说明野外雄性友谊交往的内容。

例一：1994 年 11 月 29 日中午 13：56—15：00,晴间多云,水晶沟。猴群迁移后正在吃食。一只亚成年雄猴走向另一只亚成年雄猴,前者向后者发出邀请行为,后者走近前者,并与前者挨坐,前者拥抱后者,并向后者张嘴,后者开始为前者理毛;旁边还有一只少年雄猴,独自坐着;过一会儿,前者为后者理毛,后者又为前者理毛,是在臀部周围理毛,以后互相来回倒换着理毛。

14：15：前者离开后者，到树上蹭了几下树枝；后者向前者张嘴，也跟着上了树；前者坐下，后者与它挨坐；过一会儿，它们顶头紧挨而睡。

15：00：这两只亚成年雄性，还在顶头紧挨而睡。

例二：1995 年 10 月 4 日上午 10：50—11：48，阴，天鹅抱蛋。有 3 只成年雄猴在一棵冷杉树上休息吃食；靠近冷杉树，还有一棵华山松，树上坐着两只成年雄猴在互相理毛，边上还有一只亚成年雄性独自在吃食；过了将近一个小时，有一根树枝被折断，发出咔吧声，惊动了雄猴们的休息，纷纷跳下树来。

例三：1996 年 4 月 28 日下午 13：30，多云，龙头山。有一列雄猴在行走，共 21 只，其中除成年者外，有 4 只亚成年雄性和 2 只青年猴。在行走途中，一只成年雄性作邀配匍匐状，另一只成年雄性过来，爬在它的背上；后来，又来一只成年雄性，爬在第二只雄猴的背上，3 只猴摞在一起；后来者从背上下来，第二只猴作交配状 3 秒钟后下背。

例四：1997 年 9 月 1 日上午 09：55，晴，竹荪沟。许多雄猴在一起休息吃食。有一只成年雄猴走向另一只成年雄猴，向它张嘴，并快速理毛几下后，又去拥抱它，然后作匍匐行为，进行邀配；那只被邀配的成年雄性，马上爬背，抽动几次，作交配状；这时有一只少年猴在边上，上蹿下跳，并给它们理毛；少年猴走开了，这一对雄猴也分开了，又走过来两只成年雄猴，4 只雄猴在很小的范围内。

3　理毛行为

在猴群中，常常可以看到，一只猴给另一只猴翻弄毛发，像是在找什么东西，这种行为在灵长类学中有一个学名：修饰行为（grooming），也通常形象地称作"理毛"。被普遍接受的理毛的定义是通过观察或接触，近距离探查身体的某一个点或区域，同时分开毛发拣出盐粒及皮肤寄生物的行为（Pérez & Veà，2000）。

理毛是灵长类动物的一种普遍的行为节目，它分为两类，自我理毛（autogrooming）和相互理毛（allogrooming），后者也称为社会性理毛。由于研究者常常关心动物的社群结构和群体成员之间的关系，所以更加关注涉及不止一个个体的社会性理毛(Machanda,Gilby,＆Wrangham,2014)。在以往的研究中,研究者已经广泛地接受假定:社会性理毛是灵长类动物中高级友谊关系的一种指标。在一些种群(如黑猩猩)中,社会性理毛弥漫于它们社会生活的各个方面,自然也就成为研究最常用的参照指标之一。

　　相互理毛中,一个个体为其它个体理毛,且同时可能用手将盐粒、寄生物放入口中吃掉或直接吃掉。而理毛的具体动作可分为:舔、滑动、肤浅理毛、深层理毛、抓、擦、拣等(李银华,李保国 2004)。"舔"是指用嘴梳理毛发;"滑动"是指用手梳理毛发,顺毛方向进行,且不触及皮肤;"肤浅理毛"是指将毛发弄乱,手向逆毛发方向将毛发直起,拣出小颗粒;"深层理毛"是指将毛发分离并直立,仔细地拣出皮肤上的小颗粒;"抓"是指快速反复地摩擦某一部位,通常是自我理毛中的动作;"擦"是比"抓"慢得多的,用手与身体某部位仔细长时接触,主要在皮肤表面或无毛部分,如面部;"拣"则是指从皮肤、毛发中拣出小颗粒的动作。

理毛　赵纳勋摄

3.1　理毛行为的影响因素

对灵长类动物的研究表明,理毛行为的发生和分布,是和血缘关系、等级关系、性别、年龄及繁殖情况相关的。

在一些旧大陆猴中,个体之间相互理毛较多的发生在亲属之间;在猕猴属的几个物种中,大部分的理毛行为发生在亲属之间,最多的发生在母亲和子女之间。在日本猕猴(*Macaca fuscata yakui*)中理毛行为有 52% 是发生在母子之间(Oki & Maeda,1973);在恒河猴群中,有 57% 的理毛行为发生在母子之间(Missakian,1974);在有些物种中,同辈之间也发生较多的理毛行为(Goodall,1968);祖孙之间的理毛行为也不少(Kurland,1977)。但是,理毛行为是否总是较多地发生在有血缘关系的个体之间,这在不同物种间是有差异的。Defler(1978)比较了在笼养条件下,豚尾猕猴群和戴帽猕猴群,发生在有血缘关系和无血缘关系个体之间理毛行为的频次分布。他发现对雌性豚尾猕猴来说,发生在有血缘关系个体之间的理毛行为,显著地多于雌性戴帽猕猴;而雌性戴帽猕猴有相当数量的理毛行为发生在无血缘关系的个体之中。有血缘关系个体之间发生的理毛行为,也因性别的不同而不同,例如,在日本猕猴和恒河猴的群体中,女儿给母亲理毛的次数多于儿子给母亲理毛的次数(Missakian,1974;Kurland,1977)。然而在黑猩猩中,未成年的女儿和儿子给母亲理毛的次数大致相等(Pusey,1983)。但是无论如何,子女得到的理毛总是多于给母亲理毛的次数,祖孙之间的关系也是如此(Kurland,1977)。狮尾狒狒群中的雌性,被认为都是有血缘关系的,但雌性之间的理毛有固定的搭档,如搭档之一死亡,没有其它个体可以替代(Dunbar,1983)。Cords(2000)在对未成年青猴(*Cercopithecus mitis*)的相互理毛研究中发现,成年雌性给自己未成年子女理毛的次数多于对群内非亲生未成年个体的理毛次数,也表明了在青猴中,理毛行为与亲缘关系有关。

理毛行为除了表现在有血缘关系的个体之间以外,雌性和没有血缘关系个体之间的理毛行为也受到研究者们广泛的注意。Oki 和 Maeda(1973)报道,当雌性要给没有血缘关系的个体理毛时,它们先发出一种特殊的声音,还有咂唇(一种友好行为模式)和摇头。他们认为这些行为可能是向对方表示友好,因为在有血缘关系的个体之间理毛时没有这种前奏。在对两群黑冠长臂猿(*Nomascus concolor*)

的研究中（Guan et al.，2013），发现其中社会结构较为稳定的群体中有更为复杂的理毛的网络关系，而对有新进个体的群体而言，互相理毛的个体配对的数目则较少。一只新进入群体的雌性花很长时间给别的个体理毛，而且选择成年雌性作为它主要的理毛对象。但群体中原来的雌性，则习惯以成年雄性作为主要的理毛对象。且值得注意的是，某只亚成年雄性是一个群体中被理毛最多的对象。3年之后，该个体成为群体的主雄。该研究说明了理毛行为与社会关系、亲缘远近的联系，并暗示黑冠长臂猿在社会互动中的模式是积极的合作而不是被动的忍耐以求共同生存。

　　群内个体之间的等级关系也是影响理毛行为发生的重要因素。在一些物种中，如南非大狒狒（Seyfarth，1976，1977）、非洲黑脸长尾猴（Seyfarth，1980；Fairbank，1980）和戴帽猕猴（Silk，1982）等，成年雌性个体企图给等级比自己高的个体理毛；换句话说，高等级的雌性接受低等级雌性的理毛，而很少给等级比自己低的个体理毛。未成年的个体，尤其是雌性个体，趋向给等级高的个体理毛，而较少给有血缘关系的个体理毛（Cheny，1978；Silk et al.，1981）。但 O'Brien（1993）认为在卷尾猴（*Cebus apella*）中，理毛是一种互相吸引的表达，并无等级地位的差别。

　　Cords（2000）在青猴中的研究还发现，青猴未成年个体用于理毛的时间明显少于成年个体。可能因为成年个体通过利用理毛来维持当前利益关系、实践将来社会角色的转换和保持身体清洁；而年青个体可能还没有完全融入社会理毛网中，它们之间的相互理毛时间相对较短。另外，通常年龄越小的子女得到母亲理毛的机会越多。

　　关于理毛行为与繁殖情况的关系，也有研究者做过研究。任宝平等（2002）在探讨川金丝猴交配后理毛与交配成功的关系时表明，在川金丝猴中射精和雌性主动理毛之间存在一定的正相关，但交配射精后雌性主动给或不给雄性理毛存在明显的个体差异。神经生物学的研究表明，理毛行为与体内的催产素水平和内啡肽水平相关，而这两种激素在不同繁殖情况下的含量是有差异的（Dunbar，2010）。

　　由此看来，理毛行为的发生和分布，是与血缘关系、等级关系、性别、年龄、繁殖情况等因素密切相关的。然而在不同的物种中，这些关系又有所差异。这可能也说明了在不同物种中，理毛行为的意义与功能是不尽相同的。

3.2　理毛行为的功能

　　关于理毛行为的功能，主要有三个假说：卫生功能假说、缓和功能假说和联盟功能假说(李银华,李保国,2004)。

卫生功能假说(hygienic functional hypothesis)认为相互理毛行为是为了除去身上的盐粒和皮肤寄生物。身体各部位理毛难易程度不同,自我理毛可能集中在容易清理的部位,而相互理毛是自我理毛的一种补充(Pérez & Veà Baró,1999)。Pérez(1999)将身体各部划分为无法进行自我理毛的部位、难于进行自我理毛的部位及易于进行自我理毛的部位。在白领白眉猴(*Cercocebus torquatus lunulatus*)、长尾叶猴(*Presbytis entellus*)、白掌长臂猿(*Hylobates lar*)、冠毛猕猴(帽猴)(*Macaca radiata*)及川金丝猴中的研究都发现自我理毛都集中在容易自我理毛的区域,而互相理毛则多在不易或不能自我理毛的区域,支持了卫生假说(李银华,李保国,2004)。

缓和功能假说(distensive functional hypothesis)认为,理毛是一种仪式化行为,可以缓解潜在的紧张情绪及攻击性(de Waal et al.,1989)。理毛可以缓解紧张的气氛,避免冲突;也可能在冲突后起到缓和安抚的作用,使双方和解。在白领白眉猴、豚尾猴、食蟹猴、帽猴等物种的研究中都发现了个体在理毛之后出现情绪和缓的类似证据,支持这一假说(李银华,李保国,2004)。

联盟功能假说(affiliative functional hypothesis)主张理毛行为主要是为了达成联盟,促进个体间关系的联结。很多研究表明在灵长类动物中,相互理毛是一种社会性极强的行为,它能作为个体间友谊程度的一个重要指标,同时也向理毛接受者和群内其它成员发出一种在理毛者之间或群内希望建立联盟关系的信息(李保国等,2002;李银华,李保国,2004)。

更具体地说,理毛的意义,对于理毛的发出者来说,可能是关系的缓和与联盟,甚至是食物、交配等资源的取得;对于接受者来说,意味着毛发的清洁、地位的保持,甚至是屈从姿势的形成以确保自身安全(李银华,李保国,2004)。Ventura 等(2006)对于日本猕猴理毛时间分配和攻击性、食物资源及竞争支持的关系的研究表明,理毛与攻击性的减退没有显著相关;理毛可以增加接受方对于食物资源的忍耐度,使发出者获得一定的食物优先权;理毛也可以促进成年雄性间与侵略者斗争时的相互支持。Manson 等(2004)对卷尾猴(*Cebus capucinus*)和冠毛猕猴(*Macaca radiata*)的研究表明,不同等级个体间的理毛行为的时间并不是完全匹配、对应的。理毛的参与者等级差异越大,双方互相理毛的时间差异也越大。这说明低等级的个体通过更多地向高等级个体理毛,来换取高等级个体的容忍。由上面的研究可以看出，灵长类动物可以通过理毛行为获得许多利益。

3.3　金丝猴理毛行为的功能

　　李保国等（2002）研究了秦岭川金丝猴的理毛行为，并对其是否符合卫生功能假说进行了检验。主要应用目标动物取样法，分析了 293 个相互理毛回合的数据。金丝猴体表被分为不能进行自我理毛、难于进行自我理毛、易于进行自我理毛三种类型的部分，比较自我理毛和相互理毛在全身的分布。主要结果如图 3-3 所示。

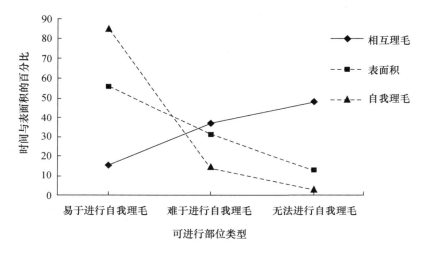

图 3-3　川金丝猴在不同可进行部位类型中自我理毛和相互理毛所占的百分比

本图引自：李保国等，2002

　　从图 3-3 可以看出，在易于进行自我理毛的部位获得比其表面积所占比例更少的相互理毛，在难于进行自我理毛的部位得到的相互理毛与其表面积相一致，而在无法进行自我理毛的部位获得比其表面积所占比例多的相互理毛。这与卫生功能假说是一致的。前人研究发现一些好斗的物种中，理毛有很大的缓和作用。而金丝猴作为一个相对温和的物种，全身理毛的分布符合卫生功能假说也与之前的研究一致。

　　但是，进一步考察身体各个部位获得的相互理毛，在考虑可能进行自我理毛和所占面积的前提下，在无法进行自我理毛部位单位面积获得相互理毛时间除脸部外都符合卫生功能假说;在难于进行自我理毛部位中胸部、体侧和上臂不符合卫生功能假说;易于理毛部位都符合卫生功能假说。也就是说,不是所有的部位相互理毛的分布都符合这一假说。进一步分析不同年龄性别组,发现在成年雌猴组,相互理毛在全身的分布不符合卫生功能假说。成年雌猴组由于社会地位较高且个体数量较多,个体之间竞争强烈,相互理毛可能是组成联盟、提高地位的有效方法。这表明金丝猴的理毛行为可能不仅仅是卫生清洁作用,也许也有着重要的社会意义(李保国等,2002)。

最近,向左甫和李明等研究者发现神农架川金丝猴雌性个体将理毛作为一个社会工具的策略,用理毛换取性和婴猴照料(Yu et al.,2013)。相比于生育季节,雌性在交配季节会更多地对常驻雄性进行理毛,而且这种现象在非母亲(non-mothers)(没有新生幼仔的雌性)中更常见。此外,相比于社交条件基线,雌性更可能在交配后为雄性理毛。相比于交配季节,雌性更多地为其它雌性理毛,而母亲(拥有新生幼仔的雌性)成为更加有价值的理毛伙伴。非母亲在为母亲理毛后,其与其它雌性的幼仔的平均接触比率会显著高于社交条件基线。李保国的研究小组也报告了针对秦岭幼仔年龄小于 6 个月的母亲($n = 36$)与其它成年雌性成员间的理毛行为数据,经常的理毛伙伴会被更多地允许照料幼仔,并且能够与幼仔保持更长时间的接触(Wei et al.,2013)。这些有意思的研究结果表明雌性灵长类动物将理毛作为一个策略性工具,选择性地对"有价值"的个体进行理毛,以获取有限的资源,如雄性、幼仔,而个体间的表现差异取决于宝贵资源的季节可利用性。因此,灵长类动物中的相互理毛,已经超越其原本的卫生功能而获得了重要的社会功能,并且可以充当货币获取其他利益,例如:交配、获得幼仔或者在争斗中获得支持。

4　结语

无论是在笼养条件还是在野外栖息地,友谊行为在金丝猴的生活中都是最主要的部分。从笼养和野外的两种数据看,在家庭单元内,雄性家长对雌性们是关怀爱护的;雌性们拥戴并趋向雄性家长。

　　雄猴之间的友谊交往也是很频繁的,与家庭成员之间的行为节目是类似的;但是雄猴之间多了像是性交配行为的一些节目,这在野外雌猴之间的交往中没有看到。我们以为,以上所举的例子,是全雄单元内个体之间的交往,而不是不同单元的个体之间的交往,因为它们都是在比较狭小的范围内进行友好交往。不同单元的个体之间的交往是怎样的,现在还不得而知。

　　总之,对非人灵长类许多物种的研究已经强调了理毛在维持和改善个体间关系,以及降低唤醒水平上的重要性(Semple,Harrison, & Lehmann,2013)。理毛是调整群体成员之间相互关系的一个有效工具。它可以促进个体间的关系并有助寻求新的友谊联系(在青少年进入成年世界时或当作为移民进入新群的个体寻求接受时),因此,理毛行为对群内维持和谐是必要的,几乎在非人灵长类动物的每一种行为(如争斗行为、青春期行为、性行为、断奶等)的研究中都会涉及它,友谊行为更是如此。所以,深入地研究,系统地理解这些行为,必将有助于我们对非人灵长类动物其他行为及其社群结构有更进一步的认识。

参考文献

Cheney,D. L. (1978). Interactions of immature male and female baboons with adult females.*Animal Behaviour*,26,389-408.

Cords,M. (2000). Grooming Partners of Immature Blue Monkeys (*Cercopithecus mitis*) in the Kakamega.*International Journal of Primatology*,21(2),239-254.

Defler,T. R. (1978). Allogrooming in two species of macaques(*Macaca nemestrina* and *Macaca radiata*).*Primates*,19,153-167.

de Waal,F. , & Luttrell,L. M. (1989). Toward a comparative socioecology of the genus Macaca: different dominance styles in rhesus and stumptail monkeys.*American Journal of Primatology*,19(2),83-109.

Dunbar,R. I. M. (1983). Structure of gelada baboon reproductive units,2: Social relationship between reproductive females.*Animal Behaviour*,31,556-564.

Dunbar,R. I. M. (2010). The social role of touch in humans and primates: Behavioral function and neurobiological mechanisms.*Neuroscience & Biobehavioral Reviews*,34(2),260-268.

Fairbanks,L. A. (1980). Relationships among adult females in captive vervet monkeys: testing a model of rank-related attractiveness.*Animal Behaviour*,28(3),853-859.

Gouzoules,S. , & Gouzoules,H. (1987). Kinship. In Smuts B. B. (eds) *Primate Societies*,

299-305. The University of Chicago Press.

Guan, Z. H., Huang, B., Ning, W. H., Ni, Q. Y., Sun, G. Z., & Jiang, X. L. (2013). Significance of grooming behavior in two polygynous groups of western black crested gibbons: Implications for understanding social relationships among immigrant and resident group members. *American Journal of Primatology*, 75(12), 1165-1173.

Kurland, J. A. (1977). Kin selection in the Japanese monkey. *Contributions to Primatology*, 12, 1.

Lawick-Goodall, V. (1968). The behaviour of free-living chimpanzees in the Gombe Stream Reserve. *Animal Behaviour Monographs*, 1, 161-IN12.

Machanda, Z. P., Gilby, I. C., & Wrangham, R. W. (2014). Mutual grooming among adult male chimpanzees: the immediate investment hypothesis. *Animal Behaviour*, 87, 165-174.

Manson, J. H., David Navarrete, C., Silk, J. B., & Perry, S. (2004). Time-matched grooming in female primates? New analyses from two species. *Animal Behaviour*, 67(3), 493-500.

Missakian, E. A. (1974). Mother-offspring grooming relations in rhesus monkeys. *Archives of Sexual Behavior*, 3(2), 135-141.

O'Brien, T. G. (1993). Allogrooming behaviour among adult female wedge-capped capuchin monkeys. *Animal Behaviour*, 46(3), 499-510.

Oki, J., & Maeda, Y. (1973). Grooming as a Regulator of Behavior in Japanese Macaques. In Carpenter C R (ed), *Behavioral Regulator of Behavior in Primates*. Lewisburg, Pa. : Bucknell University Press.

Pérez, A., & Veà Baró, J. J. (1999). Does allogrooming serve a hygienic function in *Cercocebus torquatus lunulatus*? *American Journal of Primatology*, 49(3), 223-242.

Pérez, A., & Veà Baró, J. J. (2000). Functional implications of allogrooming in *Cercocebus torquatus*. *International Journal of Primatology*, 21(2), 255-267.

Pusey, A. E. (1983). Mother-offspring relationships in chimpanzees after weaning. *Animal Behaviour*, 31(2), 363-377.

Ren, R. M., Yan, K. H., Su, Y. Y., Xia, S. Z., Jin, H. Y., Qiu, J. J., & Teresa. R. (2010). Social Behavior of a Captive Group of Golden Snub-Nosed Langur *Rhinopithecus roxellana*. *Zoological Studies*. 49(1), 1-8.

Semple, S., Harrison, C., & Lehmann, J. (2013). Grooming and Anxiety in Barbary Macaques. *Ethology*, 119(9), 779-785.

Seyfarth, R. M. (1976). Social relationships among adult female baboons. *Animal Behaviour*, 24(4), 917-938.

Seyfarth,R. M. (1977). A model of social grooming among adult female monkeys. *Journal of Theoretical Biology*,65(4),671-698.

Seyfarth,R. M. (1980). The distribution of grooming and related behaviours among adult female vervet monkeys. *Animal Behaviour*,28(3),798-813.

Silk,J. B. (1982). Altruism among female Macaca radiata: explanations and analysis of patterns of grooming and coalition formation. *Behaviour*,162-188.

Silk,J. B. ,Samuels,A. , & Rodman,P. S. (1981). The influence of kinship,rank,and sex on affiliation and aggression between adult female and immature bonnet macaques (*Macaca radiata*). *Behaviour*,111-137.

Ventura,R. ,Majolo,B. ,Koyama,N. F. ,Hardie,S. , & Schino,G. (2006). Reciprocation and interchange in wild Japanese macaques: grooming,cofeeding,and agonistic support. *American Journal of Primatology*,68(12),1138-1149.

Wei,W. ,Qi,X. ,Garber,P. A. ,Guo,S. ,Zhang,P. , & Li,B. (2013). Supply and demand determine the market value of access to infants in the golden snub-nosed monkey (*Rhinopithecus roxellana*). *PloS One*,8(6),e65962.

Yu,Y. ,Xiang,Z. F. ,Yao,H. ,Grueter,C. C. , & Li,M. (2013). Female snub-nosed monkeys exchange grooming for sex and infant handling. *PloS One*,8(9),e74822.

李保国,张鹏,渡边邦夫,谈家伦. (2002). 川金丝猴的相互理毛行为是否具有卫生功能. 动物学报,48(6),707-71.

李银华,李保国. (2004). 灵长类相互理毛的影响因素,功能及其利益分析. 人类学学报,23(4),334-342.

任宝平,夏述忠,李庆芬,张树义,梁冰,邱军华. (2002). 圈养雄性川金丝猴交配模式. 动物学报,48(5),577-584.

第 4 章　冲突与和解

上一章我们介绍了金丝猴的友谊行为。可以看到,金丝猴的友谊行为表现得复杂多样。无疑,金丝猴的友谊行为是维持社群稳定的基础,并且群居生活会给金丝猴带来很多益处(Cordoni & Palagi,2008),例如可以更安全的获得食物,带来更多的交配机会等。

在我们对川金丝猴的观察研究中,除了发现构成和谐这一主旋律的友谊行为外,还有两类行为很值得关注,即冲突行为和冲突后行为。冲突行为表面上可能会带社群的不稳定,例如可能伤害到被攻击的个体,对攻击的个体和旁观的个体也会带来应激。但在群居的动物中冲突行为非常常见,并且冲突及冲突后行为一起构成了维持社会稳定的一种因素。由此可见,对这两类行为的研究十分重要。

很多研究者也认为,对冲突和冲突后行为的研究是对群居动物社会结构和社会关系,以及动物个体的社会认知能力探索的一个有效手段(Aureli,Cords,& van Schaik,2002;Webb et al. ,2014),我们在本章对川金丝猴的冲突和冲突后行为进行较为全面的介绍,并且从机制角度对这两类行为的形成原因进行探讨。

1　冲突行为

在群居动物中,由于存在竞争和信息传递的需求,就不免会发生冲突行为(de

Waal，2000）。特别在灵长类动物中，冲突行为是非常常见的（Aureli et al.，2002）。冲突行为既可以存在于同性竞争中（Gowaty，1996；Thompson，2013），也可以发生在亲子间（Bateson，1994），甚至物种间（黄乘明等，2005）。并且冲突行为有着深刻的演化渊源（Boehm，2012）。

对川金丝猴社会行为模式的研究发现，有一些行为是可能引起个体间关系紧张的（严康慧等，2006）。我们把这些可以引起个体间关系紧张的行为称为冲突行为，具体又分为威胁行为和攻击行为。

1.1　威胁行为

相对于攻击行为，威胁行为（threatening behavior）并不会引发直接的身体接触，而是表示一类动作趋势。我们可以把威胁行为视为攻击行为的一种仪式化行为（任仁眉等，2000），例如朝对方瞪眼。我们把四种基本的社会性行为归入威胁行为中，这四种基本社会性行为包括：瞪眼、瞪咕、对瞪和正步走向。

在川金丝猴做出威胁行为时，一般发起者会有身体朝向的明显变化，特别是正步走向，还会有主动的身体运动。严康慧等（2006）认为，瞪眼是一种最轻微的威胁行为，表现为闭着嘴瞪视对方。这时发起者的嘴一般是闭着的。较瞪眼威胁程度高一些的是瞪咕，这时发起者除了头向前倾，闭嘴瞪眼以外，还发出咕咕之声。如果威胁的程度再高，瞪咕的状态会表现为头部前倾，瞪视对方，肩部不住地耸动，咕咕声频率变高，速度加快，但仍然是闭着嘴（任仁眉等，1990a）。对瞪是冲突双方相对站立，互相瞪眼，是互相威胁的表现。正步走向是威胁程度最高的行为，即某个体头部前倾，闭着嘴，迈正步径直走向对方，有兴师问罪之势。

1.2　攻击行为

攻击行为（aggressive behavior）包括以下 6 种行为模式：赶走、冲向、追赶、抓打、摔跤、咬住。随着威胁程度的提高，威胁行为可能会引起攻击行为，所以我们也可以把威胁行为视为程度最低的攻击行为。

这 6 种行为模式在攻击过程中是有强度区别的，主要以身体接触的程度为依据。赶走，指某个体跑向另一个体，后者迅速逃逸后，前者站住。冲向，指某个体向另一个体猛冲过去站住,后者原地不动或逃走。追赶,指某个体追赶另一个体,后者在前跑,前者在后追出一段距离,一般没有身体接触。抓打,指某个体用手抓或打另一个体,有身体接触,可致伤。抓打还可以细分为拍打、冲撞等情况。摔跤,指两个体在发生冲突时,双方都用手去抓对方头、颈、肩等部位的毛,有时一方把另一方抓住后,能把对方抡起摔下来。咬住是最强烈的攻击行为,争斗双方不仅有身体的接触,这种接触还是有伤害性的;一方用嘴和锋利的犬牙咬住另一方身体的某一部分,可以使其受伤,甚至死亡。在所有灵长类动物中咬住的行为模式大致相似,功能作用和动作模式是一致的,金丝猴的咬住行为模式也是如此。在争斗过程中,有时咬住和抓打并用,造成的伤害是最大的。

威胁行为是攻击行为的一种仪式化行为,但并不一定会引发攻击行为。威胁行为表示的是一种对立状态,对立的双方全无身体接触,仅表示双方的对立态度,并预示着下一步将会发生较强攻击行为的可能性;但是只要双方处理得当,对立状态可以化解,双方都不受伤害。因此在攻击行为类中,威胁行为是攻击强度最弱的一种。

在群居的动物中,威胁性的仪式化行为普遍存在于个体之间。仪式化行为总是以一种固定的行为模式来表示;这种固定的行为模式是种族遗传的、先天的。因此,同一物种的个体之间是能互相理解其社会含义的。在灵长类动物中,不同的物种用不同的固定动作模式来表示威胁的含义。如猕猴属的恒河猴,其威胁行为的基本模式是嘴微张,下颌突出,下牙部分可见,嘴角向后拉,头指向被威胁者,较强的威胁还带有呵呵声(Altmann,1962;Hinde & Rowell,1962)。有时把头冲向对方,又拉回来,这样重复好几次。Hinde 认为,这种头部前冲后拉的重复,表明动物正处在犹豫矛盾之中,考虑下一步的策略,是追赶被威胁者,还是结束威胁,甚至是自己逃跑。Altmann 还指出,他在野外见到,群内高等级的个体在威胁对方时,有时用手拍地,这是一种有效的长距离威胁,生活在笼养条件下的恒河猴没有这种模式。

与恒河猴同属的藏酋猴(*Macaca thibetana*)的威胁模式又有自己的特点(任仁眉等,1990b)。它们在威胁时的脸部表情和恒河猴相似,但是没有头部前冲和拉回的重复动作;而是在威胁时一手撑地,一手拍地,低头看地,与此同时拍地的那只手胡撸地面上的小草和小石块,然后再抬头拍地,这种动作常常重复好几次。这种系列动作很可能与恒河猴在犹豫时的动作系列有相同的功能,但动作模式不一样。

藏酋猴还有一种独特的威胁模式，我们称之为抓揪威胁模式。抓揪本来与拍打一样，有身体接触是较强的一种攻击行为，但是抓揪威胁却不然。这种动作模式是，威胁者抓住被威胁者的头部，常常是抓住面部或颈部的须毛，有时干脆抓住耳朵，来回摇晃几下，然后停1～2秒，再放手。抓揪威胁是不会有伤害的，被威胁者任其抓揪，低头不看对方，同时伴随有友好含义的喋牙动作。更有趣的是，有时在双方发生了攻击行为之后，被威胁者主动把头伸过来，任对方抓揪。

狒狒属中的披发狒狒（*Papio hamadryas*）的威胁动作模式与猕猴属中的恒河猴和短尾猴又有不同。它们的动作模式包括：① 抬起额头冲向对方；② 打着哈欠张大嘴，并盯视对方；③ 嘴唇张开但不露齿，以1秒内张开闭拢3次的速度动作，使面颊抽动如水泵；④ 抬起额头皮肤，露出上眼睑的白色部分，盯视对方；⑤ 用一只手或两只手拍打地面；⑥ 突出嘴部盯视对方（Abegglen，1984）。以上两个物种的威胁行为模式虽各不相同，但有一个共同的特点，都是张嘴而不露齿。

金丝猴是属于叶猴科中的仰鼻猴属，从分类学上看与恒河猴、短尾猴和狒狒相差较远，因此金丝猴威胁行为的动作模式与以上3个物种的模式都不同，它们的威胁行为是闭着嘴进行的，这种行为模式的特点可能是由不同的演化压力导致的。

1.3　威胁行为和攻击行为的研究意义

一方面，冲突行为会引起个体行为的改变，研究冲突行为可以帮助我们更好地理解个体的行为。比如，在冲突发生后，个体会经历一段所谓的高风险期（Aureli et al.，2002）。在这段时期，再次发生冲突和敌对情况的可能性很大（Castles & Whiten，1998；Kutsukake & Castles，2001；Schino，1998；Silk，1996；York & Rowell，1988），特别是对于威胁行为和攻击行为的接受者来说，很可能在这个时期受到第三方的侵犯（Aureli & van Schaik，1991；Kutsukake & Castles，2001）。

再如，冲突还会影响冲突双方的情绪状态。对于威胁行为和攻击行为的接受者，在新的攻击行为发生后还会出现更多的自我指向性行为，例如抓自己，这表现出它们处于一种焦虑不安的情绪状态（Maestripieri，Schino，Aureli，& Troisi，1992；Schino et al.，1996），并且这种焦虑不安的状态也会在威胁行为和攻击行为发出者的身上观察到（Aureli，Das，& Veenema，1997；Castles & Whiten，1998；Schino，1998）。

　　另一方面，研究冲突行为可以帮助我们更好地理解社群关系和演化。一般来说，在灵长类动物的社会交往中，威胁行为和攻击行为发出者的社会等级总是比接受者的社会等级高；因此研究者们常以威胁行为和攻击行为作为指标，来判断个体之间的等级关系。

　　此外，社会性的动物会从合作和共处中获得好处，但是在社会系统中存在竞争和冲突也是十分必要的（Cordoni & Palagi，2008），而且是不可避免的（Aureli et al.，2002）。如果从社会收益和损失的角度考虑，冲突可能会降低社会收益，特别是严重的冲突行为会造成社会成员离开社群，甚至伤亡。但有时冲突后的结果可能会增加个体的交配机会，增加个体的演化适宜度。

　　对于个体和所处的社会来说，对冲突行为和即将要谈到的冲突后行为的研究，可以使我们更好地了解个体和所处社会的关系。冲突行为和冲突后行为的直接结果是使个体获得一定的行为模式，这种行为模式会使其在其所处的社会中更加适应，这也是形成个体个性的行为基础；冲突行为和冲突后行为还会带来一个间接的结果，即间接塑造了社会中其它个体的行为（Kummer，1978）。

2　冲突后行为

　　冲突后行为是一种功能概念，并非是一种行为分类的概念。研究者可以直接观察到一种行为，如友好的身体接触、相互理毛或追打等，这些行为若单一地从行为表现的角度看，既可能是友谊行为，也可能是攻击行为；但如果这些行为与事先有冲突事件发生这一前提条件结合起来，就应归类于冲突后行为（余小玉，吕九全，李保国，2005）。

　　上一部分我们提到了一些冲突后还将存在的风险性行为。但冲突后行为中最典型的还是和解行为。也就是说冲突后，最常出现的行为是冲突双方的友谊行为，特别是在我们的研究对象川金丝猴的群体中。

　　和解行为的定义如著名灵长类学家 de Waal（1986a；1986b）所说：和解是指

对立双方在争斗后不久出现的友谊修好。和解行为也是一种功能概念，不是一种行为分类的概念。我们可以直接观察到一种行为，如追赶或咬耳朵等；但要论证动物个体之间在争斗后是否出现和解状态，就需要在争斗后的一定时间内作系统的观察。这种观察包括时间的因素、和解行为的发生者、和解行为的动作模式等；此外，还要对双方在争斗发生后的相互交往，进行控制匹配的观察比较；否则就不能证明，争斗后发生的友谊行为是为了要达到相互和解，还是本来就会有这样的交往。因此有两个因素是需要确定的：① 两个个体争斗以后，它们之间增加了友谊性的接触；② 这种接触有特定的行为模式。只有这样我们才有理由去假设，过去的争斗和现在的友谊性接触之间是有因果和功能的联系，即重新修好被破坏了的相互关系，出现了和解。

把和解行为从友谊行为中分出来单独讨论，是因为目前在灵长类研究中，人们对各类物种的和解行为有特别的关注。从宏观层面看，对和解行为的研究是对物种演化基本动力的探讨。我们知道经典演化论是以生存竞争、适者生存为核心的，也就是在斗争中求发展。但是，从目前对动物行为的众多研究看，动物物种为了发展和生存，除了争斗以外，在种内和种间存在着不可忽视的大量共存、妥协与和解；因此争斗并非是演化的唯一动力，和解与妥协对维系和延续群体和物种是必不可少的一种力量。从微观层面看，考察灵长类动物和解行为的个体差异能够更好地帮助我们理解动物个性的形成（Webb et al.，2014）。在灵长类动物的社会生活中，表现和解行为是较普遍的；但是不同的物种表现和解行为的程度、方式以及运用的动作模式是不同的。研究者发现，黑猩猩（de Waal & van Roosmalen，1979；Webb et al.，2014）、倭黑猩猩（de Waal，1987）、恒河猴（de Waal & Yoshihara，1983）和红面短尾猴（de Waal & Ren，1988）之中，个体之间在争斗后，都存在着和解行为，但和解倾向和行为模式有所不同。

对川金丝猴这个以友谊为主要社群氛围的物种，和解行为（reconciliation behavior）是维系川金丝猴社群的必要因素。

2.1　笼养金丝猴繁殖群的和解行为

2.1.1　研究方法

de Waal 和 Yoshihara（1983）研究了笼养条件下动物个体之间的和解行为，并

设计了一种严格的、可操作的程序,具体如下:

(1) 记录群内个体之间自发产生的争斗行为。争斗行为以其强度区分为咬、打、追赶、怒叫和威胁等。只记录由于争斗使得这对个体分开而相距 2 米及 2 米以上的案例;个体之间轻微的争斗行为排除在外。在记录争斗过程时,还要把争斗双方的身份弄清,谁是攻击者,谁是受害者,或者争斗是双向的;如果争斗是在多于两个个体中进行,就要确定谁是谁的支援者等等;然后选定一个个体作为记录的焦点动物。这个过程记录者要很快完成。

(2) 争斗过程刚结束,就要开始"争斗后观察"记录。这个记录是用停表进行的。争斗后观察记录一般定为 10 分钟,以一分钟为一阶段,分为 10 个阶段。记录内容为焦点动物与其它个体之间的友谊性身体接触发生在第几分钟,针对的是哪个个体,这种身体接触是哪个个体发起的,以及身体接触的动作模式是什么等等。

(3) 做"控制匹配观察"记录。在争斗后的第二天(如果第二天没有机会,可以往下延)的同一个时间内,再做 10 分钟的控制匹配观察记录。记录的内容和上面的记录内容相同。

(4) 在以上两种记录做完以后,就完成了一次争斗行为的案例。在对案例进行分析统计时,可能出现三种情况:这对争斗的双方只在"争斗后观察"记录中出现友谊性的身体接触;或在"争斗后观察"记录中出现的友谊性身体接触,早于"控制匹配观察"记录中的;在这两种情况下的争斗双方,称为"相互吸引对"。如果相反,争斗双方只在"控制匹配观察"记录中出现友谊性的身体接触;或者在"控制匹配观察"中记录的友谊性身体接触早于"争斗后观察"记录中的;在这两种情况下的争斗双方,称为"相互排斥对"。如果无论在"争斗后观察"记录中,还是在"控制匹配观察"记录中争斗双方都没有发生友谊性身体接触,那么这个案例就称为"中性对"。在虚无假设下,如果早先发生争斗的相互作用,没有对以后的行为产生影响的话,那么,双方的相互吸引对和双方的相互排斥对的数量应该是相等的。

2.1.2　结果

我们的研究是在北京濒危动物驯养繁殖中心进行的(Ren et al.,1991)。这个课题从 1989 年 10 月到 1990 年 1 月进行了 4 个月。我们记录的内容是群内个体自发产生的争斗行为。争斗的强度从低到高分为 4 等：① 威胁或头向前冲；② 追赶超出 2 米远；③ 拍打；④ 咬住。记录分为"争斗后观察"记录和"控制匹配观察"记录两部分；每段记录 10 分钟，以 1 分钟为间隔，分为 10 个阶段。记录内容与前面所述的一样，即：① 争斗后，双方的友谊性身体接触发生在哪一分钟内；② 与焦点动物接触的是谁；③ 谁发起的身体接触；④ 有哪些特定的行为模式。在这次研究记录中，焦点动物始终是接受攻击的那个个体。

● 争斗后半数以上有和解

我们记录到西笼内的自发争斗案例 93 个；东笼内的自发争斗案例 37 个，共 130 个。其中争斗的强度由低到高为威胁 25%、追赶 42%、拍打 25%、咬住 7%。在整个观察过程中，没有见到由于争斗而导致受伤的情况。有时争斗不只是在两个个体内进行，有的支持者也参与战斗，因此在 130 个争斗案例中，就有 196 对争斗双方。另外，在争斗中不仅是单向的，也就是说，甲方为攻击者，乙方为接受者；有时也有双向的攻击案例，甲方攻击乙方，乙方进行反击。在 196 对争斗对中，双向攻击占 15.3%。比较"争斗后观察"和"控制匹配观察"的记录表明，在 196 对争斗对中，有 106 对是吸引对，也就是在双方争斗后，有和解行为的对子（占 54.1%）；21 对是排斥对，即在争斗后没有和解行为，而在控制匹配观察中有接触的对子；69 对是中性对。这个结果证明，双方在争斗后进行和解行为比相互排斥普遍的多（$\chi^2 = 56.9$，$p < 0.001$）（图 4-1）。

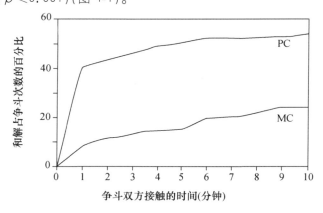

图 4-1　繁殖笼内金丝猴争斗后出现和解行为的百分比

PC：争斗后观察；MC：控制匹配观察

本图引自：Ren et al. , 1991

● 7 种和解行为模式

在和解过程中,我们记录到 7 种行为模式(表 4-1)。在表中可清楚地见到,在争斗后观察的第一分钟,出现最多的行为是：张嘴、拥抱、理毛和蜷缩(图 4-2,图 4-3)。和解时的理毛模式和平常的模式不同,速度快而时间短,看起来非常显眼。双方想要拥抱前,互相对视然后拥抱,并发出[aa-aa]柔和之声。从各种行为模式的时间分配来看,在表 4-1 中的三个时间段中有显著区别($\chi^2 = 74.6$, $df = 12$, $p < 0.001$)。

表 4-1　争斗后第一分钟和以后及控制期的行为节目

行为模式	斗争后第一分钟	第一分钟以后	控制匹配时期
张嘴	46	11	1
拥抱	39	4	19
理毛	33	15	20
挨坐	18	21	26
握手	8	7	3
抱腰	7	0	0
蜷缩	21	0	0

本表引自：Ren et al.,1991

图 4-2　两只猴打架后常以张嘴来表示和解,图中左猴向右猴张嘴表示和解

图 4-3　右边猴接受和解，并以张嘴和拉手回应

● 雄性的调解作用

在金丝猴的和解行为中，繁殖群中雄性的调解作用是非常显著的。在 110 次雌性对雌性的争斗中，雄性参与其中进行调解的有 103 次（93.6％）。在 103 次雄性参与的调解中，有 36％ 开始时使用中等强度的攻击行为（如追赶），意在驱散争斗双方，终止争斗；64％ 的调解没有使用攻击。另外，在调解中，雄性对争斗中的接受者的安慰为 37％；对攻击者的安慰为 19％；同时对两方都安慰为 44％（$Z = 2.36$，$p < 0.02$）。雄性的抚慰行为中，以张嘴次数最多。最有趣的是，有时雄性插到两个雌性争斗者之中，频频地向左右张嘴，并辅以握手和抚拍背部等行为，以安慰争斗的双方。

从以上的研究结果看：繁殖群内争斗的强度相当低；有相当多的双向争斗案例和高水平的和解。结合以上优势等级行为和友谊行为的研究结果看，在金丝猴繁殖群内的社会关系是缓和的和宽容的，尤以双向争斗案例最能说明这一点。因为在一般的灵长类动物的社群中，由于个体之间的等级关系，大多数争斗事件都是单向的;换句话说,争斗事件大多数是由等级高的个体向等级低的个体发起的,等级低的个体只有逃避和表示屈服,不可能反抗;就上面提到的红面短尾猴的和解水平很高(56.1%),群内的等级关系比恒河猴群内的等级关系缓和得多,但是也并没有出现双向争斗的事件。因此,金丝猴繁殖群内争斗案例中有 15.3% 是双向争斗,说明个体之间的等级关系是相当松散的。另外,雄性在群内争斗中的调解作用如此普遍(93.6%);除了它对争斗双方同时进行双向安抚(44%)以外,对受害者的安抚(37%)显著地高于对攻击者的安抚(19%)($Z=2.36$, $p<0.02$)。说明雄性主要是支持弱者,力图使得群内保持安定的局面,这个结果也与友谊行为研究中所得结果一致。

　　早在 1990 年进行这个课题研究时,我们还没有到野外去,还不真正地知道金丝猴的社群结构是什么样;但是由于以上的结果,那时我们推测,它们的基本社群组织很可能是一雄多雌形式的,因为雄性如此爱护它的雌性,它们的关系是如此的戚戚相关,这和多雄多雌形式的群体很不一样。现在看来这个推测是正确的。

2.2　野外金丝猴家庭单元内和解行为

　　在我们后续的野外观察研究中,尤其是面对个体数量庞大的金丝猴群,还未能对它们个体识别的情况下,严格地按上述操作程序进行和解行为的研究是不大可能的;但是在野外有关行为的观察记录中,我们还是记录到个体之间在争斗后与和解有关的情景。在家庭单元中,一共记录到三次雌性之间比较明显的争斗现象,这三次案例已经在优势行为那节中列出。

　　例一:发生在 1995 年 2 月 24 日上午 10:45—10:50。共有 4 只雌性参与打架,最后以被打的那只雌性逃跑而结束,没有见到和解行为的发生。

　　例二:发生在 1995 年 4 月 2 日中午 13:35—13:41。有 4 只亚成年雌性和 1 只怀孕的成年雌性争斗,争斗的声音很大,只见雄性家长去调解,它频频地对每个打架的雌性张嘴(这是在笼内最常见到的雄性进行调解的行为模式),企图平息这场争斗。在我们的记录中,在调解的当时,争斗并没有由于调解而马上平息下来,还接着打。雄性家长无奈,只好和另外 3 个成年雌性坐在一起;过一会儿,打架停息了,争斗的一个亚成年雌性趋近家长,最后她在家长的背后抱住家长。这一次的案例表明，在野外也像在笼内所见到的那样，雄性家长在雌性的争斗中，是起调解作用的；最后那个亚成年雌性来抱住家长的背，可能是为了刚才争斗所作的道歉。这一次的和解过程和笼内发生的过程很相似。

例三：发生在 1995 年 10 月 14 日上午 09：30—09：33。当时邻近有 A 和 B 两棵树，每棵树上各有一只成年雄性，和几只成年雌性，看来这是两个家庭单元。B 树上的一个带小猴的成年雌性，跳到 A 树上去，A 树上原有的雌性群起而攻之；这只带小猴的雌性只好回到 B 树上去。在这次争斗的过程，两只雄性家长无动于衷，不理不睬，听之任之。这个案例给我们很好的启示，雄性家长的调解作用，只限制在家庭单元内部，家庭单元外的成员就管不着了，因此，A 树上的家长不管；B 树上的家长更不能管 A 树上的雌性们的攻击，何况，它的妻子要到别的单元去，它也是不愿意的。

2.3　野外金丝猴雄性之间的和解行为

在我们的行为回合的记录中，雄性之间有一次是互相争斗后，争斗双方挨坐和解；还有两次是在争斗中有第三者进行干涉调解的。以下列出实例。

例一：1995 年 1 月 12 日上午 08：23—08：24。群体在迁移，有几只成年雄猴坐在树上吃东西，一边吃一边打招呼。观察者看见两只大雄猴坐在一起，互相威胁打架，但是不一会儿，这两只大雄猴又紧紧地坐在一起了。

例二：1995 年 4 月 27 日上午 09：00—09：02。猴群开始向山上迁移，忽闻热闹的打架声，见两只亚成年雄猴打得不可开交；正在这时，冲上一只威武的成年雄猴，向一只正在打架的亚成年雄猴扑过去，实际上没有接触到，然后又向后者张嘴，以示安抚；随后这场争斗就平了。这一事件表明，在雄性争斗时，有时有另一地位较高的个体出来干涉制止，平息争斗。

例三：1995 年 5 月 5 日上午 09：00—09：02。群体正在结集要过开阔地，忽见前头群体中两只亚成年雄性打了起来；正在这时，另一只成年雄性从上面冲下来，对着其中的一只威胁瞪眼，而后又坐下；这两只亚成年雄性就停止打架了。

3　讨论和小结

在对群居动物冲突后行为的观察中,绝大多数都会出现和解行为,已有的研究发现绝大多数的灵长类都会出现和解行为(Arnold & Whiten,2001),但也有少数例外(Schaffner,Aureli,& Caine,2005)。除灵长类以外的其它物种,也存在和解行为,比如狼(Cordoni & Palagi,2008)、山羊(Schino,1998)、短吻海豚(Holobinko & Waring,2010;Samuels & Flaherty,2000)以及野生的斑点鬣狗(Hofer & East,2000)。

3.1　灵长类和解行为的比较

我们的研究发现,笼养和野外状态下的川金丝猴都表现出了冲突行为和冲突后的和解行为。为了更好地理解川金丝猴的和解行为,我们试着把川金丝猴的冲突行为和冲突后行为放到更大的背景下去考察,去看看其它灵长类动物中和解的发生情况。

黑猩猩和倭黑猩猩这两个物种是有高智力水平的灵长类,它们的和解行为显得复杂而曲折。经过严格的数量化研究,黑猩猩在发生争斗以后,有 40% 的和解行为发生(de Waal,1989)。和解行为的动作模式有好几种:伸长手臂张开手,这是它们在要求身体接触时的姿势;双方眼睛对视;在走近对方时发出柔和的声音;还有就是接吻,接吻在双方和解时,是最经常出现的一种动作模式。一般争斗后,等级高的一方或等级低的一方,都有可能是和解行为的发起者,概率是均等的;但是在激烈的争斗以后,等级高的个体很少首先和解。在黑猩猩的和解过程中,常常有第三者的出现,它们可以缓和敌对双方的紧张气氛,或给争斗一方以安抚。这种角色,一般是由社群内德高望重的个体担当,这时的动作模式以拥抱为多。这时常常发生戏剧性的情节,如两个成年雄性经过一场争斗以后,各自分开,坐在较远的距离,这时走来一只在群内有威信的个体,坐在当中,它伸出手来邀请一边的雄性过来替它理毛,它再邀另一只雄性也过来理毛,理过一定时间以后,中间的个体走开了，这两只原来争斗的个体，自然而然地互相理起毛来了。这种和解既不失面子，又比较自然，双方都能接受。在黑猩猩群中，和解行为的发生也有性别的差异，在雄性之间发生争斗后，其中有 47% 的回合发生和解；而在雌性之间的争斗后，只有 18% 的回合发生和解。这种现象还没有得到很明确的解释。de Waal 认为，雄性为了本身的利益，倾向于合作、交易、联盟，因此在争斗后，更多地进行和解，为今后的关系铺平道路；而雌性以感情为基础，以自己的好恶为出发点，因此只图一时的发泄和痛快，不太在意是否要为了将来的关系而去和解。

圣地亚哥动物园倭黑猩猩的和解行为，与荷兰安恒动物园普通黑猩猩的和解行为大有不同。在争斗发生以后，倭黑猩猩之间和解的比例高于黑猩猩；而且，发起和解的个体大多数是在争斗中等级地位高的那个。我们知道无论是哪个物种，绝大多数情况下，发起争斗者都是争斗双方中等级地位高的个体。因此在倭黑猩猩中，是那个"打人者"对"被打者"先道歉，表示愿意和解，进行安抚；在黑猩猩的和解中不是这样的。这给我们的印象是，倭黑猩猩的社会中充满着和谐和怜悯，有的年龄小的、无抵抗力的个体有时遭到轻微的打击或威胁后，常常接下来是受到安抚。

在和解的动作模式方面两个物种也很不同，倭黑猩猩虽然也有伸手、眼光相对和拥抱等模式，但突出的表现是用性行为的方式来进行和解；黑猩猩不用性行为的方式来表达和解。一般来说，黑猩猩进行性行为是为了繁殖，在其他时候，性行为表现不多；而倭黑猩猩则不然，性行为有多种功能，除了有繁殖功能以外，还有友谊和和解功能，因此性行为出现的频率在倭黑猩猩群中是很高的，在异性之间、在成年之间，还有在同性之间、在非成年个体之间等。研究发现，它们的性行为模式，绝大多数是面对面的，从这种模式衍生出来的模式有：生殖器与生殖器的互相摩擦、抚摩玩弄生殖器、口淫等。在群体内好像遵循着一种"多爱爱，少打架"的规则。因此在大多数的情况下，在争斗打架以后，交战双方总是以某种性行为的方式告终。由此可见，在演化上非常接近的物种，在外表和社会结构方面多有相似的两个物种；在仔细观察研究以后发现，它们的社会交往风格，尤其是和解行为的方式，非常不同。

除了大猿，为了研究灵长类的和解行为，de Waal 也对恒河猴和红面短尾猴（*Macaca arcotoides*）这两个物种的和解行为进行了比较研究（de Waal & Yoshihara，1983；de Waal & Ren，1988）。这两种猴是同一个属的，在分类上是近亲,但它们的和解程度以及表现的行为模式很不相同。研究是在美国威斯康星的国立区域性灵长类研究中心所属的动物园内进行的,该灵长类中心位于威斯康星州立大学麦迪逊分校内。在动物园内有两个比邻的大笼,恒河猴笼内有个体 37只,红面短尾猴笼内有个体 20 只。在研究过程中,记录到前者的争斗总次数为537;后者的争斗总次数为 670。研究的结果表明,在这两个笼养的不同物种的群体中,首先是和解行为出现的频率不同。恒河猴在双方个体争斗之后出现的和解行为只占总争斗次数的 21.1%;而红面短尾猴在双方个体争斗之后出现的和解行为占总争斗次数的 56.1%。这两个百分比清楚地说明,恒河猴的个体之间发生争斗后出现和解行为大大地少于后者。其次,和解行为的模式也很不一样。当一个恒河猴想要靠近它的争斗过的对手时,它们之间的相互作用常常是不明显的,它们避免眼睛的对视,也较少进行比平时更突出的身体接触,为此称这种和解为“含蓄”的和解行为。与此相反,红面短尾猴在向争斗过的对手和解时,表现出明显的特殊的行为模式,被称之为“鲜明”的和解形式。眼对眼的接触在红面短尾猴的和解中很普遍,另外,双方和解时,常常发出较高的叫声,并伴随着“抱臀”的行为模式。发出叫声,是为了告诉群内的其它成员它们和解了。抱臀的模式也很有意思,和解者把自己的臀部对着对方,如果对方愿意和解,则抱住和解者的臀部,这就完成了“抱臀”的模式,也完成了和解的愿望;如果后者不愿和解,可以不理前者,有时甚至对前者进行攻击,这样争斗双方就没有和解,还可能继续争斗。因此把臀部对着对方的个体,是对刚才的争斗表示道歉,而后者抱住前者的臀部则表示接受前者的道歉;如果不抱前者的臀部就是不接受对方的道歉。当然,红面短尾猴还有其他的和解行为模式,如,挨坐、拥抱、呈臀和探臀、理毛和喋牙等,但这些行为模式在其他情况下也常常出现,而绝大多数的“抱臀”模式只在和解时出现。第三,在恒河猴的和解过程中,和解的发起者常常是争斗双方等级高的那个个体;而在红面短尾猴中争斗后和解的发起者,在等级高和等级低的个体中是均衡的。

　　研究者认为,在恒河猴群中,和解行为出现少的原因,是由于等级低的个体害怕接触等级高的个体所致。在这两个物种优势关系的研究中表明,红面短尾猴群内的等级关系是比恒河猴群内的等级关系要缓和得多。在恒河猴群内,表现出严格的等级排列,在群内形成几个等级地位高低不同的母系家族;家族内的成员,虽然也互相争斗,但在和家族外的成员争斗时是团结的;因此低等级家族中的个体很少有机会和高等级家族个体接触,除非受到攻击;因此当低等级个体受到攻击后,很害怕再到高等级那里去表示和解。在 de Waal 研究和解行为的过程中，相邻两笼的不同物种的群体，表现出很不相同的景象；在恒河猴群的笼内，常常爆发巨大争斗的吵闹声，而且争斗的程度也高，抓咬、追赶是经常的事。恒河猴是一种等级排列严格，在群内个体之间争斗强度高的物种。短尾红面猴的社会风格却不是这样。它们的社会等级关系不像恒河猴那样严格，争斗的频率低，在日常的生活中，在多数的情况下，表现出祥和安宁。由此可见，在一个物种内，个体之间争斗后出现和解行为的多少，是与这个物种内优势关系的特点相关的。

物种间的差异可能是冲突和和解行为发生的一个关键因素。有研究发现（Schaffner et al.，2005）有些非人灵长类物种还表现出了不和解的情况。在这个研究中，研究者发现 4 组绢猴在对食物产生的冲突后并未发生和解行为。这可能是由于冲突并未影响冲突个体间的关系所致。虽然该被试群体规模较小，还需要进一步进行探索，但冲突后的和解行为确实表现出物种间的差异。

3.2　和解行为的作用

和解是一种维系社会关系的重要行为，在考察这种重要的社会性行为的时候，一般采取四种倾向，即四种假说（Duboscq et al.，2014）。这四种假说都是建立在冲突后的个体一般表现出应激的现象之上的。

应激缓解假说（Aureli，1997；Aureli et al.，2012）认为，和解可以减少冲突和冲突后产生的应激，这种作用不只在冲突的双方中会出现，甚至在一边观察冲突的个体上也会出现（Judge & Bachmann，2013）。

关系修复假说（Aureli，1997；Aureli et al.，2012）认为，关系越亲密，冲突后带来的焦虑体验越强。通过修复关系，焦虑也就自然缓解。de Waal 和 Yoshihara（1983）认为，若发生冲突的个体间在冲突前存在一种关系，双方从这种关系中获得较高的生存适宜度，则它们冲突后的和解倾向也较高（de la O et al.，2013；Fraser & Bugnyar，2011），反之则不发生和解行为（Schaffner et al.，2005）。例如在许多灵长类动物中，亲属间的冲突后和解倾向往往高于非亲属间的和解倾向，就是因为亲属间的相互关系质量的好坏会直接影响双方从该种关系中获得的利益。关系价值假说还被用来解释雄性灵长类个体间的冲突后和解倾向往往高于雌性个体间的冲突后和解倾向，因为雄性间的关系质量对生存适宜度的影响更大。

自我保护假说(Aureli et al.,2012)强调,冲突后的和解行为一般由地位较低的一方发起,为的是避免被再次攻击。并且这种行为还会使原本冲突的双方受到其它个体的攻击的风险降低,同时它们也会对之后的攻击目标进行重新评估,发起对社会地位较低的个体的攻击。

良性意图假说(Silk,1996)是一种需要更高级认知能力的假说。这种假说认为冲突双方会表现出终止冲突的信号性行为,并且这种行为首先应该是由非接触性的动作表现出来的,随后由有身体接触的动作出现。

除了上述假说,还有一些假说也对和解行为作出了解释。例如社会认知假说(de Waal & Aureli,1996;Puga-Gonzalez et al.,2014)的提出是用来解释在黑猩猩中存在冲突后的安慰行为,而这类行为在猕猴属灵长类物种中却不存在。该假说认为共情是产生这种差异的根本原因。共情是一种社会认知能力,大猿和猕猴之间共情能力存在着差异,这导致了二者表现不同。

针对大猿和猕猴之间的和解行为差异,研究者又提出了社会约束假说(Call & Tomasello,1996)。该假说认为,社会约束较强的种群的和解倾向要低于社会约束较弱的种群。之所以黑猩猩种群中有冲突后安慰行为的存在而猕猴属灵长类种群中无此行为,是因为从成本效益分析的角度来看,在黑猩猩社会中实施安慰行为更为有利或者说风险更小。与猕猴属灵长类相比,黑猩猩的社会等级制度较为宽松,种群中个体间的社会容忍度较高。另外,二者的社会联盟方式也存在差异。黑猩猩种群内的对低等级个体的社会约束要小于猕猴属灵长类种群,所以在黑猩猩中有冲突后的安慰行为而猕猴属灵长类中则没有。

3.3　川金丝猴的和解行为

从我们的研究结果来看,川金丝猴在冲突后和解倾向比较强,并且和解表现出7 种行为模式。在金丝猴的繁殖群内或家庭单元之中,是一雄多雌的社会结构,表现和解行为的特点是:雄性家长对单元内争斗事件会积极干涉和协调,它是保持小群体稳定平衡的唯一执行者。在野外雄性金丝猴之间,观察到的个案不多,但是有发现年长的个体干涉调解年轻个体的争斗;有可能在全雄单元内,也和在家庭单元内似的,由年长的雄性来维持稳定和平衡。在全雄单元外雄性个体之间,有多少相互交往,存在什么样的社会关系,现在还不清楚。

有研究者对秦岭的野生金丝猴猴群进行了冲突后行为的研究,也发现了和我们的研究类似的结果(Zhang et al.,2010)。所有这些结果都说明,川金丝猴是一种社会容忍度相对较高的物种。

现有研究发现在社会容忍度较高的社会中,和解行为更为符合良性意图假说(Duboscq et al.,2014)。特别是对于川金丝猴来说,它们有着较上述研究中的猕猴更复杂的社群结构,即以家庭群为基础的重层社会结构。对于川金丝猴来说,表现出这种和解的行为模式很可能是因为在这种社会结构中的个体可能拥有更高的社会认知能力。也就是说复杂社会提供了一种认知演化的压力情境,在这种情境中,个体需要演化出相应的能力来应对冲突和冲突后的生存环境。不仅如此,一些更为基础的认知能力也会得到发展,因为冲突后的和解行为也需要有相应的记忆力和认知控制能力等认知资源(de Waal & Yoshihara,1983)。

4 结语

我们通过对笼养的川金丝猴和野外的川金丝猴群进行观察,发现了川金丝猴是一种社会容忍度较高的物种。特别是川金丝猴在冲突后的和解行为表现出高倾向、模式复杂的现象。

对于灵长类和解行为的研究受到很多研究者的关注,不同研究者也对和解的机制进行了探讨。但灵长类的社会结构和社会关系十分复杂,在社会关系之中的冲突和冲突后的和解行为也就表现得不一而同。今后的研究可以探讨不同社群结构的灵长类之间的和解模式的差异,这会极大地帮助我们揭示和解的机制。同时有研究指出,和解模式也会有个体差异(Webb et al.,2014),这对我们更好地理解这一动物的基本特质也会有所助益。

参考文献

Abegglen,J. J. (1984). *On Socialization in Hamadryas Baboons: A Field Study*. Lewisburg,PA: Bucknell University Press.

Altmann,S. A. (1962). A field study of sociobiology of rhesus monkeys (*Macaca mulatta*). *Annual of the New York Academy of Science*,102 (2),338-435.

Arnold,K. , & Whiten,A. (2001). Post-conflict behaviour of wild chimpanzees (*Pan troglodytes schweinfurthii*) in the Budongo forest,Uganda.*Behaviour* ,138(5) ,649-690.

Aureli,F. (1997). Post-conflict anxiety in nonhuman primates: the mediating role of emotion in conflict resolution.*Aggressive Behavior* ,23,315-328.

Aureli,F. ,Cords,M. , & van Schaik,C. P. (2002). Conflict resolution following aggression in gregarious animals: A predictive framework.*Animal Behaviour* ,64(3) ,325-343.

Aureli,F. ,Das,M. , & Veenema,H. C. (1997). Differential kinship effect on reconciliation in three species of macaques (Macaca fascicularis,M. fuscata,and M. sylvanus).*Journal of Comparative Psychology* ,111(1) ,91-99.

Aureli,F. , & van Schaik,C. P. (1991). Post-conflict behaviour in long-tailed macaques (*Macaca fascicularis*).*Ethology* ,89(2) ,101-114.

Aureli,F. ,Fraser,O. N. ,Schaffner,C. M. , & Schino,G. (2012). The regulation of social relationships. In J. C. Mitani, J. Call, P. M. Kappeler,R. A. Palombit, & J. B. Silk (Eds.),*The Evolution of Primate Societies* . Chicago: The University of Chicago Press,531-551.

Bateson,P. (1994). The dynamics of parent-offspring relationships in mammals. *Trends in Ecology & Evolution* ,9(10) ,399-403.

Boehm,C. (2012). Ancestral hierarchy and conflict.*Science* ,336(6083) ,844-847.

Call,J. , & Tomasello,M. (1996). The effect of humans on the cognitive development of apes.*Reaching into Thought: The Minds of the Great Apes* . Cambridge: Cambridge University Press,371-403.

Castles,D. L. , & Whiten, A. (1998). Post-conflict behaviour of wild olive baboons. II. Stress and self-directed behaviour.*Ethology* ,104(2) ,148-160.

Cordoni,G. , & Palagi,E. (2008). Reconciliation in wolves (Canis lupus): New evidence for a comparative perspective.*Ethology* ,114(3) ,298-308.

de la O,C. ,Mevis,L. ,Richter,C. ,Malaivijitnond,S. ,Ostner,J. , & Schulke,O. (2013). Reconciliation in male stump-tailed macaques (*Macaca arctoides*): Intolerant males care for their social relationships.*Ethology* ,119(1) ,39-51.

de Waal,F. B. (1982).*Chimpanzee Politics: Sex and Power among Apes* . London, UK: Jonathan Cape.

de Waal,F. B. (1986a). The brutal elimination of a rival among captive male chimpanzees.*Ethology and Sociobiology* ,7(3) ,237-251.

de Waal,F. B. (1986b). The integration of dominance and social bonding in primates. *Quarterly Review of Biology* ,61(4) ,459-479.

de Waal, F. B. (1987). Tension regulation and non-reproductive function of sex among captive bonobos (*Pan paniscus*). *National Geographic Research*, 3(3), 318-335.

de Waal, F. B., & Ren, R. M. (1988). Comparison of the reconciliation behavior of stumptail and rhesus macaques. *Ethology*, 78(2), 129-142.

de Waal, F. B. (1989). *Peacemaking among Primates*. Cambridge, Mass: Harvard University Press.

de Waal, F. B., & van Roosmalen, A. (1979). Reconciliation and consolation among chimpanzees. *Behavioral Ecology and Sociobiology*, 5(1), 55-66.

de Waal, F. B., & Yoshihara, D. (1983). Reconciliation and redirected affection in rhesus monkeys. *Behaviour*, 85(3-4), 224-241.

de Waal, F. B. (2000). Primates: a natural heritage of conflict resolution. *Science*, 289 (5479), 586-590.

de Waal, F. B. M. (2014). Natural normativity: The 'is' and 'ought' of animal behavior. *Behaviour*, 151(2-3), 185-204.

de Waal, F. B., & Aureli, F. (1996). Consolation, reconciliation, and a possible cognitive difference between macaques and chimpanzees. *Reaching Into Thought: The Minds of the Great Apes*. Cambridge: Cambridge University Press, 80-110.

Duboscq, J., Agil, M., Engelhardt, A., & Thierry, B. (2014). The function of post-conflict interactions: new prospects from the study of a tolerant species of primate. *Animal Behaviour*, 87, 107-120.

Fraser, O. N., Stahl, D., & Aureli, F. (2010). The Function and Determinants of Reconciliation in Pan Troglodytes. *International Journal of Primatology*, 31(1), 39-57.

Fraser, O. N., & Bugnyar, T. (2011). Ravens Reconcile after Aggressive Conflicts with Valuable Partners. *PloS One*, 6(3).

Gowaty, P. A. (1996). Battles of the sexes and origins of monogamy. *Partnerships in Birds*. Oxford: Oxford University Press, 21-52.

Hinde, R. A., & Rowell, T. E. (1962). Communication by postures and facial expressions in the rhesus monkey (*Macaca mulatta*). *In Proceedings of the Zoological Society of London*, 138(1), 1-21.

Hodos, W. (1970). Evolutionary interpretation of neural and behavioral studies of living vertebrates. *The Neurosciences: Second Study Program*. New York: Rockefeller University, 26-39.

Hofer, H., & East, M. L. (2000). Conflict management in female-dominated spotted hyenas. *Natural Conflict Resolution*. Berkeley and Los Angeles, CA: University of California Press, 232-234.

Holobinko, A. , & Waring, G. H. (2010). Conflict and Reconciliation Behavior Trends of the Bottlenose Dolphin (*Tursiops truncatus*). *Zoo Biology*, 29(5), 567-585.

Judge, P. G. , & Bachmann, K. A. (2013). Witnessing reconciliation reduces arousal of bystanders in a baboon group (*Papio hamadryas hamadryas*). *Animal Behaviour*, 85(5), 881-889.

Kummer, H. (1978). On the value of social relationships to nonhuman primates: A heuristic scheme. *Social Science Information*, 17(4-5), 687-705.

Kutsukake, N. , & Castles, D. L. (2001). Reconciliation and variation in post-conflict stress in Japanese macaques (*Macaca fuscata*): Testing the integrated hypothesis. *Animal Cognition*, 4(3-4), 259-268.

Maestripieri, D. , Schino, G. , Aureli, F. , & Troisi, A. (1992). A modest proposal: Displacement activities as an indicator of emotions in primates. *Animal Behaviour*, 44(5), 967-979.

Palagi, E. , Dall'Olio, S. , Demuru, E. , & Stanyon, R. (2014). Exploring the evolutionary foundations of empathy: consolation in monkeys. *Evolution and Human Behavior*, 35(4), 341-349.

Puga-Gonzalez, I. , Butovskaya, M. , Thierry, B. , & Hemelrijk, C. K. (2014). Empathy versus Parsimony in Understanding Post-Conflict Affiliation in Monkeys: Model and Empirical Data. *PloS One*, 9(3).

Ren, R. , Yan, K. , Su, Y. , Qi, H. , Liang, B. , Bao, W. , & de Waal, F. B. (1991). The reconciliation behavior of golden monkeys (*Rhinopithecus roxellanae*) in small breeding groups. *Primates*, 32(3), 321-327.

Ren, R. M. , Su, Y. J. , Yan, K. H. , Li, J. J. , Zhou, Y. , Zhu, Z. Q. , Hu, Z. L. , & Hu, Y. F. (1998). Preliminary Survey of the Social Organization of Golden Monkey (*Rhinopithecus roxellana*) in Shennongjia National Natural Reserve, Hubei, China. In C. E. Oxnard (Series Ed.) & N. G. Jablonski (Vol. Ed.), *Recent Advances in Human Biology: Vol. 4. The Natural History of thr Doucs and Snub-nosed Monkeys*. Singapore: World Scientific Publishing Co. Pte. Ltd, 269-277.

Samuels, A. , & Flaherty, C. (2000). Peaceful conflict resolution in the sea. *Natural Conflict Resolution*. Berkeley and Los Angeles, CA: University of California Press, 229-231.

Savage-Rumbaugh, E. S. (1984). Pan paniscus and Pan troglodytes: Contrast in preverbal communication competence. In *The Pygmy Chimpanzee*. New York: Plenum Press,

395-413.

Schaffner,C. M. ,Aureli,F. , & Caine,N. G. (2005). Following the rules: Why small groups of tamarins do not reconcile conflicts.*Folia Primatologica* ,76(2) ,67-76.

Schino,G. (1998). Reconciliation in domestic goats.*Behaviour* ,135(3) ,343-356.

Schino,G. ,Perretta,G. , Taglioni, A. M. , Monaco, V. , & Troisi, A. (1996). Primate displacement activities as an ethopharmacological model of anxiety.*Anxiety* ,2(4) ,186-191.

Silk,J. B. (1996). Why do primates reconcile? *Evolutionary Anthropology: Issues,News, and Reviews* ,5(2) ,39-42.

Thompson,M. E. (2013). Reproductive ecology of female chimpanzees.*American journal of Primatology* ,75(3) ,222-237.

Webb,C. E. ,Franks,B. ,Romero,T. ,Higgins,E. T. , & de Waal,F. B. M. (2014). Individual differences in chimpanzee reconciliation relate to social switching behaviour.*Animal Behaviour* ,90,57-63.

York,A. D. , & Rowell, T. E. (1988). Reconciliation following aggression in patas monkeys,Erythrocebus patas.*Animal Behaviour* ,36(2) ,502-509.

Zhang,J. ,Zhao,D. P. , & Li,B. G. (2010). Postconflict behavior among female Sichuan snub-nosed monkeys Rhinopithecus Orellana within one-male units in the Qinling Mountains, China.*Current Zoology* ,56(2) ,222-226.

黄乘明,李友邦,邹异,覃怀平. (2005). 野外黑叶猴对人类的攻击行为. 兽类学报,25(1), 102-104.

任仁眉,苏彦捷,严康慧,戚汉君,鲍文永. (1990a). 繁殖笼内川金丝猴社群结构的研究. 心理学报,22 (3) ,277-282.

任仁眉,严康慧,苏彦捷,王庆伟,孙耀忠. (1990b). 比较短尾猴和恒河猴的社会行为模式. 心理学报,22 (4) ,441-446.

任仁眉,严康慧,苏彦捷,周茵,李进军,朱兆泉,胡振林,胡云峰. (2000). 金丝猴的社会-野外研究. 北京: 北京大学出版社.

任仁眉,胡丹. (1990). 动物的智慧. 北京: 科学出版社.

严康慧,苏彦捷,任仁眉. (2006). 川金丝猴社会行为节目及其动作模式. 兽类学报,26(2), 129-135.

余小玉,吕九全,李保国. (2005). 非人灵长类冲突后行为的研究进展. 人类学学报,24(3), 249-257.

第 5 章　繁殖与育幼

1　繁殖行为

1.1　繁殖行为概述

　　繁殖是生物界至关重要的课题,是制约社会关系和社会结构的核心因素。同时,它又是牵涉面很广的课题,包括从遗传学、生理学、生态学、心理学到社会学的方方面面。在哺乳动物中,繁殖行为最关键的因素是雌性的发情状况,雄性的各种表现是随着发情状况而变化的。发情的阶段又包括 3 种相关的时相(Hrdy & Whitten,1986):

　　(1) 增加性的吸引性,发情的雌性对雄性来说,是一种现存的性刺激,雄性在行为上表现出频繁地接近雌性,并有交配的企图。

　　(2) 增加性的邀请性,由于雄性的存在,发情的雌性表现出趋近雄性和做出特定的性的邀请行为。

　　(3) 增加性的接受性,发情的雌性做出特定的姿势,以便于雄性的爬背交配。

　　在大多数的哺乳动物中,雌性发情期的这 3 种相关时相是短暂的。例如大鼠,在 4～5 天的发情周期中,只有几个小时是做好姿势,接受交配的;母牛每 3 个星期有 6 个小时左右是可以交配的。从豚鼠到低等灵长目动物,在雌性发情期以外的时间,是不可能进行雌雄交配的,因为雌性的外阴道口是闭上的,或有一层膜覆盖其上(Butler,1974)。有许多哺乳动物,发情期不仅很短,还有季节性,例如松鼠猴,雌性每年只有 3 个月中有一星期长的性周期,每一次性周期只有 1～2 天是可以交配的;雄性的睾丸也有季节性的变化。然而较高等的和高等的灵长类动物以及人类,就不怎么遵循哺乳动物的严格发情期限的原则,它们与低等哺乳动物有两点不同:一是雌性有月经周期,有周期性的子宫内膜脱落;二是邀配行为和接受行为在时间方面有较大的灵活性和较长的发情期。在正常情况下,有些物种的性接受性在整个周期都有,如人类和倭黑猩猩。这种能力和灵活性,是与其它哺乳动物有很大区别的。

物种演化的种种遗传特征除了生理方面的以外,在性接受性方面还有其他的表现(Hrdy & Whitten,1986;Thompson,2013)。许多雌性灵长类动物在性接受期其外阴周围出现红肿的性皮肿,有的甚至脸色变红,胸部起小红点等以告示自己的性接受性。用嗅觉信号传递性的信息是哺乳动物的普遍现象,灵长类动物的一些物种也有这种现象。如雄性常常走近雌性的臀部,闻嗅或用手指戳摸外阴道区收集分泌物,然后舔嗅手指,以了解雌性的生理状况。此外,还有用动作姿态(邀配行为)、面部表情等来表示性的接受性的。在灵长类动物中,雌性的邀配行为是多样的,狐猴和狨猴用蜷缩的姿势;猕猴和吼猴用舌头在嘴中轻轻扣击的动作;卷尾猴和红毛长尾猴用噘嘴唇的姿势;有些叶猴用快速摇动头部的姿势;松鼠猴显示自己的阴蒂等;有的物种除了用以上姿势外,还并用露臀的行为模式以示邀配。雄性的邀配行为也是多样的,例如雄性黑猩猩在邀请雌性来交配时,常常摇动树枝,伸出手臂,作出邀请的样子,并把两条大腿分开,在黑色的睾丸上露出鲜红勃起的阴茎(Tutin & McGinnis,1981)。雄性狒狒和恒河猴,在邀请发情的雌性时,用呷唇的动作模式和友爱的面孔来表示;有时干脆轻轻地一推,让雌性站起来进行交配。

雄性灵长类动物没有规则的性周期,它们是按照雌性的性接受性模式来调整自己。例如,季节性繁殖的恒河猴,雄性只有在交配季节才产生活跃的精子;但是把雌性的卵巢割除,在非交配季节注射雌性激素,使之发情,雄性也会随着雌性的性接受状况,恢复生产活跃的精子(Conaway & Sade,1965)。雌性的性接受状况,还会影响雄性在群间的迁移频率以及雄性之间攻击的强度。在交配模式方面,雄性灵长类动物也有不同。许多物种,包括人类在交配时,是一次性插入后射精;

但是平顶猴、恒河猴和其它一些物种,在交配过程中,爬背、插入、抽动、下背来回几次以后,才有射精的出现。这种形式的适应意义目前还不太清楚。制约雄性性行为的因素,除了生理的以外,社会因素也很起作用。例如,雄性大猩猩的性欲一般较低,大多数的交配都是由雌性发起的;但是,如果有群外的雄性跟随发情雌性的话,这时那个雄性就会积极地发起交配回合(Fossey,2000)。在实验室中也得到有趣的发现。一般来说,年老的雄性恒河猴要比年轻的性积极性差,但是如果在它们的笼中各自放入它们偏爱的雌猴;这些雌猴是割除卵巢,再注射性激素,使得这两只雌猴的性接受水平相同,年老雄猴的性积极性一点不比年轻的差(Chambers & Phoenix,1984)。由此可见,年老雄猴交配能力并不差,它们只是对喜爱和不喜爱的伴侣有较高的分辨力。雄性睾丸的重量也与它们的社会结构有关。生活在多雄群中的雄性,它们的睾丸的重量和身体重量的比例高于生活在一雄一雌群中和生活在一雄多雌群中的雄性(Collins,1978;Harcourt et al.,1981;Popp,1978)。人们认为,这是因为生活在多雄群中的雄性,性的竞争性要比生活在单雄群中的雄性强。

川金丝猴性成熟年龄一般在 4～5 岁,雌性早于雄性。对笼养条件下个体发育的观察表明(梁冰等,2001),雄性个体 4 岁开始出现交配行为,6.5 岁开始出现明显的射精行为,并可使雌性受孕。雌性首次月经 3.6 岁,每月出现月经。雌性首次生育年龄为 4～6 岁。下面我们介绍川金丝猴的繁殖生物学研究。

1.2　笼养繁殖群内金丝猴的繁殖行为

从 1989 年 10 月到 1990 年 1 月的 4 个月中,我们除了对两个繁殖笼内的金丝猴进行了和解行为的研究(Ren et al.,1991)以外,同时还对同样的个体进行了繁殖行为的研究(Ren et al.,1995)。在同一时间内,一方面记录和解行为需要的各项行为数据,另一方面也记录繁殖行为需要的各项行为数据。这次研究的主题是在繁殖季节内(每年 9 月到次年 1 月),在繁殖笼内的雌雄个体之间交配前后的社会交往。我们用的是全事件记录法,也就是在每天规定的时间内,记录笼内发生的所有有关两性的性行为。其中包括:雌性的性邀配行为、雌性的性竞争行为、雄性的性邀配行为、雄性的爬背行为和雄性的射精行为等。另外,也有一些研究通过分析性激素来了解金丝猴的繁殖行为。

1.2.1　雌性的邀配

（1）雌性的邀配行为模式。

在金丝猴雌雄配偶的交配行为中，雌性是交配行为的积极发起者，并有特定的邀配模式。邀配行为是指在交配前，雌雄中的某一方做出邀请交配的动作。在研究过程中总共记录了 2135 次性邀配行为，其中 2028 次为雌性发出（95%），雄性发出的性邀配行为只有 107 次（5%）。雌性特定的邀配行为模式是"匍匐"（图 5-1、5-2、5-3、5-4）。典型的匍匐过程是这样的：雌性先看雄性一眼，与雄性对视，再跑一小段，在这个时候，雄性常常用张嘴的行为以回应，然后雌性就做出匍匐的模式。匍匐有时在地上，有时在栖架上。雌性匍匐时，腹部和面部紧贴地面，前肢和后肢成弯曲状靠近腹部，尾巴自由放下。匍匐一般维持 1～2 秒，有时延长到 10～15 秒，还有时连续在雄性周围做几个匍匐行为。雄性如果回应雌性的邀配，就走过来爬背；有时则不理睬，雌性就结束邀配行为。有的雌性还不甘心，又走向雄性，寻求双方对视，甚至触碰雄性的手臂，然后再做第二回合的邀配行为。在观察过程中，所有雌性的邀配模式都是一样的。

图 5-1　一雌猴正以"匍匐"的模式邀配，右上角的雄猴正要到邀配的雌猴那里去

图 5-2　一雌猴面向雄猴"匍匐"邀配

图 5-3　一雌猴的臀部向着雄猴"匍匐"邀配

图 5-4　金丝猴交配的行为模式

在 7 个被观察的雌性金丝猴个体中,发出邀配行为的积极性很不相同,个别差异大,有的雌性每个观察日都有邀配行为的记录,最多的一天邀配了 34 次,得到雄性的 23 次的爬背,其中有 3 次射精。但有的雌性邀配次数很少,有 40% 的观察日没有记录到它的邀配行为。由于我们并不了解每个雌性的实际年龄,以及它们与该笼内雄性家长的血缘关系,因此这种邀配积极性的差异的原因还不清楚。从外表来看,邀配行为最积极的雌性的年龄是相当年轻的,而邀配行为最不积极的雌性的年龄是相当老的;很有可能年龄因素是邀配积极与否的条件(图 5-5)。

(2) 雌性对邻笼的雄性发出邀配行为。

我们的研究是在两个繁殖笼内进行的,因此有两个成年雄性,被分别饲养在不同的笼内,笼的距离有 4 米,用铁丝网隔着,两笼内的个体可见而不可及。有意思的是,笼内的雌性看到邻笼内的雄性时常常发出邀配行为:西笼的雌猴向东笼的雄猴发出邀配行为,东笼的雌猴也向西笼的雄猴发出邀配行为。尤其是当东笼内的雄性,因病被移出笼外的那几天,东笼内的雌性向西笼内的雄性发出邀配行为的频率非常高。两笼内的雄猴见到邻笼雌性的邀配时的表现也不一样,东笼的雄猴见西笼的雌猴向它邀配时,它一方面用眼看着那雌猴并张嘴回应,另一方面抓一个身边的雌猴就爬背,表现出性兴奋的状态;西笼的雄猴老成持重,见到东笼的雌猴向其邀配,只是频频友好地张嘴以示回答,不见性兴奋状态。

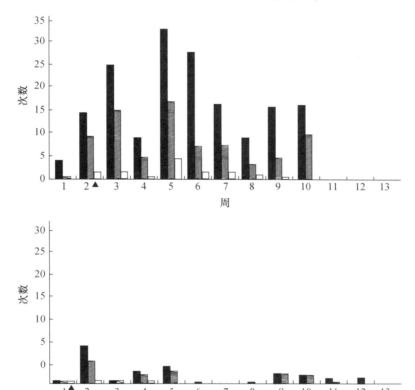

图 5-5　两个雌性金丝猴(♯4 和 ♯16)邀配和接受交配和射精次数的差异

▲:月经日期　■:邀配　▨:接受交配　□:接受射精

本图引自:Ren et al.,1995

(3)雌性邀配和雄性爬背的比例。

雌性的邀配行为只有一半得到雄性的爬背反应。记录到雌性的邀配行为共2028 次,记录到雄性的爬背行为共 1114 次;也就是说,只有 52% 的雌性邀配行为得到雄性的爬背回应(表 5-1)。在这一点上,东西两笼内的雄性没有区别。爬背的模式与其它灵长类动物没有什么两样。爬背过程中雄性头歪向一边，发出"喔喔"声，双方眼对视，尾巴自然下垂。插入后的抽动次数平均为 26 次（从 2 次到 62 次），均匀没有停顿，因此每次爬背不超过 1 分钟。雄性下背以后，雌雄双方有时互相理毛。

表 5-1　各笼雄雌之间邀配爬背射精的次数

	西笼				东笼		
雄性		#3				#9	
雌性	#2	#10	#14	#16	#4	#8	#12
雌邀配	380	291	278	85	637	272	85
雄邀配	1	8	2	3	42	49	2
爬背	159	195	145	48	323	196	48
射精	3	8	5	2	52	36	12
射精抽动平均数	33(19-55)	—	—	—	31(8-62)	—	—
一日内最高射精数	3	—	—	—	8	—	—

本表引自：Ren et al. , 1995

1.2.2　同性干扰行为

繁殖群是一雄多雌的群体，雌性间存在性竞争，表现在当一个雌性发出性邀请时，另一个雌性或者在旁边同样做出性邀请行为；或者趴在正在邀配的雌性个体身上；或者发出威胁的声音，这些称为雌性同性干扰行为。有 17% 的雌性邀配行为受到干扰，干扰都是来自同笼内的另一个雌性（图 5-6、5-7、5-8、5-9）。当一个雌性发出邀配时，另一个雌性也马上在它的身旁作匍匐状进行邀配，这种形式占干扰行为的 90%；有时当一个雌性邀配时，另一个雌性马上爬在它的背上，这种形式占干扰行为的 4%；还有时当一个雌性发出邀配时，笼内其它雌性发出威胁性的呱呱声占 6%。雄性对这类竞争的反应有几种情况：雄性对首先邀配的雌性进行爬背占 31%；不理睬第一个雌性，而对干扰的雌性进行爬背占 36%；或者先后对两者都爬背占 5%；或者对两者都不予理睬占 28%。杨晓军（1997）对这种性竞争行为的研究发现，有 22.44% 的交配行为有雌性的干扰行为。性干扰行为主要发生在爬背之前（83.44%）。这种干扰行为的主要发起者是青年（5 岁）主雌（68.69%），并主要指向低等级雌性。

图 5-6　一雌猴正在邀配,另一雌猴也在它身旁邀配进行干扰

图 5-7　一雌猴正在邀配,另两个雌猴马上过去给它理毛进行干扰

图 5-8　当两个雌猴同时邀配时,有时雄猴只与其中一个交配

图 5-9　当两个雌猴同时邀配时,有时雄猴对它们都不理睬

1.2.3　雄性邀配行为模式

在本次研究的金丝猴的邀配行为中,雄性首先发出邀配的只占总数的 5%。雄性的邀配行为也比较简单:它走向雌性并张嘴,然后用手拨正雌性的臀部,再爬背。只要是雄性发出邀配,雌性没有不服从的。此外,东笼的雄性有时也向雌性表现出雌性邀配的匍匐模式,在这种时候,被邀配的雌性也表现出匍匐模式以回应,有时互相连续表演好几次。我们以为,这是用性行为的模式进行游戏,并非性行为,常见在年龄较轻的个体中。

研究中对雄性是否射精,要以每次爬背及下背以后,在雄性的外生殖器上或雌性阴道口边见到粘有精液才算确定。两笼雄性射精行为的频率有很大差异(表5-1)。在 1114 次的爬背行为中,其中只有 118 次是有射精记录的(10.6%)。显而易见,射精与爬背的比例很低;东笼雄性射精 100 次,占它的爬背数的 17.6%;西笼雄性射精 18 次,只占它的爬背数 3.3%。从每一天射精的最多次数看,东笼雄性是8 次,而西笼雄性只有 3 次。两次邻近的射精时间的间隔,也有很大的差别。西笼雄性的两次邻近的射精间隔在一小时以上的占 89%,间隔 40~60 分钟占 11%;而东笼雄性的两次邻近的射精间隔在一小时以上的只占 59%,而间隔小于一小时的占 41%。

1.3　交配和繁殖的季节性

金丝猴有明显的交配季节和繁殖季节。我们把同一个繁殖群(西笼繁殖群)的两个不同时期的有关性行为的记录(从 1989 年 10 月 18 日到 1990 年 1 月 13 日的研究结果,与 1989 年 4 月 19 日到 7 月 29 日所作的有关各项性行为的记录)相比较发现(表 5-2),在金丝猴的繁殖群中,性行为的发生全年都有,但从数量上看无论是雌性的邀配行为($F(1,6) = 12.9$, $p < 0.05$),还是雄性的爬背行为($F(1,6) = 14.5$, $p < 0.01$)都有显著的差异,尤其是射精行为是 18:0。因此,金丝猴的性行为的季节性的变化是极其明显的。可以这样认为,金丝猴的交配季节是在当年 9月至次年 1 月,而繁殖季节则是在 3 月至 5 月。

表 5-2　比较两个不同观察阶段的繁殖行为（西笼）

	1989 年 4 月 19 日至 7 月 29 日	1989 年 10 月 18 日至 1990 年 1 月 13 日
观察日数	58	52
每日观察小时	4	7
观察总时数	232	364
笼内雌性数	5 *	4 *
邀配总次数	131+4 **	1004+14 **
雌邀配平均数/小时	0.11	0.69
雄性爬背总数	65	547
爬背/邀配的百分比	50	52.6
爬背平均数/小时	0.28	1.49
抽/爬平均数	17(3-28)	26(2-62)
射精总次数	0	18

* 第二阶段西笼内移出 1 只雌性。
** 加号以后为雄性邀配次数。
本表引自：Ren et al.，1995

1.4　性激素水平与繁殖行为的研究

　　川金丝猴属季节性繁殖动物，在秋季与初冬季节处于繁殖旺盛期。而繁殖行为的季节性变化是动物体内生殖功能季节性变化的外在表现，内分泌系统调控生殖功能作用主要是通过性腺分泌的性腺激素实现。研究性腺激素的分泌水平，是了解动物生殖功能直接且最为有效的手段之一。

　　采用放射免疫分析法测量并分析笼养成年雌性川金丝猴月经周期及受精、妊娠前后的性激素水平变化（阎彩娥等，2003a）。结果发现，每只雌猴两个雌二醇高峰间的间隔，即月经周期为 28.33±1.67 天。受精前后及妊娠前期雌二醇水平的变化情况和未受精的月经周期相比有显著的差异。受精前雌二醇高峰后 14 天时，与未受精月经周期同时期的雌二醇水平相比，雌二醇水平显著上升，之后保持上升趋势，40 天后有所下降。但在妊娠期间，孕酮的水平没有显著升高，在妊娠后期才开始升高，孕酮含量波动剧烈。这说明雌猴有周期性的性激素水平变化，可能与其季节性的繁殖习惯相关。阎彩娥等（2003b）将行为表现与激素水平联系起来，考察雌性川金丝猴的邀配行为与尿液雌二醇水平的关系。数据包括半散养的 4 只成年雌性的邀配行为及晨尿中雌二醇水平。结果表明,在未受孕的月经周期中,雌猴的邀配行为集中在雌二醇高峰前后,在卵泡期和黄体期,邀配频次则显著下降。这说明邀配行为受雌二醇水平的调控。在妊娠期时,雌猴仍频繁地向雄猴邀配并得到回应,且邀配频次与雌二醇水平没有明显的相关性。这说明,妊娠期间的邀配行为可能与性激素水平以外的因素相关。

高云芳等(2005)细致地分析了雌猴性激素在不同的生殖阶段水平的变化。在繁殖季节盛期,滤泡期和黄体期雌二醇的基础分泌水平分别是非繁殖季节的72.13倍和89.91倍,最大峰值为非繁殖季节的74.95倍;繁殖季节盛期时,滤泡期和黄体期孕酮的基础分泌水平分别是非繁殖季节的245.21倍和336.91倍,最大峰值为非繁殖季节的881.76倍。黄体期的雌激素和孕激素水平下降可能是影响受孕最为重要的原因之一,因此,在非繁殖季节当有卵泡成熟、排出时,也会因为黄体期雌二醇和孕酮水平而不能受孕。

成年雌性川金丝猴的性激素水平有周期性的变化,有月经周期及繁殖—非繁殖周期的差别;在未受孕时,雌猴邀配行为受月经周期内性激素水平变化的影响,在孕期内二者则没有明显相关;而雌二醇和孕酮在繁殖期和非繁殖期的显著差异可能解释了雌猴的繁殖有周期性。

那么,雄性个体的情况如何呢? 高云芳等(2003)研究了成年雄性川金丝猴睾酮水平的季节性变化。采用放射免疫法对两只笼养成年雄性的尿液中睾酮水平进行了测定,分析其分泌水平的变化规律。结果发现,雄性川金丝猴睾酮的分泌主要表现为一种脉冲式的分泌模式,平均4天出现一个脉冲。非繁殖季节中,睾酮分泌量较低;繁殖季节盛期,睾酮基础值和最高值为非繁殖季节几十倍甚至上百倍。因此,川金丝猴的繁殖周期很可能也与雄猴的性激素水平变化相关。

研究还发现,成年雄猴睾酮的分泌峰的出现可能更多地与其社会因素的变化相关(任宝平等,2003)。采用化学免疫发光法测定半放养金丝猴尿液中睾酮含量,分析其与雄猴行为表现之间的关系。结果分泌峰出现时,社群社会关系处于不稳定状态,且睾酮水平的提高可以促进雄猴攻击能力的增强。而且,睾酮分泌峰出现的时期与雌猴受孕的高峰期并不重叠,这表明雄性川金丝猴的繁殖行为不仅受性激素水平调控,也可能与社会因素相关,同时雄性睾酮分泌还与社群环境变化密切关系。

高云芳的研究小组还通过测定粪便中性腺激素水平考察野生川金丝猴的繁殖

生理（王慧平，2004）。分别于繁殖季节和非繁殖季节收集野生成年雄性、成年雌性孕猴、成年雌性授乳猴、成年雌性非孕猴和亚成年雌性个体的粪便样品，用放射免疫方法分别测定其中的睾酮和雌二醇含量。分析了野生状态下，不同性别、不同年龄川金丝猴个体在不同生殖季节性腺激素的水平及其变化规律，以及雌性个体季节性繁殖和生殖周期之间的关系，并结合与粪便采集同期进行的性行为观察记录，探讨不同季节性腺激素水平与繁殖行为之间的可能关系。研究结果表明，成年雌性睾酮和雌二醇水平的季节性变化与邀配频次的季节性变化密切相关，而成年雄性睾酮和雌二醇水平季节性变化与爬跨频次季节性变化之间的相关性不显著。邀配行为频次的季节性变化与雌二醇、睾酮水平的季节性变化密切相关，表明雌二醇和睾酮水平的季节性变化是成年雌性季节性繁殖的主要内在原因之一。

结合川金丝猴雌雄个体性激素水平的研究数据，可以看出川金丝猴有繁殖的周期性。繁殖行为不仅受性激素水平调控，也与社会因素有关。

1.5 野外繁殖行为的观察和记录

在野外我们记录到有关繁殖行为共 61 次（表 5-3），雌雄的交配回合共 19 次（表 5-4）。野外的记录不能像笼内那样很完全，有时只能记录到一个部分，如记录交配行为回合时，有时见到雌性的邀配行为，然后再见到雄性的爬背行为，这是一个回合；但有时当观察者见到时，就已经在交配了，我们也把这一行为看成一个交配回合，但是在这个交配回合前，是否有雌性的邀配行为，甚至是雄性的邀配行为，就不得而知了。另外，在交配回合中还记录到其他行为，如交配后的理毛，其它个体的干扰起哄等。在野外由于观察距离较远，所以射精行为看不清楚，没有记录。

表 5-3　各性别年龄组发起交配行为次数

行为节目	#1	#2	#3	#SF	#4	#5	#6	合计
匍匐	4	11	2	7	—	—	—	24
爬背	26	—	—	—	—	—	—	26
插入	3	—	—	—	—	—	—	3
停顿	1	—	—	—	—	—	—	1
下背	3	—	—	—	—	—	—	3
起哄	—	—	—	—	—	4	—	4
总数	37	11	2	7	0	4	0	61

表 5-4　野外观察记录雌雄交配回合次数

序号	日期	时间	事　件
1	91/11/12	15：00	雌"匍匐"雄;雄"爬背"雌
2	93/04/25	17：00	雄"爬背"雌
3	93/10/10	15：20	雌"匍匐"雄;雄"爬背"雌
4	93/10/18	16：08	雄"爬背"雌
5	93/12/23	15：30	雌"匍匐"雄;雄"爬背"雌
6	94/11/23	09：47	雄"爬背"雌
7	94/11/23	10：03	雌"匍匐"雄;雄"爬背"雌;雌"理毛"雄
8	94/11/23	15：38	雄"爬背"雌
9	94/11/24	16：50	雌"匍匐"雄 3 次;雄"爬背"雌 3 次;少年猴"起哄";雌"抱腰"雄;雌"理毛"雄
10	94/11/29	13：46	雌"匍匐"雄;雄"爬背"雌
11	94/12/05	10：43	雌"匍匐"雄 2 次;雄"爬背"雌;雌"拥抱"雄;雄"蹭腹"雌;雌"理毛"雄
12	94/12/05	12：48	雌"匍匐"雄;雄"爬背"雌
13	95/04/11	15：15	雌"匍匐"雄;雄"爬背"雌;少年猴"趋近"雌雄;少年猴"观看"雌雄;雌"理毛"雄
14	95/05/05	08：38	雄"爬背"雌
15	97/09/19	13：18	雌"匍匐"雄;雄"爬背","抽动","停顿","抽动"雌;雌"理毛"雄
16	97/09/19	13：32	雌"匍匐"雄;雄"爬背"雌;雌"抱腰"雄;雌"理毛"雄
17	98/10/17	12：30	雌"匍匐"雄;雄"爬背"雌;雌"理毛"雄
18	99/02/11	11：05	雄"趋近"雌;雄"爬背"雌;雄"离开"雌
19	99/02/11	11：50	雌"匍匐"雄;雄"趋近"雌;雌"抱腰"雄;雄"看臀"雌;雌"拥抱"雄;雌"理毛"雄

　　这 19 次交配回合的记录,我们可以看出,野外的繁殖行为和笼内的结果是一致的。在野外见到明显的雌性邀配的匍匐形式以及交配行为多集中在每年的 9～12 月份(表 5-4)。另外,还记录到 2 次幼猴对交配对的起哄打扰行为。

　　李保国和赵大鹏(2005)报道了秦岭川金丝猴的多次交配行为。研究地点是秦岭山脉中段北麓的周至国家自然保护区玉皇庙地区。采用焦点动物取样法和行为取样法,对 90 余只的西梁地区金丝猴群落进行了观察。在所有 399 次交配行为中,有 22 例雌性多次交配行为。雌性多次交配行为全年发生,且交配季节发生频次多于非交配季节;平均持续时间在交配季节显著长于非交配季节;在交配季节,多次交配行为的发起者多为成年或亚成年雌性,而在非交配季节中,发起者多为雄性。这与其他研究发现川金丝猴繁殖有周期性的结果一致,而且反映了雌性通过这种行为获取更多主雄的精子资源,及雄性有一定程度的精子分配的自主选择。

吕九全等人(2007)报道了野生川金丝猴全雄青年猴群的同性爬背行为。研究采用行为取样方法,观察记录了秦岭野生川金丝猴的 21 次同性爬背行为。青年猴同性爬背行为前邀配姿势的多样性,在一定程度上反映了性行为发育的进程。同性爬背可能具有巩固社群稳定、加强个体关系的功能。另外,很多同性爬背行为发生在昼间休息之后一个小时内,这可能是睡眠与觉醒周期对性激素的反调节作用所致,也说明川金丝猴的性行为可能受到性激素水平的影响。

2　育幼与个体发育

2.1　发育行为概述

发育行为是指幼体从出生到成年成长过程中牵涉的各个方面。在动物王国中,灵长类动物的初生婴儿是最软弱无能的,从出生到成年的发育过程是最长的。研究者们把这个过程分为 5 个阶段(Walters,1987)。

(1) 从出生到个体自己能独立生活前的婴幼阶段。幼体出生后,如果没有成年者的哺育就不能成活。一般来说,猴类的幼儿大约要一岁到一岁半左右,猿类的个体大约三岁到四岁左右,才可以独立进食和活动;条件是必须在群体中生活,一方面它们需要长者的保护,另一方面它们的许多生活能力必须在后天的学习中获得。

(2) 开始独立生活到青春期前的少年阶段。在这个阶段的个体,有身体方面的成长和在群体中观摩学习所积累的社会能力和经验。例如,灵长类动物的交配能力是通过在群体生活中的观察学习和自身的实践中学到的;与群体隔离的动物,虽然在生理上已经达到性成熟的阶段,但是没有交配的技能,不能完成交配的全过程。

(3) 开始青春期到有效繁殖期前的青年阶段。在这个阶段的个体,开始了性激素的快速生长,雄性的睾丸长大并下垂;雌性可能出现性皮肿和月经周期;在灵长类动物中雄性的青春期要比雌性的长。

(4)开始有繁殖能力到成功繁殖的亚成年阶段。在这个阶段的个体,尤其是雄性个体,已有繁殖能力,但是由于身体各方面还没有长到完全的成熟,因此在群体的生活中,在性的竞争方面还达不到成功的地步。

(5)能够成功繁殖的成年阶段。在这个阶段的个体,各方面已经完全成熟,能够进行成功的繁殖。在一般的情况下,雄性的性发育较雌性的晚;雌性的青年期、亚成年期和成年期较紧凑;因此能够成功繁殖的年龄,雄性要比雌性晚 2～4 年。

由此可见,灵长类动物的发育阶段是非常重要的,得到了众多灵长类学家的重视和研究。发育行为中的课题是很多的,如哺乳和断乳、断乳过程中的母子冲突、从对母亲的依赖到独立活动、父亲在婴儿成长中的作用、婴儿从自然个体转变到社会个体的过程、个体生理和身体的发育,尤其是性的发育和成熟等。对于叶猴来说,发育行为还包括阿姨行为和杀婴行为,因为这两个方面在叶猴中表现很突出。

2.2　繁殖群内幼体的发育行为

我们从 1989 年 4 月到 1991 年 1 月共 22 个月,对出生在北京濒危动物驯养繁殖中心的两个繁殖笼内的幼体进行观察研究(苏彦捷等,1992)。这两个繁殖笼内成年成员的组成和生活条件与前面提到的相同,幼体的父母以及它们的出生日期都是非常明确的(表 5-5)。这两幼体分别出生和生活在上面提到的两个繁殖笼内,它们的生活条件也与它们的父母相同。研究的方法是对焦点动物的行为做 30 秒样本间隔的瞬时取样,即在每一个样本间隔末端的时间点(或称样本点,通常用跑表给出声音信号),记下焦点动物正在进行的行为或与其它个体的相互作用。每次持续记录 1 小时,观察记录时间见表 5-6。我们以幼体和群内的其它个体之间的相互作用来记录各种行为,共分 3 项:第一项是母婴相互作用和幼体的独立行为节目,如吸吮、哺乳、携带、限制、拒绝、理毛、发脾气、独坐、独动、独自摄食等;第二项是幼体发动的与群内其它成员的相互作用,如理毛和游戏等;第三项是由群内成员发动的对幼体的相互作用,如理毛、拥抱、威胁、追赶和游戏等。

表 5-5　两繁殖笼内幼体基本情况

幼体名	性别	生日	笼内成员
豆豆	雌	1988 年 5 月 19 日	父＋母＋2～3 成年雌性[*]
金九	雄	1989 年 4 月 25 日	父＋母＋1～2 成年雌性[*]＋婴[**]

[*] 研究期间笼内成年雌性个数有变动。
[**] 1990 年 4 月笼内出生另一雄婴猴。
本表引自：苏彦捷等,1992

表 5-6　观察时间表

	金九 雄		豆豆 雌	
	年龄	观察时间	年龄	观察时间
1989 年 4 至 5 月	2 天～3 周龄	4 小时/天		
1989 年 5 至 7 月	4～15 周龄	5～6 天/周,2 小时/天	48～63 周龄	5～6 天/周,2 小时/天
1989 年 8 至 1991 年 1 月	16～80 周龄	3 天/月,2 小时/天	64～134 周龄	3 天/月,2 小时/天
合计		207 小时		168 小时

本表引自：苏彦捷等,1992

2.2.1　婴幼儿断乳及母婴冲突

　　哺乳动物的幼体是以摄入乳汁为生的,而这个过程,灵长目动物要比其它哺乳动物长得多。据文献记载,猕猴属幼体的哺乳期大约为 12 个月,狒狒哺乳期约为 14 个月,而黑猩猩则需 30 个月(Nicolson,1987)。那么金丝猴的哺乳期需要多长时间呢？ 在考察这个问题时,我们以婴猴在母亲乳头处的吸吮行为和婴猴独自摄食行为在样本点总数中所占的比例,作为描述幼体哺乳和断乳过程的量化指标。如图 5-10 所示,两个幼体的吸吮行为和独自摄食行为的比例虽有波动,但这两种行为的相反发展趋势是明显的,吸吮行为越来越少,而独自摄食行为则越来越多。最后两个个体分别在 19 和 20 月龄时断乳。也就是说,这两个金丝猴的幼体哺乳期为一年半左右。杨晓军(1997)的结果是,金丝猴幼体的吸吮行为在 11 月龄时停止,但是杨又指出,有一只两岁半的金丝猴,仍有吸吮行为。看来,个体差异还是明显的。

　　与哺乳期有关的是雌性生育的时间间隔。从我们关于雌性繁殖间隔的数据来看,在笼内大多数雌性金丝猴隔年产一仔,如前一仔没有成活,第二年还可以怀孕产仔;但是也有两年连续产仔都成活的(梁冰,个人交流)。在野外观察的记录中,连续两年产仔而且都存活的已被确认。从金丝猴牙齿发育的年龄来看(梁冰,

1995),人工哺育的幼体在 220 日龄时乳齿全部出齐,母乳哺育的幼体要比人工哺育的幼体早 30 天出齐乳齿,大约是 190 天。可以这样认为,金丝猴幼体从出生到 6 个月左右需要乳汁哺育;以后可以自己吃食,但是条件许可的话,哺乳期会延长到一岁甚至一岁半,以后基本上就不再有吸吮行为发生了,当然这也并不排除个别的幼体到两岁还在吃奶。

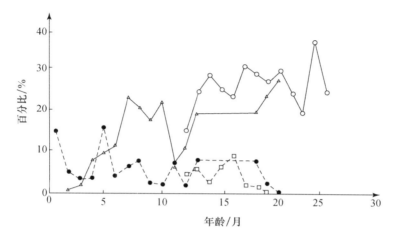

图 5-10   两个幼体(金九和豆豆)的吸吮行为和独自吃食行为在样本点总数中所占的比例

● ···· ● 金九吸吮行为   △——△ 金九独自吃食行为

□ ···· □ 豆豆吸吮行为   ○——○ 豆豆独自吃食行为

本图引自:苏彦捷等,1992

　　断乳在个体发育过程中是一个必经的阶段。子代的不断成长,需要更多的营养成分,也需要离开母亲有更多的活动余地。但是,断乳不是一天完成的,而是一个过程,是一个母与子的争斗冲突过程,在幼儿的生理和心理上都会造成一定的影响。人类幼儿的断乳是一件令母亲烦心的事,有时母亲要使用许多办法,要经过好几个月才能使幼儿不再吃母奶。灵长类动物的断乳也是一个矛盾斗争的过程,是"一位母亲从自愿哺乳,再到逐步拒绝哺乳,再到停止哺乳"与"幼儿从自由吃乳,到争取吃乳,再到最后不得不停止吃乳"的双方冲突的过程。

　　灵长类动物母亲很少采用攻击行为来拒绝哺乳,而是采用温和的拒绝方法,如当幼儿企图要来吃奶时,母亲用手臂挡住胸部,或者是转过身去,或者趴在地上,或者把幼儿推到一边,不让幼儿接触到奶头;或者用理毛等行为来转移幼儿的注意。

在母亲拒绝的过程中,幼儿则表现出极大的受挫情绪,如呜呜地哭叫,甚至发脾气。

发脾气是婴幼儿的一种行为模式,是情绪受到挫折的一种表现,在成年个体中很少见。所有灵长类动物的婴幼儿都有发脾气的行为,模式大同小异,大多数发生在与母亲的相互关系中,尤其是在断乳过程中。发脾气的模式是,幼儿浑身哆嗦抽搐,嘴里发出呜呜哭叫,有的还不断地转动脑袋和跺脚,有的还跑到一边不理母亲等等,总之让人一看就知道是在发脾气了。这时只有母亲妥协,过去安慰它或让它吃奶才能平息。幼儿除了发脾气来抗议母亲不给吃奶以外,有的时候幼儿也会观察母亲的行为,看到有机可乘时,一下扑到母亲的怀里,吃起奶来。

因此,灵长类动物的断乳时期对母亲和幼儿来说都是一段非常时期。de Waal(1982)记录了一段他在荷兰安恒动物园时,一个名叫吉纳斯的雄性幼黑猩猩断乳的有趣故事。当吉纳斯两岁的时候,它的母亲洁米怀孕了,开始给它断乳。吉纳斯在断乳过程中,比其它幼黑猩猩表现得都强烈,当母亲用手臂挡住胸部,不让它接近乳头时,它大声喊叫,并猛地倒在地上,在母亲的周围,来回打滚抽搐,好像窒息了一样;但是它的母亲就是不理它,吉纳斯无奈,只好另寻出路。几个星期以后,吉纳斯强要一个社会地位比较低的雌性给它喂奶,当这个雌性不愿意喂时,吉纳斯就大叫,它的母亲洁米就跑过来威胁那个雌性,那雌性只好让吉纳斯吸吮它的乳头;这个雌性的唯一办法就是避开吉纳斯,不让它看见自己,否则就得让它吃奶。这样过了不到一年,洁米生下它的第二个孩子,吉纳斯又有强烈的愿望,想到母亲那里去吃奶;这时另一个雌性斯冰,它是洁米的好朋友,也生了孩子,它允许吉纳斯去吃它的奶;在一般情况下雌性是不会让不是自己的孩子吃奶的。为了避免事情的发展,动物园的管理员,把斯冰迁出园外一段时间,想切断它们之间的联系;但是没有起作用,当斯冰回到园内时,吉纳斯又到斯冰的怀里去吃奶了。以后吉纳斯与斯冰的密切关系大大超过与它母亲洁米的关系,斯冰背着吉纳斯,保护它,一直到吉纳斯5岁,还在吸吮斯冰那干瘪的奶头。吉纳斯在群体中始终表现得不如其它雄性幼体来得独立,是一只"妈妈的小绵羊"。

从我们笼内的观察记录来看,金丝猴幼儿的断乳也表现出母子之间的矛盾冲突过程。两个幼体的资料表明,大约从12月龄开始,它们的母亲就表现出拒绝哺乳的行为,幼体也出现了反拒绝的行为。如当幼儿靠近母亲伸过头来要吃乳时,母亲则将双臂放在膝上挡住胸部,或者侧过身去,或者站起来走开,达到不让幼儿接近的目的;有时母亲正和其它成员理毛或拥抱时,对幼儿想要吃乳的要求不予理眯,不让它挤到自己的怀里;有时幼儿已挤到胸部吸吮,母亲将它的头强按下,不让吃,强给它理毛。幼儿在这种时候则表现出强烈的反拒绝行为,它们先是极力地往母亲怀里挤,要是不成功,则哇哇大叫,或快速甩头并伴尖叫声,有时还拍打母亲的头部大发脾气。在这个拒绝与反拒绝的断乳过程中,母亲有时对幼儿的反抗表现出妥协,但是妥协会越来越少直至完全断乳。一个幼儿断乳后,它从婴幼时期进入少年时期,无论从生理上、心理上,还是在群内的社会地位方面,都会发生较大的变化。

2.2.2　母亲与阿姨和幼体发育的关系

刚出生的一个灵长类动物的婴儿和其它哺乳动物的婴儿相比,是最软弱无能的。除了需要乳汁的喂养以外,它还需要成年个体其他方面的呵护,如携带(转移地点)、拥抱(睡觉、保温)、理毛(清除脏物)等,否则就不能成活。从软弱无能到能独立活动,所需时间的长短,在灵长类动物的各个物种中是不同的。据文献记载(Nicolson,1987),非洲黑脸长尾猴为 6 个月左右;狒狒为 12～18 个月左右;黄猩猩为 2～3 岁;黑猩猩为 4～8 岁。对生活在野外的狒狒进行观察时发现,婴儿在出生的头 8 个星期都是由母亲携带转移地点,以后逐渐增加幼儿自己行走的时间,以及由非母个体携带,这些个体是亚成体雌性或幼儿的姐姐们。最早能独立行走的个体大约在 7～8 个月龄,一般是 12 个月龄左右,最晚的要到 15 个月左右。由此可见除了物种的差异以外,个体差异也很显著。

幼体的成长,除了母亲的呵护外,还有群内其它成员参与,这些成员绝大多数是未生育过的雌性,青少年雌性,或是婴儿的姐姐们,因此人们又把这种行为称为"阿姨行为"。阿姨行为包括搂抱、理毛、携带和对婴儿的保护。阿姨行为在灵长类动物中是普遍存在的,但不同的物种,阿姨行为表现的程度很不相同,如灰叶猴、非洲黑脸长尾猴和楔形帽卷尾猴等阿姨行为很常见(Struhsaker,1977;Whitten,1982);而狒狒、恒河猴、日本猴等的阿姨行为就很稀少。另外,在同一物种内,阿姨行为的表现还与婴儿的年龄、母亲的等级高低、阿姨和母婴的血缘关系,以及阿姨本身的年龄和生育经验等因素有关。年龄越小的婴儿越是受到阿姨们的关注和爱护,但是也会遭到母亲更多的拒绝。因此在很大程度上,母亲拒绝的程度是阿姨行为能否完成的重要因素。高等级雌性的婴儿受到更多的关注和爱护,而低等级雌性的婴儿也受到关注,但有时会受到虐待。与母亲有血缘关系的雌性更容易接近婴儿,因为母亲较少拒绝它们。未生育过的雌性的阿姨行为表现最强烈。关于阿姨行为的出现,有几种解释: ① 认为阿姨行为是对阿姨们以后做母亲时的一种预习实践; ② 认为会提高阿姨们的地位,尤其是能与高等级母亲的婴儿接触,对它们社会地位的提高是有利的; ③ 阿姨行为也对母亲有利,因为阿姨帮助携带婴儿,母亲可以腾出手来,到较好的地方去觅食。从以上文献记载来看,一个灵长类婴儿的成长始终是在社群成员的关注下进行的。

在我们的两个研究对象中,雄性金九是从它出生的第2天起就开始观察记录直到第20个月龄,因此以它为个案进行分析。我们用4种行为作为指标: ① 以婴儿在母亲身上睡觉、吃乳、坐在母亲怀中、挨着母亲坐,以及母亲携带行走等作为母亲的抚育行为; ② 以群内其它雌性的抢婴、抱婴、吻婴、挨着婴儿坐,以及携带婴儿行走等为阿姨照顾行为; ③ 以婴儿离开母亲或阿姨一臂之外的独坐、独自活动、自我理毛、独自吃食等作为婴儿的独立行为; ④ 以母亲和阿姨拽婴儿的尾巴拉回到身边,或靠近婴儿阻止其活动为对婴儿的限制行为(表5-7)。

表 5-7 金九各年龄段 4 种行为在样本点总数中所占比例(%)

行为	1 周龄	2 周龄	3~4 周龄	2 月龄	4 月龄	6 月龄	10 月龄	20 月龄
母亲抚育	83	86.8	55.6	39.8	16.8	6.8	2.9	0
阿姨照顾	17	12.8	21.3	5.5	7.3	0.8	0	0
母姨限制	0	0.3	0.3	1.5	0.08	0	0	0
幼体独立*	0	0.1	22.8	44.7	48.8	65	81.3	70.6

* 幼体的独立行为不包括幼体与群内其它成员的社会交往。
本表引自:苏彦捷等,1992

从表内的数据看,随着婴儿年龄的增长,母亲的抚育行为和阿姨的照顾行为逐渐减少。金九出生后第13天就观察到它独自坐在离母亲半米处,此后母亲对它的限制行为也增加了,如拽尾巴拉回身边,或保持可触的距离等。限制行为出现的最多时期是5~8个星期,以后限制行为就逐渐减少了,到第13个星期以后就没有记录到母亲或阿姨们的限制行为了。在婴儿出生的前半年,尤其是头几个星期,群内其它雌性对婴儿的兴趣是很大的。在记录中,婴猴出生的第一天,雌性们就围着婴猴转,发生多起从母亲怀中抱走婴猴的事件,至于观看婴猴和触摸婴猴则次数更多。杨晓军(1996)报道,在笼内有两个雌性先后产仔,而社会地位高的雌性丧仔以后,她把另一个社会地位较低的雌性的幼仔抢过来据为己有并哺乳,出现阿姨剥夺母亲哺乳权的角色互换现象。可以这样说,笼内金丝猴的阿姨行为是十分显著的(图5-11、5-12、5-13a、5-13b)。

图 5-11　出生半个月的婴猴想要离开母亲,母亲拉住它

图 5-12　两个雌猴正在抢坐在当中雌猴的小婴猴

图 5-13a　一个雌猴正在抢小婴猴

图 5-13b　它把小婴猴抢到手了

2.2.3　父亲与其它雄性和幼体发育的关系

在灵长类学的研究中,母婴关系的研究是首先提出的,也是研究很多的一个方面,因为在社群中,母婴关系是十分确定的,它们之间的种种交互作用也表现得很明显,而要了解父婴关系就不如了解母婴关系那样简单容易了。首先,在社群中,尤其是在多雄多雌的群中,婴儿的父亲是较难确定的;其次,在一雄多雌群中,父亲和婴儿的接触大大少于母亲和婴儿的接触,因此它们的关系常常被忽略。其实,大量研究结果表明,父亲或成年雄性与婴儿之间的关系,在众多的灵长类物种中,是很不相同的。可以把这种关系分为 5 种类型(Whitten,1987):

(1) 无微不至的照顾型。这种类型的照顾多发生在以一雄一雌为家庭单元的南美猴之中。在这些物种中,成年雄性除了不能哺乳以外,其余的抚育行为它都参与。雄猴常常因为携带幼儿牺牲自己的利益,如幼儿的体重达到其体重的 7% ～ 27% 时,雄猴的行动就会受到妨碍,限制了它找到好的觅食地点。对幼儿无微不至的照顾还在合趾猿(长臂猿科中的一属)中见到,它们也是一雄一雌的家庭式结构。此外,无微不至的照顾形式也表现在多雄多雌的群体之中,如猕猴属中的蛮猴,它们生活在摩洛哥和阿尔及利亚的山区,生活条件很是艰苦。在这个物种中,雄性普遍地对新生的婴儿发生兴趣,它们靠近新生儿的母亲,仔细地观察婴儿,并抚摩它;当婴儿能独立走动时,成年雄性用各种方式与婴儿相互来往,如游戏、携带和保护它们;当幼儿断乳后,雄性的照顾行为逐渐消失。

(2) 接纳型。这种类型的特点不像无微不至照顾型,表现为广泛的抚育行为,而是雄性和幼儿维持巩固和长久的关系。接纳型并不局限在一雄一雌的家庭单位中,或生活条件艰难的物种中,已知的雄性和婴幼猴有较强联系的物种有,南美的黑吼猴、短尾猴、草原狒狒和山地大猩猩等。这种关系表现的最明显的是身体的接近,幼儿们喜爱跟随雄性,伴其左右,有时它们与雄性相伴的时间超过和母亲相伴的时间。雄性允许婴幼儿爬在它的头上或背上跳来跳去,允许拽它的尾巴摆动。研究者见到,有的雌性黑吼猴去觅食时,把婴儿交给雄性,雄性则把婴儿抱在臂内,等到母亲回来。雄性山地大猩猩当 3～4 岁幼儿的母亲生仔、死亡,或迁移到其它群时,常常给它理毛,拥抱它并和它睡在一起。雄性和婴幼猴的接近,对它们起到保护的作用,这样可以避免其它个体对它们可能出现的粗暴行为,以及使得婴幼猴有机会得到凭它自己得不到的摄食机会。

(3) 不经常的接纳型。这种类型牵涉的物种较广泛,形式与接纳型相似,所不同的是,这种类型表现出在同一物种内,个别差异相当大。如在日本猕猴中,雄婴关系在群与群之间、雄性之间,以及在不同的时期都有差异。在这种类型中,有时表现为雄性与某一雌性的婴猴有特殊的关系。

(4) 容忍型。指的是雄性一般不主动接近婴猴,而是能容忍婴猴靠近它,在它身边活动等等。

(5) 利用型。利用指的是,在雄性之间的交往中,用婴猴作为中介物。如蛮猴,当两个雄性面对面对坐时,它们互相抓握对方的生殖器,同时喋牙(友好的行为模式),并把抱来的婴猴抱在当中,对它亲吻,抚摩,然后双方又喋牙,并把头两边摇摆,再把婴猴举到头上,舔闻它的生殖区。在这过程中,雄性的行为轻柔,婴猴也不会害怕和不悦。类似的行为模式也发生在我国的藏酋猴中(任仁眉等,1990c),有时一个雄性携带着一个婴猴,快速地跑到另一个雄猴面前,然后这两个雄猴相对喋牙,并把婴猴举起舔闻它的生殖区。另一种利用形式是发生在雄性狒狒之中。如当一个雄性追打另一个雄性时,后者常去抱一个婴猴在怀中,这样前者就停止追打。有人称这时的婴猴为"争斗缓冲剂"。

金丝猴雄婴关系的研究是在繁殖笼中进行的,父亲是确定的。把婴猴主动发动的与父亲友好的相互作用,与父亲主动发动的与婴猴友好的相互作用加在一起,计算其在样本点总数中所占的比例,描述婴猴与父亲相互作用的量化指标(图5-14)。

如图 5-14 所示,金九(雄性)2 月龄时开始与父亲有少量的接触,3 月龄时逐步增加,到 8 月龄时占总量的 10.7%。之后父亲因病离群,到 17 月龄时父亲回到群中,又恢复友好的友谊关系,直到断乳。另一个体豆豆(雌性)在 12 月龄到 24 月龄之间,和父亲的友好关系始终维持在 3% 左右。从这两个例子看,我们以为,金丝猴的父婴关系是介于接纳型和不经常接纳型之间的(图5-15)。

另外,我们发现父亲与雄婴和雌婴的关系是不同的。雌婴和父亲生活在一起是安全的,但是雄性婴猴长到一定年龄(约 2 岁半左右)就开始受到父亲的驱赶(梁冰,个人交流)。

　　最后,雄猴的杀婴行为也被研究者们发现。最先报道杀婴行为的是在野外研究灰叶猴(Sugiyama et al.,1965)中,以后又观察到在其它叶猴中也有杀婴行为(Hrdy,1974)。雄性的杀婴行为在许多灵长类物种中都有报道,但报道的数量在叶猴中是最多的。一般来说,雄性杀戮它没有与之交配过的雌性的婴猴。关于杀婴现象的生物学意义,有不同的解释,以性选择的理论作为基础的解释是(Struhsaker & Leland,1986),雄性不愿抚育非自己的子代,因而杀戮之;雌性在失去婴猴后,会更快地进入发情期,与之交配生出自己的后代。在北京大兴濒危动物驯养繁殖中心的金丝猴群也发生过雄性杀婴的行为(梁冰,个人交流)。

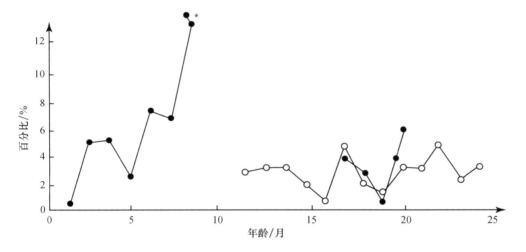

图 5-14　两个幼体(金九和豆豆)与各自父亲的友谊交往

* 金九的父亲在其 9～16 月龄期间因病离群

●——● 金九与父亲的相互作用

○——○ 豆豆与父亲的相互作用

本图引自:苏彦捷等,1992

图 5-15　豆豆与父母游戏

2.2.4　幼体在群内社会地位的变化

灵长类动物从个体发育的过程来说,大致可以分为 5 个阶段:婴幼期、少年期、青年期、亚成年期和成年期。在结束哺乳的婴幼期以后,一直到能成功繁殖的成年期,当中间隔的时期比其它哺乳动物都要来的长,在这段长时期内,使得幼体有机会去经历和学习周围物理的和社会的环境。一般来说,婴幼猴在哺乳期是受到群内成员保护的,断乳以后受保护的地位会有所变化。我们用群内所有成年成员对幼体的友好行为,如亲吻、拥抱、理毛和游戏等行为与群内所有成年成员对幼体的攻击行为,如威胁、拍打、追赶等行为相对比,以此表明幼体随着年龄的增长在群内社会地位的变化(图 5-16)。如图所示,金九(雄性)20 月龄和豆豆(雌性)32 月龄前,它们各自在群中接受友好行为的比例大大高于攻击行为,这说明幼猴在这个年龄阶段,是受到群内成员保护的。金九 7 月龄时开始接受群内成员的攻击,到 13月龄时达到总量的 2.5%,断乳过程开始接受攻击行为的比例又下降。这种下降可能有两种情况:① 它面临断乳的困难时期,群内成年个体容忍它,而攻击行为比例下降;② 它的父亲在那个时期因病离群,因此攻击行为比例下降。豆豆是从一岁开始成为我们的观察对象,断乳前它在群内受保护的地位非常突出,另一方面,它的撒娇行为也很突出,而金九则很少撒娇。不知这是否是性别的差异,有待以后的研究。豆豆常常抢群内成年雌性的食物(从不抢它父亲的食物),差不多都能得手,如果有哪一位雌性不愿给它食物,豆豆则撒娇似地发出尖叫,其它成员则对该雌性群起而攻之;豆豆在群内随意活动,有时不慎在哪个成员身边跌倒,则呜呜大叫,群内成员则不管青红皂白就对豆豆身边的个体发起攻击;有意思的是,豆豆的父亲是群内唯一雄性,又是家长,如果豆豆在它身边跌倒,也免不了遭群起而攻之难;更有甚者,父亲有咬自己大腿和手臂的恶癖,每当此时,总要振动笼内的栖架,这时豆豆又大叫,这就导致群内所有雌性对家长进行追赶、拍打、咬住等攻击行为,形成全群性的大战,家长被赶得满笼乱窜,威风丧尽。可见豆豆在断乳前,是受到群内成员全方位的保护的。这种情况在断乳以后有所变化。从豆豆的行为看不出多大变化,变化发生在成年个体那边。豆豆依然撒娇大叫,但成年们对它的注意则减少了,有时抢其它成员的食物时,会受到父亲或该成员的威胁或追赶。直到它32 月龄时群内成员对它的攻击行为有逐渐增加的趋势。

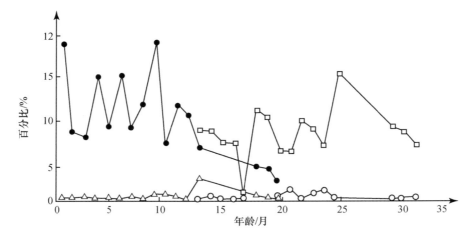

图 5-16　两个幼体接受友谊行为和攻击行为占样本点总数的比例

●—● 金九接受的友谊行为　　△—△ 金九接受的攻击行为

□—□ 豆豆接受的友谊行为　　○—○ 豆豆接受的攻击行为

本图引自：苏彦捷等,1992

2.3　野外幼体的发育行为

在野外共记录发育行为 80 次(表 5-8),在行为回合的记录中(表 2-5),以幼体集群和母亲子女集群为单元的有关幼体的发育行为有 60 次;另外在家庭单元中还有 8 次是与幼体有关系的,在全雄单元中也有 7 次是与幼体有关系的;因此,有关幼体行为的回合记录次数在我们的数据中是最多的。幼体是指婴幼猴(♯6)、少年猴(♯5)和青年猴(♯4)。前面已经提到,这 3 种类型的个体,主要是以它们的年龄段来分,它们的性别一般是看不清也区分不了的;但是有时能看清楚性别时,就尽可能地把性别区分开来记录。

表 5-8　各年龄性别组发起育幼行为次数

行为节目	#1	#2	#3	#SF	#4	#5	#6	合计
游戏	1	—	3	—	13	18	4	39
携带	—	6	—	3	1	1		11
喂乳	—	12	—	—	—	—		12
撒娇	—	—	—	—	1	9		10
看婴	—	1	—	—	2	3		6
抢婴	—	1	—	—	—	1		2
合计	1	20	3	3	17	32	4	80

2.3.1　发育过程

李银华和李保国(2006)及王晓卫等(2011)报道了秦岭川金丝猴幼年的发育过程。研究发现,周至玉皇庙地区投食招引条件下西梁金丝猴 23 日龄婴儿首次从母亲怀内爬出在树枝上活动,68 日龄开始在树上攀爬跳跃,5 月龄主动采食树叶和啃投食区食物,6 月龄跟随社群迁移(表 5-9)。

表 5-9　金丝猴 1 岁内个体平均主要行为首次出现的时间($n = 4$)

日　龄	幼仔行为
1	婴儿的手软弱无力,不能用手抓住母亲的腹部,并且脖子很软(母亲用手抱住婴儿的脖子)。母亲下地取食时,婴儿被母亲用腿夹住;移动时婴儿用嘴含住乳头,双手贴在母亲腹部
2	婴儿的头偶尔摆动,胳膊挥动;母亲移动时,婴儿手可以轻轻抓住母亲腹部的毛
4	婴儿头部有劲,四处张望;手伸出够抓母亲的手臂和用脚挠头
9	婴儿欲往外爬,母亲限制。母亲移动时,婴儿用手抓住母亲腹部的毛,随母亲走一会婴儿就叫喊,母亲停下来休息或用手扶一下再继续走
11	婴儿腿软还不能站立;偶尔欲向外爬;但被母亲限制
15	婴儿手抓树枝向外爬,母亲只是用手抓住其尾巴
17	婴儿的手相当有力,可以抓住母亲的毛随之移动
20	婴儿腿有力,可以两手抓树枝后腿站起向外走
23	离开母亲怀抱独立在树上爬行,有时爬到其它个体身上
37	在岩石上跳跃

日龄	幼仔行为
68	开始在树枝间跳跃
82	双臂在树枝上悬垂,并且出现自我理毛行为
84	单臂在树枝上悬垂
92	出现社会玩耍行为
99	在地上拣拾食物
100	开始有警觉行为,当遇到危险时能迅速回到母亲身边
106	独自进入其他家庭单元并与家庭中的幼儿进行社会玩耍
117	可以自己爬下树;出现给母亲理毛行为
119	幼儿可用脚钩住树枝,头朝下倒立悬垂
150	自己可以爬上树
162	采食树叶和啃食投食区食物
170	开始被母亲拒绝哺乳,幼儿哭喊并紧追母亲
178	发出抢食物的声音,并且能躲避其它个体的抢夺食物
182	社群离开时,幼儿不再由母亲携带,自己跟随社群移动
190	幼儿进入母亲怀里吸乳,母亲用手推开幼儿,幼儿发脾气,表现为头部晃动、浑身抖动并发出断续的叫喊
210	幼儿欲吸乳而向母亲怀里,但受到母亲拍打或抓打,幼儿只好在母亲身边坐下或给母亲理毛
242	开始啃树皮
270	幼儿一次抢占多块食物,迅速爬上树,坐在树上吃,吃完后再下来取,如此反复

本表引自：李银华,李保国,2006

依据婴幼猴主要行为首次出现时间及其变化,可把 1 周岁内个体发育分为 5 个时期,即完全依赖期(0～1 月龄)、探索外部世界期(1～2 月龄)、融入社群期(3～7 月龄)、适应生存期(8～10 月龄)和逐步独立期(11～12 月龄)。完全依赖期中,婴幼猴主要行为为吸乳和休息,尚没有其他行为;探索外部世界期中,婴幼猴可以摆脱母亲及其它个体限制,抓取身边物体,并首次出现自我玩耍;融入社群期中,出现取食、主动理毛等成年个体行为,并独自跟随家庭单元迁移;适应生存期时,正值冬季,婴幼猴表现出活动时间减少等适应食物资源匮乏和低温的行为对策;逐步独立期中,只有在睡觉的时候回到母亲怀中。

　　1 周岁内婴幼猴活动和休息的
地方是母亲怀里、其它个体怀里、树
枝上和地面上。婴幼猴在这些地方
停留的时间随发育而变化。1 周岁
内婴幼猴在母亲怀中的时间与年龄
存在明显的负相关,在其它个体怀
里的时间与年龄也呈显著负相关,
在地面上停留的时间与年龄呈正相
关(李银华,李保国,2006)。这说明
随着年龄增长,婴幼猴逐渐趋于独
立活动。当进入第 2 年,幼猴活动
的独立性增强(王晓卫等,2011)。
平均在 16 和 19 月龄完全独立运动
和断乳。社会交往范围扩大,会与
同龄个体或稍年长个体进行游戏行
为。幼猴日活动时间的分配表现出
明显的季节性差异。另外,爬跨行
为的持续时间、攻击行为的激烈程
度也比 1 岁内阶段有所增大或增

可爱的幼猴　胡万新摄

强。2～3 岁个体行为与 1～2 岁时没有较大差异,但社会行为表现出一定的性别
差异(王晓卫等,2007;2011)。雌性的社会理毛行为的平均频次显著高于雄性,并
且也体现在为婴猴理毛行为和为母亲理毛行为方面。雄性社会玩耍行为的平均频
次显著高于雌性,也更喜欢从事激烈的玩耍节目如摔跤、撕咬等。雄性的爬跨行为
和攻击行为的频次也显著高于雌性。另外,除雌性为婴猴理毛行为的发生频次、雄
性被驱赶行为的发生频次与年龄呈极显著正相关外,雌性和雄性其它行为的发生
频次与年龄均不相关。可以看出,川金丝猴 2～3 岁内个体社会行为的发育具有显
著的性别差异,这在一定程度上反映了雌雄两性别在演化过程中对于不同自然选
择压力的回应,以增加个体的适合度,使种群得以繁衍。另外,高翔等(2010)在对
秦岭川金丝猴的吸乳和携抱行为的研究中发现,初次生育的雌性的婴猴在吸乳时
出现群体水平上的左侧偏好,再次生育的雌性的婴猴没有出现群体水平的吸乳偏

好;初次生育的雌性出现群体水平上的左侧携抱偏好,而再次生育的雌性没有群体水平的偏好方向;同母婴猴绝大部分会出现相反方向的吸乳偏好。这说明,再次生育经历会影响秦岭川金丝猴新生婴猴的吸乳偏好,进而影响雌性的携抱偏好。

2.3.2　个体发展

(1) 游戏行为。

差不多所有的哺乳动物都有游戏行为,甚至鸟类也有游戏行为(Walters,1987),灵长类动物的游戏特点是社会性游戏,也就是在游戏回合中有两个以上的个体参加。游戏的动作模式也很相似,追赶、摔跤、假打和假咬,并常常伴随着一副张着嘴的"游戏面孔";虽然游戏时动作很大,与打架差不多,但是观察者还是很容易分辨打架和游戏的场合的,因为打架总是伴随着威胁的吼声和求饶的尖叫声;而游戏虽有上蹿下跳,但是没有攻击者和被攻击者不悦的声音;当然也不排除在游戏的过程中,玩得太粗鲁时幼小的个体会发出尖叫声。游戏在幼体的生活中占重要的作用,它们除了睡觉休息和吃食以外,几乎大部分的时间都在游戏,因此游戏行为的功能被许多行为学者所重视。一些学者认为,幼体经过游戏,可以对个体间以后建立等级关系起易化作用,可以学习社会交际的技巧,可以学习对攻击行为的控制,可以学习辨认在社会交往中谁是合适的社交接受者,也可以了解其它个体的力量,等等(Poirier & Smith,1974)。也有学者认为幼体的游戏行为,其实已经大大超过学习各种技巧所需要的分量,因此幼体经常游戏可能是生理发育的需要,而学习各种技能和关系,只是在游戏过程中自然而然产生的(Walters,1987)。

在我们的记录中,幼体集群的 40 次行为回合中,有 24 次记录的是游戏回合。参加游戏的成员以幼体为主,但是成年雄性和亚成年雄性也时有参加,参与游戏行为的个体是很广泛的,除了没有见到成年雌性参与游戏(作者曾观察到笼养条件下的成年雌性参与游戏情景,但没有系统数据记录)以外,在野外其他各种类别的个体都有游戏行为。相同年龄段的个体喜爱在一起游戏,其中尤以少年猴和青年猴最多;不同年龄段的个体也会在一起游戏;参与游戏的个体数可由两个到几十个不等,我们记录到 3～6 个个体一起游戏的是 9 次,而 7～12 个个体,甚至还要多的个体在一起游戏的是 15 次。可以这样说,游戏是金丝猴幼体生活的重要方面,其特点是参加的个体数量大,这与它们庞大的社群和庞大的家庭单元有关。幼体之间除了游戏以外,还有如理毛、挨坐、拥抱和抱腰等友谊行为发生,更有趣的是,见到过一只青年猴怀抱一只少年猴,走也走不动,蹒跚可爱。

例一:1993 年 10 月 18 日下午 15∶30—15∶40,多云,水晶沟。有 3 只乌鸦落到树枝上,幼猴们立即跑过去捉它们,当然那是捉不到的;有一只乌鸦落到一对成年猴的身边,它们不理会,但是有一只幼猴,从一棵树上跳过来企图捉乌鸦。在另一棵树上有一只雌猴抱着一只小婴猴,还有两只小婴猴在附近游戏;在怀里的小婴猴,不时地跳出来和它们一起游戏。

例二:1995 年 2 月 23 日上午 09∶30—09∶40,阴,龙头山。队伍迁移得很慢,边走边吃,看见 8 只猴穿过冷杉林又出现在杨树上,它们走走吃吃,还打打闹闹,游戏得很欢也很激烈;一只雄猴追另一只猴被赶下树来,它又爬到另一棵树上,被追的那只又上这棵树,又被赶下来,追的那只一手拽上面的树枝,全身朝下,另一只手牵拉着够那只被追的猴,没够着,自己掉下来了。

例三:1995 年 2 月 26 日上午 09∶10—09∶20,晴,龙头山。许多猴都在杨树林里,有几棵杨树是挨着的,上面有 5 只大雄猴和 2 只青年猴,面积只有 10 平方米。其中有一只大雄猴和那两只青年猴在游戏,它们扭打在一起,还时不时把手臂吊在树上。过了 10 分钟,这 3 只猴还在那里游戏。

例四:1995 年 4 月 11 日上午 11∶37—12∶12,阴,龙头山。观察者在山顶上,看见沟里有 4 只亚成年雄猴在游戏,非常激烈。再往树林中看,有 7 只大婴猴在树丛中追跑游戏,过了不一会儿,就增加到 12 只大婴猴,在一起游戏。

例五:1995 年 4 月 26 日上午 10∶20—10∶30,多云,龙头山。猴群在休息,有 2 只少年猴在游戏,它们在地上摔跤,互相抓住对方肩上的毛,在地上打滚,一直滚到一只大雄猴的身边才停止。还有 7 只青年猴在树上游戏。

(2) 母幼关系。

在母亲子女单元中,有 20 次是记录母子交往的(表 2-5),在家庭单元中也有 8 次是母子交往,记录共 28 次。其中有 23 次是母子之间的友好交往,如理毛、拥抱、挨坐、喂乳等的行为回合,有 3 次是断乳时的母子交往,还有 2 次是看婴和抢婴的交往。

母婴　赵纳勋摄

例一：1995 年 1 月 5 日上午 10∶37，晴，龙头山。猴群已迁移完了，正在休息。看见一只不满一岁的婴猴（八九个月大）坐在母亲的怀里哇哇大叫，并把自己的脑袋一圈一圈地旋转着发脾气；母亲不理它，把自己的手臂一次一次地抽开，最后把两只手臂都抽开下树去了；婴猴没有办法，只好跟着下树，一边走还一边发脾气，又尖叫又转头。这只婴猴大约有 9 月龄大小，正在经历断乳的过程。

例二：1995 年 4 月 2 日中午 13∶30，阴，有雪，老道山。有 3 只成年雌猴拥抱在一起午睡，一只大婴猴想往里挤，挤到一只母猴怀里吃奶，与这只母猴对坐的另一只母猴，发出咕咕声威胁这只大婴猴，还用手打它的头；大婴猴不管不顾，还要往里挤，那只母猴又咕咕威胁，又拍打它的头；大婴猴挤不进去，就坐在一边尖叫、转头、发脾气，过了一会儿只好走开了。这只婴猴差不多有一岁了，也在经历断乳过程。

例三：1995 年 4 月 26 日上午 10：08，多云，龙头山。猴群一堆一堆地坐着休息。有一只 3 岁的青年小母猴，抱了一只 2 岁的少年猴，走到一只成年母猴身边，成年母猴怀里还有一只 1 岁的婴猴。青年小母猴给成年母猴理毛，理了几下，就走到树枝上想到猴多的地方去，可是怀里抱着小猴，站不稳，它就一个劲地摆动胸前的幼猴，但还是站不稳，试了几下跳不了，只好又抱着那只幼猴，回到那只成年母猴身边。大女儿帮着母亲带孩子了。

例四：1997 年 4 月 27 日中午 12：07—12：20，阴，龙头山。猴群都在休息吃食。在一棵树上有一只成年母猴在吃食，怀里抱着一只刚出生的小婴猴。有一只青年母猴坐在母猴的身边，旋转头部发脾气。成年母猴带着小婴猴，离开青年母猴，往树梢上走；青年母猴跟着往上走，坐在母猴的对面，母猴对着它咕咕威胁，青年母猴又发脾气，以后又坐到母猴的后面，探着头看小婴猴；母猴又往上走，青年母猴还是跟着，坐在母猴的后面，又探着头看小婴猴，并开始给母猴理毛；母猴又走开了，青年母猴还是跟着，坐在母猴的对面，母猴又对它咕咕威胁，青年母猴又坐到母猴的后面，去抱小婴猴，这次成功了。青年母猴抱着小婴猴到下面去坐，并给小婴猴理毛；母猴坐在一边吃东西。这是一次阿姨行为，母亲并不很乐意把婴猴交给它。

（3）雄幼关系。

在幼体集群行为回合的记录中，有 9 次是幼体和成年或亚成年雄性的交往回合；在全雄单元的行为回合记录中，也有 7 次是关于和幼体的交往，共有 16 次。其中有 4 次是关于攻击行为的；有 12 次是关于友好交往的。在攻击回合的交互作用中，攻击者都是成年个体，被攻击者都是幼体。在友好的交往中，有挨坐、拥抱、抱腰、理毛和跟随等。

例一：1995 年 4 月 27 日上午 07：45—07：49 和 08：09，阴，龙头山。有一只青年猴（性别看不清，估计是雄性）胆子很大，到沟外边靠近公路的一棵树上吃食，树上的果实很多，还有几只青年猴也跟着爬上树了；过了一会儿，来了一只亚成年雄猴，从下面爬上树，直爬到最早在树上的那只青年猴身边，威胁追赶它，想把它赶走；正在这时，原来在树下部的那几只青年猴，急忙地爬上来，然后又分散到各树梢；这时那只亚成年雄猴无奈地东看西看，不知对付谁好了；过了一会儿，又上来两只成年雄猴，这时少年猴们只好都走了，把一棵果实丰硕的树让给了年龄大的个体。大约过了 20 分钟，又观察到类似的情况。在一棵树的枝上，有一只青年猴在津津有味地吃食，过一会儿，来了一只成年雄猴，爬到它的上面，用手抓它、打它；青年猴只好不吃了，这时大雄猴自己吃起来，青年猴东张西望了一会儿，走开了。

例二：1995 年 5 月 5 日早上 07：10—07：11，晴，龙头山。在树上睡觉的猴们都开始活动了，在树尖上的那只成年雄猴在揪树上的东西吃，这时跑过来一只 1 岁大的小猴，往它身边一跳，还拽它身上的毛，想坐在它身边，没坐好晃了几下，晃得连雄猴都差一点要掉下树去，这时雄猴非但没有生气，反而对着小猴张嘴，给它压惊。

例三：1995 年 10 月 14 日上午 10：10，晴，老道山。猴群开始迁移。有一只青年雄猴在前面走，后面跟着年龄不等的 3 只小雄猴，它们正好在观察者头顶的树上走，看见它们的雄性生殖器一个比一个小。最后一只（一岁半）本来想跟着走过来，回头一看它的母亲正在绕过观察者的身边走，它就坐下来，朝着前面 3 个叫了一声，又看看母亲，只好跟着母亲绕着走了。

例四：1997 年 10 月 6 日上午 09：30—09：40，晴，水晶沟。猴群在树上迁移。有两个小集团，在观察者的头上走过，看清楚它们的性别。每个集团都有 5 只雌性少年猴，还有一只年轻的成年雄性跟在其后。在迁移过程中，这只雄性不住地向这几只小雌猴张嘴和抱腰。表现出关怀备至的样子。

3　小结和讨论

繁殖与发育是群体延续的重要过程。对于川金丝猴繁殖与发育的研究，可以通过与其它灵长类比较来更进一步地理解，特别是亲缘关系较近的叶猴。

3.1　繁殖行为

从以上的研究结果看，金丝猴的性行为有以下几点是和其它亚洲叶猴的性行为相似的：

（1）关于雌性的邀配行为，Yeager(1990)提出许多亚洲叶猴的雌性用明显的邀配行为来发起性行为，它们的行为模式都是摇摆头部，如亚洲长鼻叶猴(Yeager，1990)、亚洲银叶猴(Sugiayama et al.，1965)、亚洲戴帽叶猴(Islam & Husain，1982)和亚洲白臀叶猴(Gochfeld，1974)、黑叶猴(周正凯，金兰梅，2009)等。研究者们认为，雌性叶猴积极主动地发出邀配行为，以期得到和雄性交配的机会，是因为它们的社会结构是一雄多雌的，在这种结构中，只有一个雄性，而有多个雌性，因此雌性之间多有竞争。金丝猴也是一雄多雌式的社会结构，雌性之间的竞争也是激烈的，因此雌性积极主动地发出邀配行为来发起绝大多数的性行为。只是雌性金丝猴邀配的行为模式与其它叶猴不同，不是摇摆头部而是匍匐。

（2）在雌性邀配时，雌性之间的干扰竞争在亚洲叶猴中也是存在的(Yeager，1990)，如亚洲的银叶猴(Bernstein，1968)、亚洲长尾叶猴(Hrdy，1977；Yoshiba，1968)和亚洲长鼻叶猴(Yeager，1990)等。我们笼养研究的结果有 17% 的雌性邀配是被其它雌性干扰的，杨晓军(1997)的结果是 22.44% 的雌性邀配行为被其它雌性干扰。但是在野外的记录中，却没有观察到在雌性邀配时，有其它雌性的干扰；而记录到 2 次幼猴对交配对的起哄行为，幼猴走近正在交配的对子，并仔细地观看。

金丝猴的繁殖行为与亚洲叶猴不同的是，亚洲叶猴大多数都没有明显的繁殖季节，只有生育的高峰期(Poirier & Kanner，1989)，而我们的研究结果表明金丝猴是有明显的繁殖季节的。金丝猴的交配行为虽然全年都有，但是集中在 9～12 月。从野外记录到的交配回合的日期来看(表 5-4)19 次中有 14 次是在 9 月到 12 月，这个记录与笼养的研究(表 5-2)是一致的。再从猴群迁移队列的成员分析，也看出生育期的季节性。因此可以肯定，金丝猴是有明显交配季节和生育季节的动物。一般的亚洲叶猴的繁殖和生育没有明显的季节性，可能是由于一般的亚洲叶猴生活在气温较高的热带，因此一年四季生育幼仔可以存活；而金丝猴生活在温带高山森林之中，冬季气温很低，不利于幼仔的存活，所以生育都在晚春的时节。

在我们的研究结果中，笼养两只雄性的性行为表现是值得注意的。它们只在雌性邀配和雄性爬背的比率上都是 50% 左右这点上相似，其余的方面差异较大，尤其是射精行为，如射精的总次数、每天射精的最高次数、两次射精间隔的时间等；另外，东笼的雄性(♯9)还表现出与雌性的性游戏行为、对邻笼雌性的邀配表现很高的兴奋性等；而西笼的雄性（♯3）则没有这些表现。我们认为，这些差异可能是由于这两个雄性年龄不同，所表现的性兴奋性不同。从它们的体态和毛色来辨别，东笼内雄性的年龄约为 8～10 岁，是刚刚成年的；而西笼内的雄性的年龄较大，在 14 岁以上。经过几年的野外研究，我们认为由于年龄而产生的性兴奋程度的差异的判断是正确的，可能还会揭示更深层的内容。比如，在第一部分中已经提到，在野外的观察中，我们发现凡是家庭中的雄性家长年龄都比较年轻，类似东笼雄性的年龄。由此可以推论，家庭单元中的雄性家长是成年雄性中最年轻的理由，是因为它们的性兴奋性和性积极性最高。

金丝猴雄性的交配模式是怎样的呢？Dewsbury 和 Pierce（1989）把哺乳动物的交配行为分成是否锁住，是否抽动，是单次插入还是多次插入，是单次射精还是多次射精等 4 个成分 8 种状态，排列成 16 种模式。他们以时间划分是单次射精还是多次射精，界限是 1 小时；在 1 小时以内发生 2 次或 2 次以上射精者为多次射精者。从这个标准来看，在笼养研究的记录中，西笼的年轻雄性（♯9）在 1 个小时内连续射精 2 次或更多次占射精总数 41%；而东笼年长的雄性（♯3）只有 11% 的射精次数是连续 2 次在 1 小时之内；而 89% 的射精是间隔 1 小时以上的。因此我们认为，雄性金丝猴基本上是属于无锁住，抽动，单次插入，单次射精的模式。青年雄性的表现，只能看成是性积极性高，而不能看成是多次射精的模式。

另外，在黑叶猴性激素的研究中，也发现与金丝猴相似的现象：性激素水平有周期性变化，发情期雌性的性激素水平与邀配频次正相关，而在孕期雌性依然有邀配行为，且与性激素水平无关（王松等，2006）。在灵长类中，激素对于性行为的调节有着一定的相似性。同时，性行为也可能与其他因素，如社会因素相关（Wallen，& Hassett，2009）。如川金丝猴雄性的睾酮水平与社会成员关系相关（任宝平等，2003），金丝猴及黑叶猴中雌性孕期依然有邀配行为（王松等，2006），这可能具有社会意义，以提高个体及后代的适合度。

3. 2　育幼与个体发展

幼体集群是叶猴科许多物种所共有的一个特性（Poirier & Kanner，1989）。Poirier 指出，叶猴科某些物种的社群，相同年龄或性别的个体喜爱在一起形成亚群，他认为这种亚群的形成会削弱整个社群的联系。我们的研究结果表明，野外年幼的个体在社群休息时,总是喜爱聚集在一起,游戏或是观察新异的东西,集群的个数可以超过 60 以上(表 2-4);而在队伍迁移时,幼体分散回到自己的单元,幼体集群就消失了。因此在金丝猴社群中,幼体集群是明显存在的,但只是暂时性的聚集,看来它并没有削弱整个社群的联系。

　　阿姨行为也是叶猴科许多物种共有的特性(Poirier ＆ Kanner,1989)。如 Parkash(1961)和 Jay(1963)报道,长尾叶猴的婴猴出生后几小时,母亲就允许其它母猴抱走;哺乳的母亲在喂完自己的婴猴后还会喂其它婴猴;Roonwal 和 Mohnot (1977)报道年长的兄姐常常暂时照顾新生的婴猴;等等。我们的结果与叶猴科其它物种的报道相似,金丝猴的母亲好像常常表现出对阿姨行为的抵制,而阿姨们要采取多种方式,如追抢婴儿、讨好母亲、耐心等待等才能得到婴儿。周正凯和金兰梅(2009)在对黑叶猴育幼行为的观察中发现,婴猴出生时,群内其它雌猴会对其产生兴趣;婴幼猴在出生一年内,会被雌猴轮流照顾。

育幼　赵纳勋摄

雄性叶猴在一定的情况下，有杀婴的行为，群内的雌性为了保护婴猴常常对雄性伤害婴猴的行为群起而攻之（Hrdy，1977；Struhsaker，1977；Butynski，1980）。在金丝猴这个物种中，在笼养条件下发现有杀婴行为（梁冰，个人交流），在野外的观察过程中，还没有发现杀婴行为，这可能是由于杀婴现象并不频繁，不易被观察到。另外，金丝猴繁殖笼内的雌性为了保护婴猴，对雄性家长群起而攻之的局面在笼内是频频发生的。值得注意的是，在这个研究结束时，豆豆已经 32 月龄，但是从未见到它对成年成员发出攻击行为，如威胁、追赶、拍打等；也没有见到过具有屈服意义的蜷缩和友谊意义的张嘴，当别的成员追赶它时，它就一溜烟地跑掉，没有表现仪式化的行为模式。幼体金丝猴在发育过程中，什么时候出现仪式化动作模式，还需进一步的研究。

4 结语

对川金丝猴繁殖行为的研究表明，雌性和雄性可能采取了不同的策略，以达到繁殖后代的目的。繁殖行为可能与激素水平相关，也可能与社会环境（等级关系等）、生态环境（植被的季节变化等）有关。

川金丝猴非成年个体的发育一般要经历学习、模仿和实践的过程，并由简单到复杂，最终接近于成年个体的行为。有遗传的因素，也可能受到后天环境、个体经历等因素的影响。不同地点的研究发现其行为的发育因为栖息环境或饲养条件的不同略有差异。值得注意的是，雌、雄个体在非成年期行为发育的差异是物种适应自然选择的结果。雌、雄个体在这个阶段获得相应的生存技能而在未来的成年期能够成功担负各自的社会功能，种群才能够得以繁衍生息。

参考文献

Anderson,C. M. (1982). Beach troop of the Gombe. *International Journal of Primatology*, 3(4),507-508.

Bernstein,I. S. (1968). The lutong of Kuala Selangor. *Behaviour*,32,1-16.

Butler,H. (1974). Evolutionary trends in primate sex cycles. *Contributions to Primatology*, 3, 2-35.

Butynski, T. (1980). Infanticide in the blue monkey,*Cercopithecus mitis stuhlmanni*, in the Kibale Forest,Uganda.*Preliminary Program of 8th International Congress of Primatologists*, Florence,Italy.

Chambers,K. C. , & Phoenix,C. H. (1984). Restoration of sexual performance in old rhesus macaques paired with a preferred female partner.*International Journal of Primatology*,5 (3),287-298.

Collins, T. (1978). Why do some baboons have red bottoms? *New Scientist*,78(1097),12-14.

Conaway,C. H. , & Sade,D. S. (1965). The seasonal spermatogenic cycle in free ranging rhesus monkeys.*Folia Primatologica*,3(1),1-12.

de Waal,F. B. (1982).*Chimpanzee Politics: Sex and Power among Apes*. London,UK: Janathan Cape.

Dewsbury,D. D. , & Pierce, J. D. (1989). Copulatory pattern of primates as views in broad mammalian perspective.*American Journal of Primatology*,17,51-72.

Fossey,D. (2000).*Gorillas in the Mist*. Houghton Mifflin Harcourt.

Gochfeld,M. (1974). Douc langur.*Nature*,247,167.

Harcourt,A. H. ,Harvey,P. H. , Larson, S. G. , & Short,R. V. (1981). Testis weight,body weight and breeding system in primates.*Nature*,293(5827),55-57.

Hrdy,S. B. (1977). *The Langurs of Abu: Female and Male Strategies of Reproduction*. Harvard University Press.

Hrdy,S. B. (1980). *The Langurs of Abu: Female and Male Strategies of Reproduction*. Harvard University Press.

Hrdy,S. B. , & Whitten,P. L. (1986). Patterning of sexual ability. In Smuts,B. B. (eds), *Primate Societies*,370-384. The University of Chicago Press.

Islam,M. A. , & Husain,K. Z. (1982). A preliminary study on the ecology of the capped langur.*Folia Primatologica*,39(1-2),145-159.

Jay,P. (1963). The Indian langur monkey (*Presbytis entellus*).*Primate Social Behavior*, 114-123.

Nicolson,N. A. (1987). Infants,mother,and other females. In Smuts,B. B. (eds),*Primate Societies*,330-342. The University of Chicago Press.

Parkash,I. (1961). Mutual assistance between mother langurs.*Jour. Bom. Nat. His. Soc.*, 58,790.

Poirier,F. E. , & Kanner, M. C. (1989). Cross-specific review of Asian colobine social organization and certain behaviors.*Perspectives in Primate Biology*,3,93-115.

Poirier,F. E. , & Smith,E. O. (1974). Socializing function of primate play.*American Zoologist*, 14(1),275-287.

Popp,J. L. (1978).*Male Baboons and Evolutionary Principles: A Thesis*. Doctoral dissertation,Harvard University.

Prakash,I. (1961). Mutual assistance between mother langurs (*Presbytis entellus Dufresne*).*J. Bombay Nat. Hist. Soc*,58,790.

Ren,R. ,Yan,K. ,Su,Y. ,Qi,H. ,Liang,B. ,Bao,W. , & de Waal,F. B. (1991). The reconciliation behavior of golden monkeys (*Rhinopithecus roxellanae roxellanae*) in small breeding groups.*Primates*,32(3),321-327.

Ren,R. ,Yan,K. ,Su,Y. ,Qi,H. ,Liang,B. ,Bao,W. , & de Waal,F. B. (1995). The reproductive behavior of golden monkeys in captivity (*Rhinopithecus roxellana*).*Primates*,36(1), 135-143.

Roonwal,M. L. , & Mohnot,S. M. (1977).*Primates of South Asia: Ecology,Sociobiology, and Behavior*. Cambridge: Harvard University Press.

Struhsaker,T. T. (1977). Infanticide and social organization in the redtail monkey (*Cercopithecus ascanius schmidti*) in the Kabal Forest,Uganda.*Zeitschrift Fur Tierpsychologie*, 45,75-84.

Struhsaker,T. T. (1987). Colobines: infanticide by adult males.*Primate societies*.

Struhsaker,T. T. & Leland,L. (1986). Colobines: infanticide by adult males. In Smuts,B. B. (eds),*Primate Societies*,83-97. The University of Chicago Press.

Sugiyama,Y. ,Yoshiba,K. , & Pathasarathy,M. D. (1965). Home range,mating season, male group and inter-troop relations in Hanuman langurs (*Presbytis entellus*).*Primates*,6 (1),73-106.

Thompson,M. E. (2013). Reproductive ecology of female chimpanzees.*American Journal of Primatology*,75(3),222-237.

Tutin,C. E. , & McGinnis,P. R. (1981). Chimpanzee reproduction in the wild.*Reproductive Biology of the Great Apes: Comparative and Biomedical Perspectives*,239-264.

Wallen,K. (2001). Sex and context: hormones and primate sexual motivation.*Hormones and Behavior*,40(2),339-357.

Wallen,K. , & M. Hassett,J. (2009). Sexual differentiation of behaviour in monkeys: Role of prenatal hormones.*Journal of Neuroendocrinology*,21(4),421-426.

Walters,J. R. (1987). Transition to adulthood. In Smuts,B. B. (eds),*Primate Societies*,

358-369. The University of Chicago Press.

Whitten,P. L. (1982). Female reproductive strategies among vervet monkeys. Ph. D. diss. ,Harvard University.

Whitten,P. L. (1987). Infants and adult males. In Smuts,B. B. (eds),*Primate Societies*, 343-357. The University of Chicago Press.

Yeager,C. P. (1990). Notes on the sexual behavior of the proboscis monkey (*Nasalis larvatus*).*American Journal of Primatology*,21(3),223-227.

Yoshiba,K. (1968). Local and intertroop variability in ecology and social behavior of common Indian langurs.*Primates: Studies in Adaptation and Variability*,217-242.

高翔,郭松涛,齐晓光,胡永乐,李保国. (2010). 秦岭川金丝猴雌性携抱偏好与婴儿吸乳偏好. 兽类学报,30(2),133-138.

高云芳,陈超,李保国,张新利,卢新明,高更更,白绪祥,贾康社. (2003). 川金丝猴尿液中睾酮水平的季节性变化. 动物学报,49(3),393-398.

高云芳,高更更,白绪祥,张新利,陈超,李保国. (2005). 雌性川金丝猴尿液中雌二醇与孕酮水平的季节性变化. 西北大学学报(自然科学版),35(5),592-596.

李保国,赵大鹏. (2005). 雌性秦岭金丝猴的多次交配行为. 科学通报,50(10),1052-1054.

李银华,李保国. (2006). 秦岭川金丝猴一周岁内个体的行为发育. 动物学报,51(6), 953-960.

梁冰. (1995). 人工哺育川金丝猴幼仔生长发育的观察.夏武平,张荣祖主编,灵长类研究与保护,306-312,中国林业出版社.

梁冰,戚汉君,张树义,任宝平. (2001). 笼养川金丝猴不同年龄阶段的发育特征. 动物学报, 47(4),381-387.

任宝平,夏述忠,李庆芬,梁冰,邱军华,张树义. (2003). 雄性川金丝猴睾酮分泌与其社群环境变化的关系. 动物学报,49(3),325-331.

苏彦捷,任仁眉,戚汉君,梁冰,鲍文永. (1992). 繁殖群中婴幼川金丝猴社会关系发展的个案研究. 心理学报,1,66-72.

王慧平. (2004). 秦岭野生川金丝猴不同季节粪便中性腺激素水平的变化及其与繁殖行为的关系. 西北大学:博士学位论文.

王松,黄乘明,张才昌. (2006). 笼养雌性黑叶猴尿中性腺激素水平变化与性行为,等级序位的关系. 兽类学报,26(2),136-143.

王晓卫,李保国,马军政,吴晓民,肖红,杨君英,刘宜平. (2008). 秦岭玉皇庙川金丝猴 2—3 岁内个体社会行为的性别差异. 动物学报,53(6),939-946.

王晓卫,杨斌,李银华,何刚,任轶,李保国. (2011). 秦岭川金丝猴非成年个体行为发育的研究. 生物学通报, 46(2), 11-12.

阎彩娥, 蒋志刚, 李春旺, 曾岩, 谭妮妮, 夏述忠. (2003a). 利用尿液中的雌二醇, 孕酮含量监测雌性川金丝猴的月经周期和妊娠. 动物学报, 49(5), 693-697.

阎彩娥, 蒋志刚, 李春旺, 曾岩, 谭妮妮, 夏述忠. (2003b). 雌性川金丝猴的邀配行为与尿液雌二醇水平的关系. 动物学报, 49(6), 736-741.

杨晓军. (1997). 川金丝猴交配活动中的性打扰. 兰州大学学报(自然科学版), 33, 223-227.

吕九全, 赵大鹏, 李保国. (2007). 野生川金丝猴一个全雄青年猴群的同性爬背行为. 兽类学报, 27(1), 14-17.

周正凯, 金兰梅. (2009). 动物园笼养黑叶猴繁殖行为研究. 金陵科技学院学报, 2, 97-100.

第 6 章　发声通讯

经由听觉道进行的沟通交流包括声音信号的产出和对声音信号的知觉与使用。灵长类动物的发声系统远没有人类发达,它们的发声通讯与人类语言在产出方面可能存在质的不同,但同样具有一定的功能。考虑到对信号知觉的神经机制、信号接收者的解释(复杂的语用参照)以及在日常生活中的作用等方面,灵长类动物的发生通讯与人类语言表现出很多相似的特点(Seyfarth & Cheney,2014)。因此,灵长类动物发声通讯的研究不仅可以让我们了解他们的社会生活,而且有助于我们理解人类语言的独特性及其演化机制。

1　灵长类动物的发声通讯行为

发声通讯对于社会性动物来说非常重要。研究表明,越复杂的社会,发声行为也越复杂多样。当灵长类动物逐渐由夜行、独居演化为昼行、群居,发声通讯系统也得以演化,使动物个体之间得以更好地克服种群数量与密度压力传递信息,获取生存资源(Freeberg et al.,2012;Dunbar,2012)。灵长类以及其它一些生活在社会群体中的动物,如鹦鹉、蜂鸟、蝙蝠、鲸、海豚、马、大象等,它们的发声在彼此相互靠近时,声音参数趋向一致,也佐证了发声行为对群体的认同和在社会生活中的重要性(Tyack,2008)。对非人灵长类动物叫声的研究起于 20 世纪 60 年代,兴盛于 70~80 年代,90 年代以来,研究更加深入和广泛,并成为灵长类动物研究中最重要的领域之一。

1.1 声音分析与回放

研究发声通讯行为，首先需要对所研究物种的所有可能的叫声及其特点有全面的了解，如研究某种特定叫声显著的声学特性、社会意义及其在交流中的作用。这种发声信息的总和称为发声节目单（repertoire）。由于受动物的栖息环境及研究技术所限，这项基础的工作在早期一般通过研究者野外肉眼观察、人耳分辨得到，因此描述时不可避免地会带有主观性，再加上叫声本来就可能有变异，所以不同的研究者对同一个物种发声节目单的描述也会有所不同。

计算机技术的发展为发声节目单的研究提供了便利的方法学基础。很多研究者采用一些专门的声音分析程序对声音进行编辑、分析，利用各种特定的声学参数，比较不同发声的异同及其特点，积累了越来越多的相关数据。

首先，通过计算机对声音分析的方法可以使发声节目单得到完善。Gouzoules和 Gouzoules（2000）收集了 4 种猕猴的各 100 个尖叫声，通过声谱分析程序挑选出 7 个有代表性的、在之前的研究中被普遍使用的声学参数，以便于和前人的研究结果进行比较，这些参数分别是叫声持续时间（duration）、初始频率（onset frequency）、峰值频率（peak frequency）、终止频率（termination frequency）、初始频率与峰值频率之差（onset-peak）、初始频率与终止频率之差（onset-end）和峰值频率与终止频率之差（peak-end）；然后，采用判别分析（discriminant analysis）检验这 400 个声音能否以这 7 个参数为线索分配到各自的物种中去，结果发现绝大部分声音都可以被正确地归类，分组的正确率达到 93.5%。这种用声谱分析程序分析声音的声学指标，从中挑选出有代表性的若干声学参数，然后根据这些指标再采用判别分析检验这些声音样本是否能被正确分类的方法在随后的研究中成为一种常用的方法（Fischer et al.，2001；Semple，2001；Weiss，Garibaldi & Hauser，2001）。Gamba 和 Giacoma（2007）利用类似的方法，对 37 只加冕狐猴（crowned lemur）的叫声作声学分析，完善了 Macedonia 和 Sranger 在 1994 年提出的定性描述的发声节目单。

声音分析的方法具有定量、精确的特点，也可以用来研究声音分类之外的很多其他问题。Pistorio 等人（2006）针对发声通讯较多的狨猴（the common marmoset，

Callithrix jacchus)展开研究,分析在不同的年龄阶段,在社会交往情境下狨猴群体内交流声的声学结构的发展变化。利用声学分析程序,研究者比较了狨猴在发展过程中的叫声的声谱特性(spectral features)与时间特性(temporal features),并分别在不同性别之间、双胞胎之间、幼体与成体之间进行比较,发现幼猴和青年猴的声音参数逐渐向成年猴的相应参数靠近,幼猴特有的声音类型逐渐消失,同时,与同种其它个体的声音的交流开始出现。狨猴发声的这一发展变化,为今后研究与狨猴发声相关的问题提供了良好的背景材料。当然,尽管声学分析有很强的优势,但是在研究中,定性的行为记录也是很重要的。结合行为表现,可以更清楚地说明发生通讯与个体社会生活的关系。

　　研究者不但可以对收集来的声音进行编辑、分析、鉴别,同时还可以把录制好的声音材料重新回放给动物听,观察记录动物对这些声音的不同反应,从而进一步验证各种不同的声音和不同的行为反应之间的联系,来确定声音的含义。这种方法就是目前在灵长类发声通讯领域中非常常见的方法——回放(playback)。而且,研究者不仅将研究对象物种的声音回放给本物种或其他物种的个体听,还会将非本物种个体的叫声甚至人类所发出的声音回放给所研究的动物听。前一种方式的研究更关注于所研究物种叫声的社会含义,而后一种方式则可以探究更多、更广泛的问题。关于将研究动物的叫声回放给本物种,Ruiz-Miranda 等(2002)的研究表明,这样的方法可能也有一定的局限,在实际操作中最好有所检验并确认。他们比较狮狨猴(golden lion tamarins,*Leontopithecus rosalia*)回放产生的长叫声(induced long calls)和狮狨猴自发产生的长叫声(spontaneous long calls),发现两种声音有显著差别。因此用回放的方法研究叫声的社会含义时,应注意检验回放产生的反应与自然状态下的反应是否有所差异。

　　回放研究中,不仅会把某物种的发声回放给本物种的个体,有时也会回放给其它物种。如在一个交叉实验中,把同在马达加斯加生活的、很少遇见但有生态位重叠的红面狐猴(redfronted lemur,*Eulemur fulvus rufus*)和原狐猴(sifaka,*Propithecus verreauxi verreauxi*)的警报叫声被相互播放给另一个物种的个体,并用狒狒(chacma baboons, *Papio cynocephalus*)的叫声作为对照。结果发现两种猴子听到另一物种个体的警报叫声都会做出逃跑的准备,而对狒狒的警报叫声则没有反应。说明共同的捕食威胁导致了两种猴子对警报叫声的相互理解(Fichtel,2004)。Zuberbühler(2000)的研究还证实生活在西非热带雨林中的黛安娜猴(*Ceropithecus diana*)对生活于同一区域里坎贝尔猴(*Ceropithecus campbell*)及黑猩猩(*Pan trolgodytes*)对猎豹的警报叫声都表现出了相应的反应。这种行为反应和它们自己看到猎豹时的反应是一样的。

上述的这种不同物种声音的回放有时还会在研究反捕食行为时使用。如研究者将捕食者的叫声分别回放给红疣猴(red colobus)和红尾猴(red-tailed monkey)，观察它们是否有警觉性的提高及群体聚集程度的增加，以探讨捕食行为是否是群体进化共有的选择压力(Treves，1999)。

根据声音分析与回放并结合行为记录，研究者已经考察了许多灵长类动物的发生通讯行为。我们选取目前数据比较系统和丰富的警报叫声和联系叫声，做一些简单介绍，为理解川金丝猴发声通讯是特点提供一个背景和参考框架。

1.2 警报叫声

警报叫声是非人灵长类动物社会交往中的一种重要的通讯行为。根据叫声包含的信息，警报叫声可以归纳为功能性参照系统(functional reference system)和紧迫性参照系统(urgency reference system)。它使得灵长类动物能够更好地躲避危险，增加存活概率。各物种天敌的捕食方式、个体差异和学习等因素在不同层次上影响着警报叫声的产生、理解和使用以及发展过程。

功能性参照的警报叫声中通常包含着物种天敌类型的信息，因此当某一物种存在一种以上的天敌时，该物种就可能有多种警报叫声。这些警报叫声不但具有不同的声学结构，还能引起其它动物个体特定的逃离行为(Seyfarth，Cheney，& Marler，1980；Zuberbühler，Noë，& Seyfarth，1997)。就非人灵长类动物来说，Seyfarth 等(1980)最早研究了黑脸长尾猴的警报叫声。针对它们的 3 种天敌——豹、蛇和鹰，生活在东非的黑脸长尾猴可以发出 3 种在声学结构上有显著差异的警报叫声，其它个体可据此作出适当的逃避反应。具体来讲，黑脸长尾猴听到对豹的警报声后，会立刻爬到树上躲藏；听到对蛇的警报声后，会直起身子，不断查看周围地面；而听到对鹰的警报声后，地面的猴会立刻钻进灌木丛，树上的则立刻爬下来，躲在树底下。随后研究者相继发现另外一些灵长类动物也存在功能性参照的警报

叫声系统。比如,节尾狐猴在猛禽和猛兽出现时会发出不同的警报声 (Pereira &
Macedonia,1991)。年长的猴会对环境中出现的狗、蛇和秃鹰发出不同的警报叫
声 (Fischer et al.,2001,2002)。棉头绢猴有两种不同的警报尖叫:由看到的危险
信号引起的 A 型尖叫声,通常会使动物个体立刻聚集在一起;由听到的危险信号引
起的 E 型尖叫声,通常会使动物个体立刻停止正在进行的活动,四处观察 (Bauers
& Snowdon,1990;Castro & Snowdon,2000)。

　　有些灵长类动物的警报叫声属于紧迫性参照系统。例如,Fichtel 和 Kappeler
(2002) 发现在马达加斯加东部生活的领狐猴 (*Varecia variegata*) 警报叫声的声
学结构与发声个体的情绪状态紧密相关。而非洲豚尾狒狒 (*Papio ursinus*) 在发现
猎豹、狮子、土狼和野狗等地面的天敌时,发出的警报叫声是相同的。在水边探测
到鳄鱼时,所发出的警报叫声与前者在声学结构上只有稍许不同 (Fischer,Metz,
Cheney,& Seyfarth,2001)。虽然某些声学参数的差异是显著的 (比如,第一共振
峰的峰值),但是由于它们平常发出的叫声中还存在这两种声音的过渡形式,总的
说来这两类叫声的差异是非常小的。在自然状态下,豚尾狒狒不但依据叫声的不
同特点,更重要的是根据当时的具体情境和环境中的线索作出反应。但是这种说
法还待进一步证明。

　　也有一些灵长类动物的警报叫声既具有功能参照性,同时又能够表示危险的
程度 (Manser,Seyfarth,& Cheney,2002)。如红额狐猴 (*Eulemur fulvus rufus*) 和
白狐猴 (*Propithecus verreauxi*) 会对空中和陆地的天敌发出不同的警报叫声
(Fichtel & Kappeler,2002)。对来自空中天敌的警报叫声是特异性的,具有功能
性参照,也就是其它个体可以从这些叫声包含的信息来判断到底空中出现了哪种
天敌。而它们对陆地上天敌的警报叫声却不是这样,这些叫声并不包含天敌类型
的信息,而是反映了一种紧迫程度和动物个体的唤醒水平。因为甚至在没有天敌
出现的其它情境中 (如与同伴打斗),伴随着高度唤醒的情绪状态,它们也会发出同
样的叫声。显然,这两种狐猴的警报叫声不能简单地归入上述两种系统中。研究
者认为之所以会出现这种情况,是因为两种狐猴在进化阶梯上处于夜行动物向昼
行动物转化的阶段;一方面夜行动物的警报声是不需要包含天敌类型的信息,另一
方面狐猴在白天活动时受到猛禽的威胁更大,进化的不平衡性使得两种狐猴具有
了这种混合型的警报叫声系统。

放哨　赵纳勋摄

从群体水平上看,天敌的捕食方式是影响灵长类物种警报叫声的主要原因 (Zuberbühler,Jenny,& Bshary,1999)。由于不同的天敌在捕猎时可能会采取不同的行动,被捕食者只有相应地采用不同的躲避策略,才能保全自己。而警报叫声作为一种指示躲避行为的信号,必然也应该随之变化。同时存在空中和地面的天敌是灵长类动物建立功能参照性警报叫声系统的关键因素,因为它们需要截然不同的逃离方式(Cheney & Seyfarth,1990;Fischer et al. ,2001)。所以那些遭遇不同类型天敌的物种往往具有多种警报叫声,如黑脸长尾猴、黛安娜猴等;而豚尾狒狒在躲避它们的两类天敌——猛兽和鳄鱼时,所采用的逃避方式却无质的不同 (Fischer et al. ,2001)。

从个体水平上讲,性别差异和年龄差异不但可以影响灵长类个体发出警报叫声的特征,还可能影响到个体对警报叫声的使用和理解。比如,成年雄性黛安娜猴发出的警报叫声为响亮而平稳的怒号声,而成年雌性、亚成年个体和幼猴发出的叫声更加尖利、杂乱。在发现天敌时,第一声警报通常由成年雄性发出。由于许多刺激都可能引发未成年猴的警报叫声,因此它们的警报声引起其它个体的反应强度较小(Zuberbühler et al.,1997)。在对川金丝猴警报叫声的研究中也发现,成年雄性发出的警报声最易引起其它个体的逃跑行为,其次是成年雌性的警报声,而幼猴警报几乎不引起逃跑行为(陈玢,2002)。在理解警报叫声时,未成年动物个体更容易作出错误的反应(Seyfarth & Cheney,1986)。而在天敌出现时,群体中高等级个体通常比低等级个体更早发出警报叫声(Hauser,1996)。

学习是影响灵长类动物警报叫声的重要因素,它可以在群体和个体水平上都起作用。对某个灵长类群体来讲,学习最突出的作用体现在对其它同域的动物的警报叫声的识别。比如印度戴帽猴,能利用其它 3 种动物的警报叫声来逃避天敌。但这种能力并不是所有戴帽猴群体都具有的,在那 3 种动物不经常出现的地区,它们的警报声并不会引起那里的戴帽猴明显的反应。显然,在不断的经验积累中,戴帽猴逐渐学会将同域动物的警报叫声与本物种的警报叫声等同起来(Ramakrishnan & Coss,2000)。

人们对于非人灵长类动物的警报叫声虽然有了一定的了解,但从整体上看,多数研究还停留在发现规律的阶段,很少进行理论上的探讨。因此,如果想对非人灵长类动物的警报叫声有清晰而全面的了解,还需要对更多的物种进行深入而广泛的研究,这也是构建关于警报叫声的理论模型的重要基础。

1.3 联系叫声及其变式

许多灵长类动物个体之间会进行一种类似于人类谈话的声音交流。在这个过程中,叫声发出方先发出"引发声",传递一定的信号;接收到信号之后,反应方发出类似的叫声作为回应。尽管"回应声"同"引发声"属于同一种叫声,但是反应方的回应声中包含着另外的信号,以引发进一步的声音交流(Sugiura,2001)。联系叫声(contact call)是具有上述特点的最为典型的一种声音类型。Oda(2001)对联系叫声给出了一个简单的描述,他认为大多数灵长类动物的联系叫声具有以下特点:以和声为主要结构,频率相对较低,由群内两个以上的个体快速相继的发出,并且叫声的出现不是随机的。联系叫声最基本的功能是确定种群其它个体的位置,从而维持群内的联系(Green,1975)。de la Torre 和 Snowdon(2002)区分了短距离(short-range)和长距离(long-range)联系叫声。前者用于种群成员之间的交往协调,而后者多为"长而响"的叫声,用于长距离的信息交流。这两种联系叫声都表现为轮唱式叫声(antiphonal call)(Ghazanfar et al.,2002)。

日本猕猴在很多不同的情境下都会发出一种咕咕声[coo],这种叫声被认为是该物种的联系叫声(Sugiura,2001)。Green(1975)采用了两个定量指标(叫声的长度和最大频率所在的位置)和一个定性指标(是否出现一个最低频率的低谷),将咕咕声分成不同的7种。这7种不同的咕咕声分别对应着不同的情境,在特定的情境下通常只发出特定的叫声(Green,1975)。在后期的回放实验研究中,发现日本猕猴个体是可以区分开这些变式的(Zoloth et al.,1979;Petersen,1982)。绿长尾猴(Cercopithecus aethiops)在正常的社会互动过程中经常会发出咕噜声(grunt)。这种叫声比较刺耳,有点像人张嘴清嗓子的声音,绿长尾猴至少在4种不同的情境下发出这种声音:当个体看到高等级个体时;看到低等级个体时;看到穿过开阔地的个体时;发现其它种群的个体时。即使让经验丰富的人来听,也很难区分开这些出现在不同情境下的叫声。单从声音的频谱图上看,它们之间的区别也是微乎其微的。Cheney和Seyfarth(1982,1984)从大量的叫声数据中提取声学参数,发现4种情境下的咕噜声大都可以正确归类,从声学分析的角度证实咕噜声确实存在至少4种变式。在回放实验中,被试听到不同情境下的咕噜声做出的反应也是不同的(Cheney & Seyfarth,1986)。

Gouzoules等人在研究恒河猴的争斗尖叫(agonistic scream)的时候发现少年猴的尖叫声有不同的类型,并有不同的社会含义。从频谱分析来看少年恒河猴的叫声有5种类型:吵闹型、弓状型、音调型、脉冲型和波动型。当它们和高等级个体有身体接触性冲突的争斗时,如被咬伤或被打时,就发出吵闹型尖叫声;和低等级的个体发生没有身体冲突的争斗时,发出弓状型尖叫声;音调型和脉冲型尖叫是和自己的亲属发生争执时发出的;和高等级个体发生冲突,但是没有身体接触的时候会发出波动型尖叫声。可见少年猴在不同程度的情境下,可以有效地用不同类型的尖叫声来表达自己所面临的危险。在回放实验中发现,母猴对第一种尖叫声反应最强烈,因为是和高等级个体发生有身体冲突的争斗;对第二种类型的尖叫的反应次之,对另外三种叫声的反应最弱(Gouzoules et al.,1984)。母亲的不同程度的反应,说明它充分理解了这些叫声同特定情境的对应关系。Gouzoules等人(1989)采用同样的方法对豚尾猴(Macaca nemestrina)的争斗尖叫进行了研究,得到了十分类似的结果:4种情境下(高等级对手有身体接触、高等级对手无身体接触、低等级对手有身体接触、低等级对手无身体接触)成年个体的争斗尖叫可以得到正确的分类。

Pola 和 Snowdon(1975)描述了倭狨(*Cebuella pygmaea*)的一种颤音(trill)的几种变化。一种是在受到攻击的时候发出的,其他的则是在报警或休息的时候出现,同时动物个体也是可以区分开这些颤音变式的(Snowdon & Pola,1978)。Snowdon 等人依据多年观察和实验得到的数据发现,棉头绢猴(*Saguinus oedipus*)可以产生 8 种不同的喳喳声(chirp),同样,不同的喳喳声只对应于特定的情境,如有的是对威胁行为做出的反应,有的则是对食物的反应(Castro & Snowdon,2000)。

灵长类动物的很多种叫声(如联系叫声、尖叫声、咕噜声等)都存在着各种不同的变式,其中有些变式之间的差异是很轻微的,通常只有通过声谱分析才能得以发现。灵长类动物叫声的变化与社会情境和周围环境是紧密相连的(Castro & Snowdon,2000),因此,系统考察和比较生态和社会结构各异的灵长类动物发声通讯的异同,会有助于对发声通讯和社会生活的综合理解。

2 川金丝猴的发声通讯行为节目概要

金丝猴常年生活在枝叶茂密的森林中,而且群体庞大,活动范围广,视线和表情等联络方式受到很大限制,声音信号自然成为其主要通讯手段。20 世纪 80 年代后期,国内外的一些学者开始对金丝猴的叫声进行研究。解文治等(1989)观察记录了野外(秦岭地区)以及人工饲养的川金丝猴群的发声通讯行为,并对收集到的声音进行了声谱分析,同时做了部分的回放实验。把川金丝猴叫声的物理特征,鸣叫时的表情、动作和姿态,接收信号者的反应状况等进行综合分析,提出金丝猴具有六类不同的叫声:安静状态下的叫声、惊异声、警戒声、警告声、雌猴求偶声以及仔猴和幼猴的叫声。其中对警戒声的描述为"声音信号短促响亮",又分为两种:一是报警信号,可以将这种叫声表达为[wuka waka],猴群在发现敌情的时候会发出这种声音。等级高的个体发出这种声音对猴群产生的影响要大于等级低的个体,整个猴群处于一种随时准备逃窜的紧张状态。另外一种是惊恐戒备声,表达为

[wang wang]，近似于狗叫声，是对同类的其它群体的戒备叫声。对于警告声，研究者描述为"优位猴对劣位猴越位行为的警告声"，并做出了初级、次级、三级警告的区分。初级警告声：发声为[gugu gu gu]声，短促连续而轻缓，同时瞪眼；次级警告声：当初级警告声无效的时候，优位猴会发出相对急促而响亮的[gu gu]声，同时还伴有伸颈、瞪眼、前肢微曲和身体前倾等姿势和表情，以加强警告作用；三级警告声：叫声更加急促，并且扑向对方，采用撕抓咬等方式惩罚越位猴（解文治等，1989）。

Tenaza 等（1988）对分别饲养在不同地点的 4 对成年川金丝猴的 4 种主要的叫声作了记录和声谱分析：巧克声（chuck）、尖叫声（shrill）、恸哭声（bawl）、悲鸣声（whine）。Clarke（1990）观察记录一对笼养川金丝猴的发声通讯行为，积累的数据有 42 小时。主要结果发现这对川金丝猴常常出现应答系列的叫声，即一个个体发出声音，另一个体即刻回答。这种叫声通常由雌性发起，并由 2～3 个叫声组成，很少有时间上的重叠。应答系列叫声常常是在两个个体相距比较远的时候出现。Clarke 认为这种叫声在自然状态下很可能是一种联系叫声。

任仁眉等（2000）在湖北神农架的野外考察中，通过人耳的分辨，记录下声音并用音标标出，共记录了川金丝猴 591 次发声行为，并将它们划分为 4 大类 18 种不同的声音：招呼声、回应声、家庭合唱声、惊异声、轻度报警声、报警声、惊恐报警声、方向报警声、安抚声、讨论声、爱慰声、和解声、恸哭声、威胁声、发怒声、求饶声、撒娇声和发脾气声。研究结果详细描述了各类声音在野外条件下的发声情境和在社会交往中的作用。

金丝猴的声音节目之所以众多，有两个重要原因：① 它们生活在地形多变的山林之中，视线范围很狭窄，极大地阻碍了个体之间利用视觉交流信息的可能性；② 群体数量太庞大，更增加了交流信息和统一步调的困难。因此，利用声音听觉系统来交流信息和统一整体的步调是最佳途径（任仁眉等，2000）。

随着研究手段的进步，我们对金丝猴的叫声进行了进一步的系统分析。陈玢（2002）对收集来的大量野生川金丝猴的叫声资料总结整理，绘制出湖北神农架野生川金丝猴发出的六类声音的谱图，对报警声、招呼声、撒娇声、可怜声、安慰声、警告声的特点进行总结并对发声时的社会情境进行了说明和描述。随后，结合行为录像，从中提取了金丝猴叫声节目单中的招呼声和报警声作为主要的分析对象。研究程序如下：首先，对由不同个体发出这两种声音进行声谱分析，提取有代表性的声谱参数,进行鉴别分析统计;然后,将这些叫声回放给上海野生动物园的金丝猴,观察记录它们在听到不同叫声后的反应,以验证以往依靠经验观察对金丝猴叫声意义的推测。从声学统计的结果中发现:招呼声和报警声可以依据叫声种类进行正确分类;其中报警声可以依据声音的发出者是成年雌性还是幼猴进行正确分类。之后,将叫声回放给上海野生动物园半散养的川金丝猴,观察记录它们在听到叫声后的反应,回放实验结果显示:被试在听到招呼声和听到报警声后出现的反应有显著差别,证实了两类声音包含了不同的含义。

成年雄性金丝猴的报警声与幼猴的报警声在声学指标上有显著差异,提示川金丝猴的叫声不仅可以传递丰富的社会含义,同时也包含了代表发声者个体身份的信息。据此,我们开展了一系列的实验,为这一发现提供了支持证据(衣琳琳,2003;赵迎春,2005;王慧梅,2005;王博,2006)。

3　川金丝猴联系叫声中的个体身份信息

许多有关灵长类发声通讯的研究发现,灵长类动物可以通过声音辨认发声者的各种身份信息和状态。具体来讲,它们可以通过叫声实现母子识别(如 Cheney& Seyfarth,1990)、辨认亲属(如,Cheney& Seyfarth,1999;Biben & Bernhards,1994)、识别配偶和同伴(如,Semple,2001;Palombit et al.,1996)、辨别发声个体的年龄(如 McCowan,2001)和社会等级(如,Hauser,1996;Cheney & Seyfarth,1997)。作为灵长类的一种常见叫声,联系叫声也可以提供个体身份信息的线索。比如,Rendall 等(1996)发现,恒河猴个体可以区分亲属和非亲属个体的联系叫声。Weiss 等(2001)发现,棉头绢猴能通过联系叫声辨别发声个体性别。在 Kojima 等(2003)的研究中,黑猩猩能将叫声和发声个体照片匹配起来,而日本猴可以区分不同个体发出的联系叫声(Ceugniet & Izumi,2004a)。

川金丝猴经常发出一种[jei](或[je])的声音,Clarke(1990)认为这种"简单而单调的对唱序列在野外很有可能发挥着确定离群个体位置的功能",很可能是一种联系叫声。Tenaza 等(1988)提取出的恸哭声(bawl)很可能就是 Clarke 所提到的联系叫声(陈玢,2002)。解文治等将这类[jei]叫声定义为"安静状态下的叫声"。任仁眉等（2000）整理了在湖北神农架收集的川金丝猴的叫声，将［jei］叫声分成独立的两种：招呼声和回应声。我们研究小组将以往有关川金丝猴发声的研究数据和结论进行了比较，并用相对精确的声学指标代替了含糊的语言描述。川金丝猴的这种［jei］的叫声频率比较低，发声行为属于应答式，是群内多个个体（成年雄性）接连发出的；同时依据多年的野外观察数据，这种叫声具有联系群内个体，维持种群聚集的作用（解文治等，1988；任仁眉等，2000）。另外，谢家骅等（2002）认为黔金丝猴（*Rhinopithecus brelichi*）有联系叫声，并且黔金丝猴的联系叫声是由猴群中不同的个体连续发出，以"保持猴群个体间的联系，同时传递着'平安无事'的信息"。因此我们认为川金丝猴的这种［jei］的叫声具有灵长类动物联系叫声的特点和功能，是该物种的一种长距离联系叫声。

发声通讯中，信息传递的载体就是叫声中的变化和不同，差异越多可以承载的信息量就越大。从进化的角度来看，叫声形态上的差异呈现出逐渐增大的趋势（Weiss et al.，2001）。自然条件下，川金丝猴成群的居住在繁茂的森林当中，树木枝叶在很大程度上阻碍了视觉信息的传递，在这种情况下，声音交流就成为非常重要的信息传递方式。联系叫声持续时间长，叫声响亮，频率比较低，能够传播很远的距离。猴群以及离群个体轮唱式的联系叫声彼此呼应，可以确定对方的位置，帮助群体不致离散。庞大的种群数量和多层次的社群结构使得个体之间的关系错综复杂，若能通过叫声辨别个体，将有助于川金丝猴更准确的获得信息，更好的协调群内个体关系，从而更完善的适应这种群居的社会生活。在本研究中，我们将从声谱分析和回放实验两方面着手，完整地考查川金丝猴联系叫声中包含的个体身份信息。

3.1　声谱分析

通过对川金丝猴联系叫声的物理特性的分析，证实不同个体发出的叫声是不同的，是含有个体身份信息的。

3.1.1　方法

（1）发声个体及录音环境。

2002 年 12 月 20 日至 2003 年 1 月 12 日，在上海野生动物园录制了 4 只无亲缘关系的成年雄性川金丝猴(♯7,♯4,♯5 和短尾巴)的联系叫声。其中,♯7 和♯4 为单笼饲养的个体;♯5 和短尾巴属于半放养群,♯5 为家庭单元的家长,短尾巴为全雄群中一员。半放养猴群白天可在半岛形的运动场上活动,夜间回到室内的笼中休息。

录音时间从上午 8∶30 到 11∶00,下午从 2∶00 到 4∶30。选取个体在平静状态下发出的联系叫声,喂食后 10 分钟内不录音。

(2) 仪器及软件。

录音使用了雷登 959 微型立体收录音机(内置麦克风)和 60 分钟的 SONY 磁带。声音采集选用(赛扬 1G,AC'97 集成声卡)PC 兼容机,声音处理软件为 Cool Edit 2000,声谱分析软件为 Praat 4.0.11,统计分析使用了 Spss10.0。

(3) 程序。

先将录制的声音导入计算机内,采用 Cool Edit 2000 提取叫声(立体声采样,采样率为 22050 赫兹/秒),并降低背景噪音(降噪设置: FFT = 4096;噪音降低 40 分贝),然后用 Praat 4.0.11 提取各个叫声的 10 个声学参数(表6-1),并用单因素方差分析检验不同发声个体的叫声在各个声学参数上的差异。最后,以 10 个声学参数为自变量,发声个体为因变量进行了判别分析。

表 6-1　声音分析提取的声学参数

	声学参数	解　　释
基频参数(赫兹)	起始基频	叫声开始的时候的基频频率
	平均基频	基频的平均频率
	最大基频	基频的最大频率
	最小基频	基频的最小频率
共振峰参数(赫兹)	第一共振峰(F1)平均频率	
	第二共振峰(F2)平均频率	
	第一共振峰(F1)带宽	
	第二共振峰(F2)带宽	
	F2-F1 的最大频率差	第二共振峰的最大频率与第一共振峰的最小频率的差值
时间参数(秒)	叫声长度(duration)	

3.1.2 结果

经过降噪之后,提取声音清晰且没有干扰的雄性个体联系叫声共 270 个,其中包括♯4 的叫声 81 个,♯7 的叫声 50 个,♯5 的叫声 70 个,短尾巴的叫声 69 个。这些叫声的普遍特点是:持续时间较长(平均 0.79 秒,最长可以达到 1.5 秒);频率较低,基频在 300～400 赫兹之间;第一与第二共振峰差值较大,最大频率差接近 3000 赫兹;声音平缓,和音占主要成分,在叫声的前半部有 3～5 处极短的间断(图 6-1)。

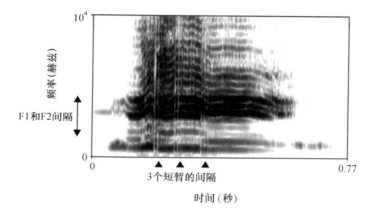

图 6-1　川金丝猴长距离联系叫声频谱图

方差分析的结果显示,不同个体的叫声在 9 个声学参数上都存在着显著差异:起始基频($F(3,266)=25.0$,$p<0.01$)、平均基频($F(3,266)=25.0$,$p<0.01$)、最小基频($F(3,266)=83.6$,$p<0.01$)、最大基频($F(3,266)=5.2$,$p<0.01$),F1 平均频率($F(3,266)=22.4$,$p<0.01$)、F2 平均频率($F(3,266)=5.4$,$p<0.01$)、F1 带宽($F(3,266)=3.7$,$p<0.01$)、F1 与 F2 最大频率差($F(3,266)=3.2$,$p<0.01$)和叫声长度($F(3,266)=12.0$,$p<0.01$)。另外,F2 带宽达到了边缘显著。事后检验发现,两两个体之间的差异在不同声学参数上的体现也有所差别,如表 6-2 所示。从参数角度看,10 个被选取的参数中,最大基频和平均基频最能表现个体叫声差异,其次是起始基频和 F1 平均频率。从发声个体角度来看,短尾巴与♯7 个体的叫声差异最大,其次是♯4 与♯7,♯4 与♯5,♯5 与♯7。

表 6-2　在不同声学参数上的两两个体叫声差异分布

声学参数	♯4:♯5	♯4:短尾巴	♯4:♯7	♯5:短尾巴	♯5:♯7	短尾巴:♯7
起始基频	**		**		**	**
平均基频	**		**	**	**	**
最大基频	**	**	**	**		**
最小基频			**		**	
F1 平均频率	**	**	*		**	
F2 平均频率		*		**		*
F1 带宽						**
F2 带宽						
F2-F1 的最大频率差						*
叫声长度	**			**	**	

注：* $p<0.05$，** $p<0.01$

判别分析共提取了 3 个典型判别方程，Wilks 的 λ 值分别为 $0.17(p<0.01)$，$0.43(p<0.01)$ 和 $0.78(p<0.01)$。270 个叫声中有 78.1% 能够被正确归类到原发声个体。其中，84.0% 的 ♯4 叫声正确归类，75.7% 的 ♯5 叫声正确归类，69.6% 的短尾巴叫声正确归类，84.0% 的 ♯7 叫声正确归类(表 6-3)。散点图(图 6-2)显示 ♯7 与短尾巴、♯4 与 ♯5 的叫声差别较大。

表 6-3　个体叫声正确归类百分比

个体	预期的分类				总和
	♯4	♯5	短尾巴	♯7	
♯4	84.0	0.0	13.6	2.5	100
♯5	7.1	75.7	8.6	8.6	100
短尾巴	21.7	4.3	69.6	4.3	100
♯7	4.0	12.0	0.0	84.0	100

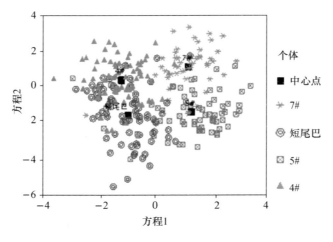

图 6-2 个体叫声分布图

3.1.3 讨论

声谱分析发现,不同川金丝猴个体的联系叫声在声学特性上确实存在着明显的差异。基于这些差异对叫声按个体分类,平均正确率可以达到 78.1%。Fischer等(2002)在对雄性狒狒呼喊声的研究中也采用了判别分析的方法,结果显示71.2% 的叫声可以依据发声个体正确分类。Semple(2001)研究雌性黄狒狒叫声时发现:在整个生育周期内,雌性黄狒狒的交配叫声依据个体分类的正确率为65.7%;但是,在发情期内,它们的交配叫声依据个体分类的平均正确率就可以达到 89.6%。Weiss 等(2001)的类似研究得到的平均正确率为 78%。与以往同类研究相比,我们得到的正确分类百分比是可以接受的。声谱分析的结果揭示了在它们的联系叫声中包含着身份信息,其为个体辨别提供了基础。

在声谱分析中,我们针对每一个叫声提取了 10 个声学参数值。方差分析结果显示,基本上所有的参数在判别分析中都发挥了显著作用,只有第二共振峰的带宽一个参数边缘显著。这些参数的选择参照了以往研究(Weiss et al.,2001;Semple,2001;Fischer et al.,2002),这些研究发现,对灵长类动物辨别发声个体作用显著的声学参数往往比较集中。我们的结果也表明,在川金丝猴联系叫声中,部分参数的确集中体现了发声者的个体信息。由此可看出这些参数具有跨物种的一致性。

　　判别分析和方差分析的结果在一定程度上互相验证。如图 6-2 所示，＃4 和＃5，以及短尾巴和＃7，这两对个体叫声分布中心点之间的距离相对其他组合要大，表明它们彼此之间的叫声差异可能相对的也要更大一些。对两两个体叫声差异进行比较发现，短尾巴和＃7 在 6 个声学参数上存在显著差异，是涉及的参数最多的叫声组合（表 6-2）。两种不同的统计方法，从不同的角度证实：短尾巴和＃7 这两个个体可能要比其它个体组合有着更加明显的差异。

　　关于灵长类发声通讯的研究通常会从两个角度考虑：叫声发出者和接收者（Seyfarth & Cheney，1986；Weiss et al.，2001）。上述的声谱分析已经证实，不同成年雄性川金丝猴个体发出的联系叫声确实是不同的，接下来我们将进行回放实验以检验听到这些叫声的个体是否能够区分不同个体叫声，如果它们可以辨别，就从叫声接收者的角度证实了川金丝猴联系叫声中存在个体身份信息。

3.2　回放实验

　　我们将前面提到的雄性川金丝猴的联系叫声，以叫声序列的形式，分别回放给川金丝猴和恒河猴个体，考察它们是否能够对不同个体叫声有不同反应，以进一步证实这些叫声中是否含有个体身份信息。

3.2.1　实验 1：同种回放

（1）方法。

被试：2003 年 4 月 5 日至 4 月 15 日，以北京野生动物园的 5 只川金丝猴（1 只成年雄性，3 只成年雌性与 1 只亚成年雌性）和北京大兴濒危动物中心的 2 只成年雄性川金丝猴为被试进行了回放实验。北京野生动物园内的被试个体分属于两个家庭群，而濒危动物中心的两只雄性都是单笼饲养。

仪器设备：放音设备采用录有叫声的 MD（SONY MZ-N1）、漫步者立体声有源音箱一个（内带功放）；被试的反应用摄像机（Panasonic NV-DS30EN）和松下 60 / 90 分钟 DVC 录像带记录。

声音刺激：回放实验使用鉴别分析中被正确归类的联系叫声作为声音刺激。4 个个体发出的叫声，两两组合可形成 12 个叫声序列。每一个叫声序列中都包括习惯刺激和探测刺激（图 6-3）。其中习惯刺激为同一个体的 8 个不同的联系叫声，探测刺激为另一个个体的叫声。每一个叫声音量保持一致。针对不同被试,每个叫声序列回放 2 次,合计 24 次。这样每两个个体的叫声辨别分别有 4 次。

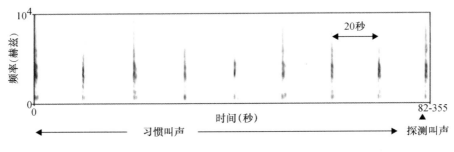

图 6-3　习惯化——去习惯化叫声序列图

（2）程序。

习惯化：先向被试回放习惯刺激,每两个叫声之间间隔 20 秒。回放前 5 秒内,猴群本身没有发出叫声;焦点动物的身体和头都背向音箱;焦点动物距离音箱 10 米之内;被试对习惯刺激的前两个叫声都没有反应,或者对第八个叫声仍有反应,则作为无效数据。

去习惯化：被试熟悉习惯刺激 20 秒以后,播放探测刺激,记录被试在听到该声音后 5 秒内的反应。

每天对同一被试只回放一次;相邻两天回放的叫声序列中,习惯刺激不能是同一个个体的叫声。实验过程对被试反应进行录像。

（3）结果。

被试个体在听到叫声之后出现的反应类型有：朝音箱方向望、突然抬头、四处寻找、突然停止正在进行的活动、用联系叫声回应。在 24 次回放中,所有被试对习惯刺激（8 个叫声组成）作出反应共 100 次,4 个发声个体的叫声所引发的反应数量基本一致：♯4(25)、♯7(25)、♯5(26)、短尾巴(24)。其中叫声回应反应共 12 次。被试对探测刺激作出反应的次数只有 5 次,且没有叫声回应反应。具体来说,回放中出现去习惯化的次数并不多,但分布较为集中,在♯7 和短尾巴叫声的 4 次辨别中有 3 个个体出现去习惯化;在♯4 和♯7 的 4 次辨别中有 2 个个体出现去习惯化,而其他情况下被试在听到探测刺激后均无明显反应（表 6-4）。

表 6-4　川金丝猴被试对不同个体叫声的辨别情况表

发声个体	#4:#5	#4:短尾巴	#4:#7	#5:短尾巴	#5:#7	短尾巴:#7
出现去习惯化/辨别次数	0/4	0/4	2/4	0/4	0/4	3/4

（4）讨论。

从回放实验的结果可以看到,在实验 1 中,被试并没有明显表现出对所有个体叫声的正确辨别,只在一定程度上区分了短尾巴与#7、#4 与#7 的叫声。其中,短尾巴与#7 是出现去习惯化次数最多的叫声序列(3/4),这与前面的声谱分析结果是一致的。方差分析中,短尾巴和#7 个体的叫声在 6 个参数上显著不同(表6-2);在散点图中,#7 叫声分布的中心点和短尾巴叫声分布的中心点之间的距离相对其它个体来说要远一些(图6-2)。另外,#4 和#7 个体叫声的 4 次辨别中,2次出现了去习惯化现象,声谱分析的结果也显示#4 和#7 在 5 个参数上有显著差异(表6-3)。虽然#4 与#5、#5 与#7 也有 5 个参数差异显著,但被试并没有出现去习惯化。仔细比较发现,出现去习惯化的两对叫声组合在叫声长度上并无差别,而后两对叫声组合的叫声长度显著不同。这表明,也许叫声时间长度这个因素对被试辨别个体叫声的作用不是十分明显。

虽然声谱分析能够部分解释上述结果,但是对于川金丝猴被试没有明确区分大部分叫声组合,可能存在着另外的原因。首先,本研究中的叫声刺激来自 4 个成年雄性个体,性别相同可能使得它们的叫声更难分辨。在 Weiss 等(2001)的研究中,同样采用了"习惯化—去习惯化"的范式,结果发现棉头绢猴能够很好地区分不同性别个体的叫声,但对同性别不同个体叫声辨别较差。可能同性别川金丝猴个体叫声的共同特征更多,让它们之间的差异减少,所以被试难以区分。其次,对陌生个体的叫声反应不强烈。我们之所以采用对被试个体来说完全陌生的叫声作为叫声刺激,是从实验设计出发的。采用"习惯化—去习惯化"范式考查被试能否辨别不同个体的叫声,必须满足的前提是:探测刺激和习惯化刺激之间只可以有一点不同,那就是发声个体的身份(Rendall et al.,1996)。如果被试很熟悉发声个体,那么二者之间的亲缘关系、等级关系和联盟关系都会成为干扰变量。但是,采用陌生个体的叫声作为刺激,会引发另一个问题,即被试对不熟悉个体叫声的反应水平相对要低(Rendall et al.,1996)。长距离联系叫声的意义在于与同伴保持联系,维护整个种群的整体性。在实验 1 中,川金丝猴被试在较为空旷的地方,听到的又都是陌生个体的叫声，即使区分出发声者为不同个体，也不一定会反应。因此，被试的反应比较弱，很可能是受到了熟悉程度的影响。为了排除熟悉程度的影响，我们进行了实验2。

3.2.2　实验2：异种回放

以恒河猴为被试进行回放。通过它们对不同川金丝猴个体的叫声辨别来证明叫声中所包含的个体身份信息。这种跨物种的回放，是为了解决由熟悉度引起的被试反应弱的问题。因为对于恒河猴来讲，任何川金丝猴的联系叫声都是新异刺激，容易引起它们的好奇和反应。另外，恒河猴的联系叫声[coo]与川金丝猴的联系叫声具有一些相似的特征：首先，它们都具有较为稳定的基频和共振峰，这两点可以反映发声个体一贯的特点；其次，二者联系叫声的基频接近（恒河猴：约400赫兹；川金丝猴：300～400赫兹）。基频决定了音高（pitch），而音高对声音辨别起着重要的作用（Ceugniet & Izumi，2004b）。以往研究已证明，恒河猴可以辨别本物种中不同个体发出的联系叫声，因此它们也很可能能够区分出不同川金丝猴发出的联系叫声。

（1）方法。

2004年3月30日至4月16日，对北京大学生理心理学实验室的6只笼养恒河猴（包括2只成年雄性，3只成年雌性，1只亚成年雌性）进行了回放实验。每天只回放一次。回放的时间在上午9：30到下午5：00之间，具体的选取原则是：避开饲养员打扫和喂食；所有或大部分恒河猴在笼中活动；猴群比较安静，没有打闹或频繁发出叫声；天气状况良好，不影响被试听到回放的叫声（在下雨和大风天，由于不满足实验条件，暂停回放）。

回放中使用的仪器设备、声音刺激以及程序与实验1基本一致。但每次回放时会同时记录几只焦点动物的反应，所以虽然每个叫声序列只回放1次，对于每两个个体叫声的辨别都会超过2次。

（2）结果。

恒河猴被试在听到叫声刺激后出现的反应有：朝音箱方向望、突然抬头、四处寻找、突然停止正在进行的活动。剔除4个无效数据后，共收集有效数据为52个；每一对叫声辨别都有被试出现去习惯化的反应。具体分布如表6-5所示：

表 6-5　恒河猴被试对不同个体叫声的辨别情况表

发声个体	♯4:♯5	♯4:短尾巴	♯4:♯7	♯5:短尾巴	♯5:♯7	短尾巴:♯7
出现去习惯化次数/辨别次数	4/10	2/7	3/8	4/11	3/8	7/8

（3）讨论。

由表 6-5 可以看出，在实验 2 中，恒河猴被试对所有叫声组合都表现出了程度不同的辨别。虽然这有可能是因为辨别次数增加产生的后果，但进一步分析发现，恒河猴的表现与方差分析的结果完全一致（参见表 6-2、表 6-5）：短尾巴与♯7 差别最大，去习惯化比率最高；其次是♯4 与♯5；再次是♯4 与♯7、♯5 与♯7；接着是♯5 与短尾巴；最后是♯4 与短尾巴。这种一致性证明了恒河猴确实察觉到川金丝猴联系叫声的个体差异，也进一步说明了这种跨物种回放辨别的可行性。在两个回放实验中，川金丝猴被试和恒河猴被试都能很好地区分差别最大的一对个体的叫声。另一方面，判别分析显示♯4 与♯5 个体叫声的差异应该也很大，但两类被试都没有作出如短尾巴和♯7 那样显著的辨别。出现这种情况的原因可能是判别分析用到了 10 个参数，使一些重要参数的作用降低了。Rendall 等（1998）提出，叫声中提供个体信息最多的参数是与基频和峰值频率有关的参数，按照这种原则，所选参数当中最能体现发声个体特征的为"平均基频""F1 带宽""F2 带宽""F2-F1 的最大频率差"（第二共振峰的最大频率与第一共振峰的最小频率之差）。这样，从表 6-2 可以看出，♯4 与♯5、♯4 与♯7、♯5 与短尾巴、♯5 与♯7 的差别应该差不多，都不如短尾巴与♯7 的差别大；但都大于♯4 与短尾巴的差别。如果只以这 4 个参数为自变量进行鉴别分析，结果可能会有所不同。

在实验 1 中，川金丝猴被试似乎对某些个体的叫声组合完全不能辨别，而在实验 2 中，以恒河猴为被试，排除了熟悉程度的干扰以后，被试去习惯化的情况与叫声的物理特性差异吻合了。这说明，熟悉程度确实可能是影响被试反应性的一个原因。另外，本研究采用的反应指标可能还不够灵敏。"习惯化—去习惯化"是一种相对比较灵敏的实验范式（Weiss et al.，2001），但是能否测出被试的反应还需要灵敏的反应指标。如果被试的确可以辨别不同个体的叫声的话，在它们的生理反应或精细的行为反应上就会有所体现。被试可能能够觉察出探测叫声和前面的叫声有所不同，但我们所采用的行为记录中无法体现出来。这就需要更为敏感的反应指标，来探查被试个体在听到探测刺激之后是否会出现去习惯化的现象。

3.3 小结

　　同时采用声谱分析和回放实验的方法,考察了川金丝猴联系叫声的个体身份信息。结果表明,不同个体的联系叫声在某些声学参数上差异显著,大部分可正确归类到原发声个体;两类被试在不同程度上表现出了对不同川金丝猴个体联系叫声的辨别。总的来说,两种方法都在一定程度上证明了川金丝猴联系叫声中含有个体身份信息。

　　长距离的联系叫声持续时间长,叫声响亮,频率比较低,这些特点使得长距离联系叫声能够达到很远的传播距离。猴群以及离群个体轮唱式的长距离联系叫声彼此呼应,可以确定对方的位置,帮助群体不致离散。从进化的角度来看,叫声形态上的差异呈现出逐渐增大的趋势(Weiss et al.,2001)。发声通讯中,信息传递的载体就是叫声中的变化和不同,差异越多,可以承载的信息量就越大。对灵长类动物而言,社会等级、种群空间以及个体身份,都是可以通过叫声中的声学差异来体现。野外川金丝猴同大多数灵长类动物一样营群居生活,它们有着庞大的种群数量和多层次的社群结构,个体与个体之间的关系错综复杂。辨别不同个体的叫声有助于川金丝猴个体更准确的获得信息,更好的协调群内个体关系,从而更完善地适应这种群居的社会生活。因此,川金丝猴具有辨别不同个体长距离联系叫声的能力是非常必要的,也是具有重要生物学意义的。

4　川金丝猴威胁叫声中的性别因素

　　营群居生活的灵长类动物往往会为争夺领地、配偶、食物以及高的社会等级而发生攻击行为。"威胁"是攻击行为中的一种仪式化行为,对立的双方全无身体接触,只是表示双方的对立状态,预示下一步将会发生攻击行为;但是,只要处理得当,对立状态可以化解,双方都不受到伤害(任仁眉等,2000)。过于激烈的攻击和冲突是削弱本种群力量的自我损耗,而威胁行为可以在避免自相残杀的基础上,达到震慑对方的目的,因而在灵长类动物生活中具有重要的社会功能和生物学意义

(Wilson,2000)。威胁行为作为灵长类动物的一种信息交流信号,其往往是由多种成分复合而成的(包括肢体动作、目光和威胁叫声等),并且具有级别性(不同的组合表达不同的威胁强度)。其中威胁叫声是表达威胁意义的一个重要渠道(Wilson,2000)。

　　灵长类动物的威胁叫声与它们的社会等级是紧密相连的,一般情况下都是由高等级个体向低等级个体发出。因而识别威胁叫声发出者的等级地位,对灵长类动物个体能否很好地适应种群生活来说,是十分重要的。研究发现,雌性狒狒(*Papio cynocephalus*)清楚发出威胁叫声的个体和自己的相对等级,同时可以将群内的亲缘关系与等级关系结合起来,形成一个复杂的社会关系网。在每次听到个体的威胁叫声后,立即将这个个体在关系网上定位,依据不同的关系采取恰当的反应方式(Cheney & Seyfarth,1999)。

　　川金丝猴威胁叫声的发声为［gu gu］声(解文治等,1988;陈玢,苏彦捷,2002;任仁眉等,1990),解文治等(1988)将其描述为"优位猴对劣位猴越位行为的警告声"。这种叫声经常在吃食物的时候发出,等级高的个体为了保证自己获得最充足的食物,会发出这种叫声来警告周围那些等级相对低的个体(陈玢,2002)。川金丝猴的社群结构复杂,是由家庭群和全雄群两种基本单元组成。家庭群主要由一个成年雄性和多个成年雌性以及它们的子女组成,是川金丝猴群中的核心部分;而全雄群则全部是雄性,处于猴群的边缘(任仁眉等,2000)。在这样的社群中,性别因素和社会等级交错,对不同性别的个体来说,威胁叫声的意义和作用可能有所差别。有研究表明,灵长类动物,如棉头绢猴,可以辨别不同性别个体的叫声(Weiss et al.,2001)。由此,我们试图了解川金丝猴个体是否可以通过威胁叫声传递和接收性别信息,进而考查性别因素对川金丝猴威胁叫声的作用和影响。

4.1　声谱分析

4.1.1　方法

(1) 发声个体。

　　发声个体是来自上海野生动物园 4 只无亲缘关系的成年个体(♯5、短尾巴、♯2、♯3,均为 1995 年来自陕西野外),叫声收集时间为 2002 年 12 月 20 日到 2003

年 1 月 12 日。这 4 只个体属于半放养群中的个体。半放养群自然分成家庭单元和全雄单元。♯5 是家庭单元的家长，家庭单元的其它成员包括：3 只成年雌性个体（♯1、♯2、♯3），1 只亚成年雌性（♯98-2），以及 3 只幼年个体；全雄群中包括：短尾巴和 3 只亚成年雄性（♯97-1、♯98-1、♯99-1）。白天猴群散放在半岛型面积为 500 平方米的运动场上，运动场地面为草坪，三面环水，另外一面是假山，场内有三个凉亭式的栖架，供猴群休息玩耍。夜间猴群回到一个 10 米×5.8 米的大笼内，笼顶西部安装一定面积的石棉瓦，用来遮阳避雨，笼内有 3 个栖箱，和由铁链悬在空中的轮胎。每天上午 10 点钟左右和下午 3 点钟左右喂食两次。食物包括枝叶类（女贞、榆树枝）、精料（营养窝头和白面糕）、瓜果蔬菜（苹果、橘子、香蕉、梨、桃、番茄、黄瓜、胡萝卜）、熟鸡蛋、干果（花生和红枣，夏天没有）和奶粉。录音时间上午从 8：30 到 11：00，下午从 2：00 到 4：30。选取的威胁叫声是在投食时发生轻度食物抢夺时发出。

（2）程序。

参照以往同类研究（Weiss et al.，2001；Fischer et al.，2002；Semple，2001），结合威胁叫声的特点，提取了 5 个声学参数变量：叫声持续时间（秒）、单元个数、每个单元的平均持续时间（秒）、振幅最大单元（maximum amplitude unit，MAU）的持续时间（秒）* 及 MAU 第一共振峰的平均频率（赫兹）*。

4.1.2 结果

（1）威胁叫声特点的简单描述。

经过降噪（FFT ＝ 4096；噪音降低 40 分贝）之后，提取声音清晰且没有干扰的威胁叫声 24 个，其中雄性叫声 15 个，雌性叫声 9 个。平均这些叫声的声学参数值，得到威胁叫声一个简单的声学特点描述：威胁叫声是由几个到十几个短促的[gu gu]声构成的叫声系列，每一个系列平均持续时间 0.9 秒左右，最长可以达到 1.5 秒；每一个系列中，MAU 持续时间在 0.1 到 0.2 秒之间；雄性威胁声的第一共振峰的平均频率接近 1000 赫兹，雌性的稍低一些；单元之间的停顿间隔很短暂，最多不超过 0.1 秒，更多的时候是连续地发出，很难辨别出间隔（图 6-4）。

---

* 改自 Weiss et al.，2001，在他们的研究中采用的是联系叫声中每个单元（2～3 个）的持续时间和第一共振峰的平均频率。

（2）威胁叫声的性别差异。

以前面提到的 5 个声学参数为因变量，对雄性个体的 15 个威胁叫声与雌性个体的 9 个叫声进行独立 t 检验。发现在与 MAU 有关的两个参数（MAU 持续时间和 MAU 第一共振峰的平均频率）上，雌雄个体的威胁叫声有显著差异：雄性个体的 MAU 持续时间明显长于雌性（$t_{22} = 2.6$，$p = 0.02 < 0.05$），MAU 第一共振峰的平均频率明显高于雌性（$t_{22} = 2.1$，$p = 0.04 < 0.05$）；雄性个体威胁叫声中每个单元的平均持续时间比雌性的长（$t_{22} = 2.7$，$p = 0.01 < 0.05$）。在其他的参数变量上，雌雄个体的威胁叫声没有显著差异。

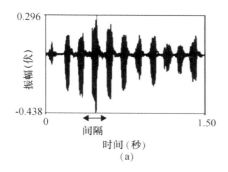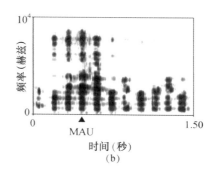

图 6.4　川金丝猴威胁叫声的振幅图（a）和声谱图（b）

4.1.3　讨论

从声谱分析的结果我们可以看到，不同性别个体的威胁叫声是存在一定差异的。尽管目前这个结果还不能够让我们得出这样的结论，即性别因素在川金丝猴传达和接收威胁信息过程中发挥着重要的作用，但至少揭示了在它们的叫声中包含着性别信息。那么，其它的川金丝猴个体是否能够觉察到，并依据这些信息做出相应反应呢？这个问题还需要进一步采用回放实验加以解答。

4.2　回放实验

4.2.1　方法

（1）被试个体及环境。

试验动物共 7 只，雌性 4 只，雄性 3 只，分别来自北京野生动物园（4 雌 1 雄）和北京大兴濒危动物中心(2 雄)。濒危动物中心的 2 只雄性分别为：小菲(1997 年出生于北京野生动物园)，单独置于直径约为 3 米，高约为 4 米的圆柱体猴笼内，猴笼的顶部有连通室内猴笼的通道;星达(出生于北京野生动物园)，由于消化道疾病而单独置于一个 1.5 立方米的穿梭笼内，病症观察期间参加实验。北京野生动物园内的川金丝猴居住在直径约为 18 米的两个半球形的猴笼内。两个半球相邻不相通，形成南北两笼，各居住一个家庭。北笼内有 4 个个体，1 只成年雄性(丑儿)、1 只成年雌性(小美,1992 年出生于北京野生动物园)1 只亚成年雌性(美女,2000 年出生于北京野生动物园)和 1 只幼猴;南笼家庭有 6 个个体，家长金九、2 只成年雌性(雌 1,1992 年来自甘肃野外;雌 2,1997 年出生于北京野生动物园)、2 只幼猴和 1 只亚成年雄性(雄 1,1998 年出生于北京野生动物园)。在两个巨大的半球内各有一个直径 10 米的同心玻璃半球，有通道同外界连通，以供游人从半球内观赏。白天猴群散放在笼内，晚上收回到室内。笼内有栖架、假山、云梯、树等。每天上午 9：00 至 9：30，下午 3：00 至 3：30 喂主食，中午喂杨树叶，主食包括营养窝头、苹果、橙子、香蕉、熟鸡蛋等。实验时间从 2003 年 4 月 5 日至 4 月 15 日，上午 7：30 到下午 4：30，同一被试每天回放一次。

(2) 声音刺激。

选取雌雄个体的威胁叫声各 4 个，共 8 种声音刺激，音量大致相同。

(3) 仪器设备。

录有声音样本的 MD(型号为 SONY MZ-N1)，漫步者立体声有源音箱(内带功放);摄像机(型号为 Panasonic NV-DS30EN)，及松下 60 /90 分钟 DVC 录像带。

(4) 程序。

雌雄个体叫声共 8 个，每个叫声回放 2 次，共回放 16 次。回放顺序随机排列，同一个叫声不可连续回放。每天回放 3～4 个叫声，间隔时间至少为 3 小时。叫声音量大小，以及扬声器与被试的距离尽量保持一致。

在声音回放之后，观察记录被试的反应。参照陈玢等(2002)研究中所采用的记分方法，结合本研究自身的特点，以及实验过程中的观察经验，采用如下的记分方法：0 分 = 无明显反应;1 分 = 轻度反应：有行为反应，但没有朝音箱方向望，例如，听到叫声后立即抬头，或者原来的动作忽然停止;2 分 = 明显反应：听到叫声后立即转向音箱，或者四处寻找声源;3 分 = 惊吓反应：被试离开原来的位置。

4.2.2　结果

采用 χ^2 检验分别考查叫声发出者和叫声接收者的性别因素对被试得分的影响。结果显示叫声发出者的性别因素对被试的反应没有明显的影响作用（χ^2 = 3.63, df = 3, p = 0.31）；同样，叫声接收者的性别对被试反应的影响也不显著（χ^2 = 2.40, df = 3, p = 0.49）。

考虑到两种性别因素共同存在,对被试的行为反应可能存在着交互作用,我们将叫声接收者的性别变量作为分类变量,分别考查叫声发出者的性别对不同性别被试反应的影响。结果显示,叫声发出者的性别对雄性被试的反应得分作用显著（χ^2 = 6.14, df = 3, p = 0.01 < 0.05）,而对雌性被试的行为反应作用不显著（χ^2 = 1.36, df = 3, p = 0.71）。将叫声发出者的性别变量作为分类变量,分别考查在听到雌性个体的叫声和雄性个体的叫声时,叫声接收者的性别对被试反应的影响。结果显示两种情况下,叫声接收者的性别作用都不显著（χ^2 = 2.05, df = 3, p = 0.36；χ^2 = 4.78, df = 3, p = 0.19）。

综合上述结果,可以发现叫声发出者的性别因素对雄性被试反应的作用十分明显,而对雌性被试的反应基本上没有明显的影响（图 6-5）。

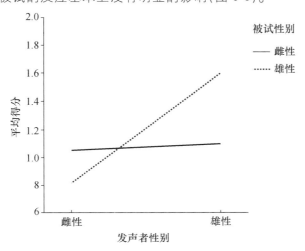

图 6-5　叫声发出者和叫声接收者的性别因素对被试平均反应得分的影响

4.2.3　讨论

在灵长类动物种群内,威胁叫声往往和社会等级有着直接的联系。对川金丝猴而言,性别同等级地位之间并不存在某种固定的对应关系。川金丝猴社群基层结构,包括有一个雄性家长多个雌性个体的家庭单元,和全部由雄性个体构成的全雄单元(任仁眉等,2000)。在家庭单元内,雄性家长的地位最高,但它一般对家庭内的雌性或幼年个体很少发出威胁。全雄单元处于从属地位,对家庭单元中的成年个体更多的是采取回避的方式。由此看来,在川金丝猴社会中,不能粗略的划分雌雄个体的地位孰高孰低(任宝平,2002)。本研究的实验结果显示,发声个体的性别同叫声接收者的性别之间出现了一定的交互作用。雄性被试对雄性个体的威胁声反应比较大,对雌性个体的威胁声反应很小;而对雌性被试而言,无论发声个体是雌是雄,它们的反应都处于中间水平。从行为反应上,我们可以看出雄性被试能够根据威胁叫声发出个体的不同性别作出不同的反应。尽管雌性个体的行为反应不受发声个体性别的影响,但并不代表它们无法觉察出叫声发出者的性别,而更可能是由于雌雄个体在群内的状态不同造成的。需要指出的是,本研究中采用的雄性被试都不是家长,它们或者是被单独笼养(小菲、星达),或者是在家庭中面临着被轰赶出群的亚成年个体(雄1),对他们来说,叫声发出者的性别是非常重要的信息。如果发出威胁的是雄性,很可能是家庭中的家长(发出刺激叫声的雄性个体♯5是家庭单元的家长,短尾巴曾经做过家长)或者是等级比自己高的雄猴,不作反应的话,很可能要受到更严厉的攻击;如果发出威胁的是雌性,那情况就要缓和许多,因自己在身体强壮程度上要强于对方,不必太害怕。而对雌性个体来说,受到雄性家长威胁的情况很少,全雄单元中的雄性对家庭中的个体又多是采取回避态度。因此,尽管雄性个体通常要比自己强健,但由于上述原因,在听到雄性的威胁声时,它们的反应水平和听到雌性的威胁时很接近。

4.3　小结

研究将4只成年个体发出的24个威胁叫声进行声学处理,5个声学指标中有3个声学参数在不同性别个体的威胁叫声上存在着显著差异,证实了川金丝猴威胁叫声中包含着发声者的性别信息。给7只川金丝猴被试回放不同性别个体的威胁叫声,结果发现,发声个体的性别同被试的性别之间存在着交互作用:发声个体的性别对雄性被试的反应有明显的作用,而对雌性被试反应的作用不明显。可见,被试个体不仅可以通过威胁叫声传达和接收个体性别信息,还能够依据这些信息做出反应上的调整。性别因素在川金丝猴传达和接收威胁信息过程中可能发挥着重要的作用。

灵长类动物可以用声音表达复杂内容,同时接收方也可以理解其中微妙的信息。目前的研究还是很初步的工作。在回放实验中为了考察一个变量的作用,通常需要控制其他的成分,这使得结论的推广会受到一定的局限。我们所描述的灵长类发生通讯中的个体识别还有很多的影响因素需要进一步分析,特别是联合考虑各种因素共同的作用将是未来研究面临的重大挑战。

5　结语

集群生活的灵长类动物会使用交互作用所需要的专化信号维持个体间的紧密联系。因此在动态变化的社会环境中,灵长类动物逐渐演化出觉察、学习和辨认区分这些交流信号的能力。这些信号以发声形式表现,就是本章所讨论的发声通讯。发声通讯既需要在特定背景中产生结构正确的信号,也需要适当地对这些信号进行反应(Ghazanfar & Eliades,2014)。目前的研究比较多地集中于信号理解过程,对信号产生过程和机制的研究还比较有限。发声通讯的复杂性与群体大小以及社会生活复杂性的关系也还需要更多的实证数据和资料加以说明。

综上所述,灵长类动物的声音交流,对具有复杂的社会关系和社会互动的灵长类的生存和发展来说,具有十分重要的作用。全面系统地探讨灵长类动物如何觉察、理解和使用发声通讯及其社会功能,有助于认识发声通讯在灵长类动物社会生活中的地位,也可以为理解它们的社会生活提供相关线索。

参考文献

Bauers,K. , & Snowdon,C. T. (1990). Discrimination of chirp vocalizations in the cotton-top tamarin. *American Journal of Primatology* ,21(1) ,53-60.

Biben,M. , & Bernhards,D. (1994). Naive recognition of chuck calls in squirrel monkeys (*Saimiri sciureus macrodon*).*Language & Communication*,14(2),167-181.

Castro,N. A. , & Snowdon,C. T. (2000). Development of vocal responses in infant cotton-top tamarins.*Behaviour*,137,629-646.

Ceugniet,M. , & Izumi,A. (2004a). Vocal individual discrimination in Japanese monkeys.*Primates*,45(2),119-128.

Ceugniet,M. , & Izumi,A. (2004b). Individual vocal differences of the coo call in Japanese monkeys.*Comptes Rendus Biologies*,327(2),149-157.

Cheney,D. L. , & Seyfarth,R. M. (1982). How vervet monkeys perceive their grunts: field playback experiments.*Animal Behaviour*,30(3),739-751.

Cheney,D. L. , & Seyfarth,R. M. (1986). The recognition of social alliances by vervet monkeys.*Animal Behaviour*,34(6),1722-1731.

Cheney,D. L. , & Seyfarth,R. M. (1990).*How Monkeys See the World: Inside the Mind of Another Species*. Chicago: University of Chicago Press.

Cheney, D. L. , & Seyfarth, R. M. (1997). Reconciliatory grunts by dominant female baboons influence victims' behaviour.*Animal Behaviour*,54(2),409-418.

Cheney,D. L. , & Seyfarth,R. M. (1999). Recognition of other individuals' social relationships by female baboons,*Animal Behaviour*,58(1),67-75.

Clarke A. S. (1990). Vocal communication in captive golden monkeys (*Rhinopithecus roxellana*).*Primates*,31(4),601-606.

de la Torre S. , & C. T. Snowdon. (2002). Environmental correlates of vocal communication of wild pygmy marmosets,*Cebuella pygmaea*.*Animal Behaviour*,63(5): 847-856.

Dunbar,R. I. M. (2012). Bridging the bonding gap: the transition from primates to humans.*Philosophical Transactions of the Royal Society B: Biological Sciences*, 367(1597), 1837-1846.

Fichtel,C. (2004). Reciprocal recognition of sifaka (*Propithecus verreauxi*) and red fronted lemur (*Eulemur fulvus rufus*) alarm calls.*Animal Cognition*,7(1),45-52.

Fichtel,C. , & Kappeler, P. M. (2002). Anti-predator behavior of group-living Malagasy primates: mixed evidence for a referential alarm call system.*Behavioral Ecology and Sociobiology*,51(3),262-275.

Fischer,J. , & Hammerschmidt,K. (2001). Functional referents and acoustic similarity revisited: the case of Barbary macaque alarm calls.*Animal Cognition*,4(1),29-35.

Fischer,J. ,Hammerschmidt,K. ,Cheney, D. L. , & Seyfarth,R. M. (2001). Acoustic features of female chacma baboon barks.*Ethology*,107(1),33-54.

Fischer,J.,Hammerschmidt,K.,Cheney,D.,& Seyfarth,R. (2002). Acoustic features of male baboon loud calls: Influences of context,age,and individuality.*Journal of Acoustical Society of America*,111(3),1465-1474.

Fischer,J.,Metz,M.,Cheney,D. L.,& Seyfarth,R. M. (2001). Baboon responses to graded bark variants.*Animal Behaviour*,61(5),925-931.

Freeberg,T. M.,Dunbar,R. I.,& Ord,T. J. (2012). Social complexity as a proximate and ultimate factor in communicative complexity.*Philosophical Transactions of the Royal Society B: Biological Sciences*,367(1597),1785-1801.

Gamba,M.,& Giacoma,C. (2007). Quantitative acoustic analysis of the vocal repertoire of the crowned lemur.*Ethology Ecology & Evolution*,19(4),323-343.

Ghazanfar A. A. & Eliades,S. J. (2014). The neurobiology of primate vocal communication.*Current Opinion in Neurobiology*,28,128-135.

Ghazanfar,A. A. Smith-Rohrberg,D.,Pollen,A. A.,& Hauser,M. D. (2002). Temporal cues in the antiphonal long-calling behaviour of cottontop tamarins.*Animal Behaviour*,64(3),427-438.

Gouzoules,S.,Gouzoules,H.,& Marler,P. (1984). Rhesus monkey screams: representational signaling in the recuitment of agonistic aid.*Animal Behaviour*,32(1),182-193.

Gouzoules,H.,& Gouzoules,S. (1989). Design features and developmental modification of pigtail macaque,*Macaca nemestrina*,agonistic screams. *Animal Behaviour*,37(3),383-401.

Gouzoules,H.,& Gouzoules,S. (2000). Agonistic screams differ among four species of macaques: the significance of motivation-structural rules.*Animal Behaviour*,59(3),501-512.

Green,S. (1975). Variation of vocal pattern with social situation in the Japanese monkey (*Macaca fuscata*): a field study.*Primate Behavior*,4,1-102.

Hauser,M. D. (1996).*The Evolution of Communication* (pp. 475). Cambridge: Bradford/MIT Press.

Kojima,S.,Izumi,A.,& Ceugniet,M. (2003). Identification of vocalizers by pant hoots,pant grunts and screams in a chimpanzee.*Primates*,44(3),225-230.

Macedonia,J. M.,& Stanger,K. F. (1994). Phylogeny of the Lemuridae revisited: Evidence from communication signals.*Folia Primatologica*,63(1),1-43.

Manser,M. B.,Seyfarth,R. M.,& Cheney,D. L. (2002). Suricate alarm calls signal predator class and urgency.*Trends in Cognitive Sciences*,6(2),55-57.

McCowan,B. ,Franceschini,N. V. , & Vicino,G. A. (2001). Age differences and developmental trends in alarm peep responses by squirrel monkeys (*Saimiri sciureus*). *American Journal of Primatology*,53,19-31.

Oda,R. (2001). Lemur vocal communication and the origin of human language. In: Matsuzawa,T. (ed). *Primate Origins of Human Cognition and Behavior* (pp. 115-133). Springer-Verlag Press.

Palombit,R. A. ,Seyfarth,R. M. , & Cheney,D. L. (1996). The adaptive value of 'friendships' to female baboons: experimental and observational evidence. *Animal Behaviour*, 54 (3),599-614.

Pereira,M. E. , & Macedonia, J. M. (1991). Ringtailed lemur anti-predator calls denote predator class,not response urgency. *Animal Behaviour*,41(3),543-544.

Petersen,M. R. (1982). The perception of species-specific vocalizations by primates: A conceptual framework. In C. T. Snowdon,C. H. Brown, & M. R. Petersen (Eds.),*Primate Communication* (pp. 171-211). New York: Cambridge University.

Pistorio,A. L. ,Vintch,B. , & Wang,X. (2006). Acoustic analysis of vocal development in a New World primate,the common marmoset (*Callithrix jacchus*). *The Journal of the Acoustical Society of America*,120(3),1655-1670.

Pola,Y. V. , & Snowdon,C. T. (1975). The vocalizations of pygmy marmosets (*Cebuella pygmaea*). *Animal Behaviour*,23(4),826-842.

Ramakrishnan,U. , & Coss,R. G. (2000). Recognition of heterospecific alarm vocalization by Bonnet Macaques (*Macaca radiata*). *Journal of Comparative Psychology*,114(1), 3-12.

Rendall,D. ,P. S. Rodman, & R. E. Emond. (1996). Vocal recognition of individuals and kin in free-ranging rhesus monkeys. *Animal Behaviour*,51(5),1007-1015.

Rendall,D. ,Owren,M. J. , & Rodman, P. S. (1998). The role of vocal tract filtering in identity cueing in rhesus monkey (*Macaca mulatta*) vocalizations. *The Journal of the Acoustical Society of America*,103(1),602-614.

Ruiz-Miranda,C. R. , Archer, C. A. , & Kleiman, D. G. (2002). Acoustic differences between spontaneous and induced long calls of golden lion tamarins,Leontopithecus rosalia. *Folia Primatologica*,73(2-3),124-131.

Semple,S. (2001). Individuality and male discrimination of female copulation calls in the yellow baboon. *Animal Behavior*,61(5): 1023-1028.

Seyfarth,R. M. , & Cheney,D. L. (1984). Grooming, alliances and reciprocal altruism in vervet monkeys. *Nature* ,308(5) ,541-543.

Seyfarth,R. M. , & Cheney,D. L. (2014). The evolution of language from social cognition. *Current Opinion in Neurobiology* ,28,5-9.

Seyfarth,R. M. ,Cheney,D. L. , & Marler,P. (1980). Monkey responses to three different alarm calls: evidence of predator classification and semantic communication. *Science* ,210 (4471) ,801-803.

Seyfarth,R. M. , & Cheney,D. L. (1986). Vocal development in vervet monkeys. *Animal Behaviour* ,34(6) ,1640-1658.

Snowdon,C. T. , & Pola,Y. V. (1978). Interspecific and intraspecific responses to synthe-sized pygmy marmoset vocalizations. *Animal Behaviour* ,26(1) ,192-206.

Sugiura,H. (2001). Vocal exchange of coo calls in Japanese macaque. In: Matsuzawa, T. (Ed.), *Primate Origins of Human Cognition and Behavior* (pp. 135-154). Springer-Verlag Press.

Tenaza,R. R. ,H. M. Fitch, & D. G. Lindburg. (1988). Vocal behavior of captive Sichuan golden monkeys (*Rhinopithecus r. roxellana*). *American Journal of Primatology*. 14(1) ,1-9.

Treves,A. (1999). Within-group vigilance in red colobus and redtail monkeys. *American Journal of Primatology* ,48(2) ,113-126.

Tyack,P. L. (2008). Convergence of calls as animals form social bonds,active compen-sation for noisy communication channels,and the evolution of vocal learning in mammals. *Journal of Comparative Psychology* ,122(3) ,319-331.

Weiss,D. J. ,B. T. Garibaldi & M. D. Hauser. (2001). The production and perception of Long Call by cotton-top tamarins (*Saguinus oedipus*): Acoustic analyses and playback experiments. *Journal of Comparative Psychology* ,115(3) ,258-271.

Wilson,E. O. (2000). *Sociobiology* (pp. 180-216). Cambridge: The Belknap Press of Har-vard University Press.

Zoloth,S. R. , Petersen, M. R. , Beecher, M. D. , Green, S. , Marler, P. , Moody, D. B. , & Stebbins,W. (1979). Species-specific perceptual processing of vocal sounds by monkeys. *Science* ,204(4395) ,870-873.

Zuberbühler,K. (2000). Referential labeling in Diana monkeys. *Animal Behaviour* ,59(5) , 917-927.

Zuberbühler,K. ,Jenny,D. , & Bshary,R. (1999). The predator deterrence function of pri-mate alarm calls. *Ethology* ,105(6) ,477-490.

Zuberbühler,K. ,Noë,R. , & Seyfarth, R. M. (1997). Diana monkey long-distance calls:

messages for conspecifics and predators. *Animal Behaviour*, 53(3), 589-604.

陈玢. (2002). 川金丝猴的发生通讯行为. 硕士学位论文. 北京：北京大学.

刘青. (2004). 川金丝猴的警报叫声. 学士学位论文. 北京：北京大学.

任宝平. (2002). 川金丝猴 (*Rhinopithecus roxellana*) 繁殖行为学研究. 博士学位论文. 北京：北京师范大学.

任仁眉, 严康慧, 苏彦捷, 周茵, 李进军, 朱兆泉等. (2000). 金丝猴的社会. 北京：北京大学出版社, 170-194.

任仁眉, 严康慧, 苏彦捷, 戚汉君, 鲍文勇. (1990). 川金丝猴社会行为模式的研究. 心理学报, 22(2), 159-167.

王博. (2006). 川金丝猴对母婴关系的认知. 学士学位论文. 北京：北京大学.

王慧梅. (2005). 川金丝猴个体对其社会关系的认知. 硕士学位论文. 北京：北京大学.

王慧梅, 苏彦捷. (2005). 川金丝猴个体对其社会关系的认知. 第十届全国心理学学术大会论文摘要集.

谢家骅, 周江, 王朝阳. (2002). 黔金丝猴. 全国强, 谢家骅 (主编). 金丝猴研究 (pp. 280). 上海：上海科技出版社.

解文治, 罗时有, 陈服官, 甘去飞. (1988). 川金丝猴 (*Rhinopithecus roxellanae* Milne-Edwards) 的声谱分析. 陈服官 (主编). 金丝猴研究进展 (pp. 254-260). 西安：西北大学出版社.

解文治, 陈服官. (1989). 川金丝猴 (*Rhinopithecus roxellanae* Milne 2 Edwards) 的行为观察和社群结构的空间配置. 陈服官 (主编). 金丝猴研究进展 (pp. 243-250). 西安：西北大学出版社.

衣琳琳. (2003). 川金丝猴的联系叫声和威胁叫声. 硕士学位论文. 北京：北京大学.

赵迎春, 苏彦捷. (2005). 人类对川金丝猴联系叫声的跨物种识别. 第十届全国心理学学术大会论文摘要集.

赵迎春. (2005). 川金丝猴联系叫声的跨物种识别. 硕士学位论文. 北京：北京大学.

第 7 章　社会结构

　　在之前的几章中,我们对川金丝猴的社会行为进行了系统的介绍。可以看出,川金丝猴的社会行为非常复杂丰富。如果由这些行为出发,去理解一个更高层次的概念——川金丝猴的社会组织,就会发现川金丝猴有着在灵长类母系社会结构中最复杂的社会结构:母系的重层社会(张鹏,渡边邦夫,2009)。

　　重层社会(multi-level society),又称模块化社会(modular society),是指社群内个体通过两个或多个层面的纽带关系维系形成的一种多水平结构的社会模式(Kawai,1990)。重层社会在哺乳类动物中是很少见的一种社会形态,这种社会形态的特点是若干一夫多妻组成的繁殖单元居住在一起所形成的社会结构(Qi et al.,2014)。在本章中,我们将介绍重层社会结构的过程,以及对川金丝猴这种特殊社会结构的认识。

1　研究地点和研究方法

1.1　研究地点

　　我国川金丝猴分布于四川、陕西、甘肃和湖北四省。神农架国家级自然保护区是我国川金丝猴分布的最东端,位于湖北省西部,大巴山脉的东部,东经 110°03′05″～110°33′50″,北纬 31°21′20″～31°36′20″;总面积是 70 467 公顷。我们对金丝猴社群结构的研究是在它们的这个自然栖息地展开的。

金丝猴分布在海拔 1800～2700 米之间,尤其喜爱栖息在 2000～2600 米之间(Su et al.,1998)。栖息地生境的植被有两种类型：海拔 1800～2600 米之间的是温性针叶林落叶阔叶林,树种有华山松、锐齿槲栎、米心水青冈、山杨、巴山冷杉以及红华等组成。从海拔 2600～3100 米是寒温性常绿针叶林,主要是以巴山冷杉组成,林下灌木层以箭竹或常绿杜鹃等占优势。从地形上看保护区可分东西两个部分,猴群主要在西部活动,因此我们的研究范围也在西部。野外工作站设在大龙潭,差不多是研究范围的中心。

1.2　研究方法

我们在研究中主要采用的方法是随意取样法。其他的方法还包括焦点动物取样法和全事件取样法。

用于社会结构分析的记录主要源于三种不同范围内的数据。首先是局部范围内的取样数据,这类数据既包括文字记录的数据也包括图式记录的数据;第二种是整体范围内取样的数据,这类数据记录了整体猴群的分布状况,同时存在的猴群状况,以及脱离社群的雄性集群;最后一种是整体猴群过开阔地时的取样数据,包括猴群整体过开阔地的基本数据,以及猴群整体过开阔地时有录相记录的详细数据两类。

1.3　性别和年龄的分类

对川金丝猴群进行社会结构分析需要我们进行个体的年龄识别。我们根据笼养研究的关于年龄特征的数据(梁冰等,2001),以及野外观察时确实能被我们利用的指标进行分类。最后确定以它们的外部体型的大小、次性征的特点、毛色、步态及风度等作为区分个体的性别和年龄的指标。我们用这些指标,把个体分为成年雄性、成年雌性、亚成年雄性、青年猴、少年猴和婴幼猴等六类。前面三种有年龄和性别的分类,后面三种由于区分性别太困难,所以基本上只有年龄的分类,但在有条件看清楚的情况下,在青年猴中可分出青年雄猴和亚成年雌猴。

1.3.1　成年雄性

成年雄性以"♯1"标示,指年龄为 8 岁以及 8 岁以上的雄性个体。这种年龄阶段的划分,是以笼养的研究记录为基础的(梁冰等,2001),一般来说,雄性 8 岁达到完全性成熟进入繁殖群体。在金丝猴群中,成年雄性的体格最大,无论从体长,还是体宽都是最大的;毛色也最鲜艳,从颈部开始披有金色的针毛,一直到手臂的肘以下,坐的时候针毛可触地面,非常显眼。在嘴角的两侧,上嘴唇处一边一个饱满的嘴角瘤,这是明显的雄性特征。一般情况下,它们的步态和风度也很有特色,走起路来,不慌不忙,大摇大摆,虎虎生威;做起事来,稳稳重重,有板有眼。当我们进行了更多的实际观察,看了更多的个体以后,我们又可以按照毛色和脸面的不同,把这类雄性分为两个年龄段。一段是年轻的成年雄性,年龄是在 8～12 岁左右。它们是猴群中最漂亮的一类,与年老的成年雄性相比,毛色更鲜艳,步态更矫健,显出年轻的朝气。我们发现家庭中的家长差不多就是这个年龄段的成年雄性。另一

成年雄性金丝猴　赵纳勋摄

段是老年的成年雄性年龄在12岁以上。它们的毛色依然鲜艳，但在背部有更显眼的深褐色毛发，脸面显得老些；我们发现它们不当家长，而是游离在家庭之外，与其它年龄的雄性，组成全雄的小集群。成年雄性这个类别，在群体中是最容易被识别的。

1.3.2　成年雌性

成年雌性以"♯2"标示，指年龄在 4～5 岁以及 5 岁以上的雌性个体，这个年龄的划分，也是以笼养的研究为基础的（梁冰等，2001）。笼养的雌性川金丝猴可在 4 岁时开始生育，但一般要到 5 岁。这类个体的特色是，身边跟有少年猴或婴幼猴，这种现象虽不是绝对的，但大多数如是，因此成为辨别成年雌性的重要指标。从体格来看，成年雌性要比成年雄性明显的小，根据对笼内川金丝猴的观察（梁冰等，2001），成年雌性的体重只有成年雄性的 52％，这是显著的性二型性的表现。从毛色看，成年雌性不如成年雄性的鲜艳，背部虽也披有金色的针毛但较稀疏，长度也达不到臂肘。如果有机会细看，可以发现成年雌性的脸面要比成年雄性的脸面窄，嘴

成年雌性金丝猴　向定乾摄

角上也没有嘴角瘤,但乳头明显。从步态和风度上来看,成年雌性和成年雄性也有明显的区别。以猴群过开阔地为例,前面已经提到,雄性在过开阔地时从容不迫,稳重威严起到镇定作用;而雌性在过开阔地时慌张急促,步履细琐,表现出害怕和不安。

1.3.3　亚成年雄性

亚成年雄性以"♯3"标示,指年龄约在 5～7 岁之间的雄性。这类猴已有繁殖能力,但是还没有达到充分的性成熟(梁冰等,2001)。这个类别的特色是,身体的长度已和成年雄性差不多,但块头较成年雄性细瘦,上唇两侧也有嘴角瘤,但不如成年雄性的饱满;毛色已鲜艳,但背部的金色针毛还不如成年雄性的多,长度也达不到臂肘。有这两点区别就可以把亚成年雄性和成年雄性区分开;然而步态和风度却和成年雄性雷同,它们迈着矫健而稳重的步子,这个特点又可以和成年雌性相区别。

1.3.4　青年猴

青年猴以"♯4"标示。这一类别包含的成分较多,有 3～5 岁的雄性和 3～4 岁的雌性。这个年龄段的个体应正是青春期,雌雄两性都处于性激素快速增长的时期,雌性开始月经初潮。梁冰等(2001)的观察表明,雄性在 5 岁以前的体重和体长以及毛色,与同龄雌性是差不多的;雄性是在 5 岁以后体重才快速增长,形成性二型性。因此,要在这个年龄段区分性别是比较困难的。所以,我们只好把它们合在一起,这是不得已而为之的。它们的个头不大不小,毛色不深不浅。在实际观察时,5 岁的雄性和成年雌性的个头差不多大小,要区分它们时,要用其他指标来进行,如身边是否有小猴,乳头是否明显等。

1.3.5　少年猴

少年猴以"♯5"标示。它们是 1～3 岁的雄性和雌性。这个时期的个体,处于生长发育的阶段,最显著的特征是参与游戏活动。雌性和雄性不易分辨,但是这一类别的猴在群体中是容易分辨的,它们的个头比以上各类别的小,但又比新生猴大;最明显的特点是毛色浅,呈乳黄色。它们有时跟随着母亲,有时小伙伴们在一起嬉戏,形成不小的幼体集群。

少年猴　胡万新摄

婴幼猴　胡万新摄

1.3.6　婴幼猴

婴幼猴以"♯6"标示。它们是初生到 1 岁的雌性和雄性，这类个体也是容易识别的。个头最小，出生时呈灰黑色，以后逐渐转变为浅乳黄色。大多数是在母亲的怀抱中，有时也在母亲的身边活动，但距离不会太远。

在以上的六个类别中，第一类成年雄性、第五类少年猴和第六类婴幼猴根据它们的体形和毛色是最容易区别的。第二类成年雌性，如若没有小猴跟随身边，年长的有时会和第三类亚成年雄性混淆；年轻的也有时会和第四类青年猴混淆，在分析数据时要考虑到这一点。第四类青年猴，无论是雌性还是雄性，在社群组织的动态发展过程中都是很关键的。在野外观察时，有时能将青年猴分出性别，我们就把雌性青年猴称为亚成年雌性。

2　川金丝猴的家域和迁移

我们长期跟踪记录神农架自然栖息地的川金丝猴群体的迁移活动，逐渐总结出川金丝猴的活动区域及迁移特点，并以大量丰富的数据为基础，总结推测出其社会群体的组织结构，这部分内容在本章第三部分介绍。以下介绍川金丝猴的家域及迁移情况。

2.1　猴群的家域

家域(home range)是指动物日常进行特定活动的区域(Burt,1943)，例如摄食活动和繁殖活动。我们记录了神农架川金丝猴进行日常活动区域的范围。观察者在神农架保护区内的研究范围，以大龙潭野考站为中心，方圆约 70 平方公里的范围。在这个范围内见到猴群时，就在地图上标画出猴群的位置，以及海拔的高度。在 9 年的野外观察研究过程中，跟踪过 A,B,C,D 共 4 个猴群。现把这 4 个猴群各自的活动范围以图 7-1 依据，分别画出图 7-2。每一方格为 1 平方公里；为了便于

说明,每一格标以编号,由横坐标上的序号-纵坐标上的序号组成。图 7-1 中的大龙
潭野考站(黑圆点),相当于图 7-2 中方格 5-5。从图 7-2 中各群的活动范围来分析
它们各自家域的特点。

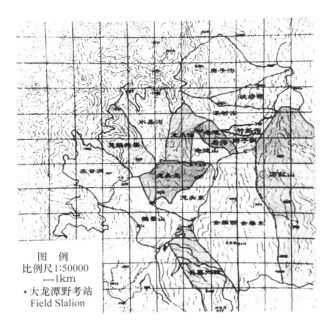

图 7-1　保护区内的研究范围

2.1.1　活动范围的重叠

　　把图 7-1 中的 4 个猴群活动范围叠在一起,共 44 个方格。其中 4 个猴群都
在其活动过的区域有:方格 3-5,3-7,4-4,4-5,4-6,4-7,5-2,5-4 和 5-5 等 9 平方
公里,占总活动范围的 20.5%;3 个猴群都在其活动过的区域有:方格 2-5,2-8,
3-3,3-4,3-6,4-2,4-3,5-3,5-7,6-4,6-6,6-7 和 8-5 等 13 平方公里,占总活动范围
的 29.5%;2 个猴群在其活动过的区域有:方格 2-7,3-8,5-1,5-6,6-5,6-8,7-5,
7-6 和 7-7 等 9 平方公里,占总活动范围的 20.5%。只有 1 群猴活动过的区域有
13 平方公里,占总活动范围的 29.5%。由此可见,4 个猴群活动范围的重叠占
总活动范围的 70%。

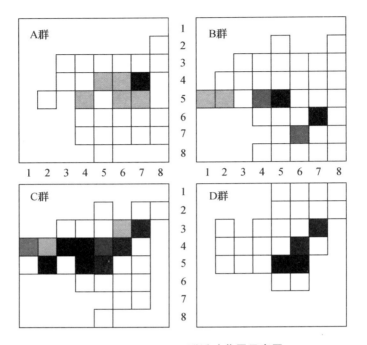

图 7-2　A，B，C，D 4 群活动范围示意图

1 方格为 1 平方公里；格 5-5：大龙潭

□：1-3　▨：4-6　▩：7-9　■：≥10

2.1.2　猴群有各自的活动范围

上面提到重叠的活动范围都是围绕在大龙潭周围的区域,如以 3 个群都到过的区域为例,从横坐标来看,在 2、3、4、5 和 6 内(8 有 1 次);从纵坐标来看,在 2、3、4、5、6 和 7 内(8 有 1 次)。因此在活动范围的边缘区域还是有各自的活动范围。地形图 7-1 或示意图 7-2 的格 3-8、4-8、5-6、6-6 和 7-5 的西面有一条公路,把山势分为两部分,西面为老道后沟、老道山和龙头山;东面为金猴岭和长黑二线。D 群的活动范围以公路为界,只在西面活动从未发现到公路东面来;而 A,B 和 C 群活动范围广,在公路东面活动较多。

2.1.3　猴群有更广阔的活动范围

9 年野外的工作日为 852 天,而与猴群相遇日为 447 天,占 52.5%。这个数字说明,差不多有一半的日子,在野外找不到猴群。找不到猴群有两种可能:一种可能是,观察者走到东,猴群在西;多找几天就找到了。另一种可能是,有的猴群有时根本不在观察者的活动范围之内,也就是根本不在以大龙潭为中心的 70 平方公里之内,因此与猴群相遇很困难。最为突出的情况是从 1999 年 3 月底开始到 8 月12 日为止,4 个多月内,观察者在活动范围内没有发现任何猴群。有当地的农民报告在保护区的最北面的阴坡和保护区的最南面千家坪和鸡心尖都发现猴群,这已大大地超过了我们的研究范围,原来在研究区内的猴群是否跑到那些地方去了,现在还不能肯定。猴群直到 1999 年 8 月 13 日才又在公路以西的观音洞和公路以东的金猴岭出现。这个现象表明,猴群的活动范围有时是远远超过观察者的活动范围的。猴群为什么走得这么远,是由于人为干扰,还是其他原因,现在还不清楚。

2.2　栖息地的海拔和温度

海拔高度的记录方法是,记录每次遇到猴群时的海拔。在一日之中相遇到猴群时,记录最高和最低海拔,也就是它们迁移的高度,有时见到猴群的时间很短,只能记录一个海拔高度。没有看见猴群就没有海拔的记录。温度的记录基本上也是如此,记录每日的最高温度和最低温度。要说明的是,在我们的温度记录中,只能说明和猴群的观察有关,不能说明当地全部的温度情况,因为有许多日子是没有记录的。从图 7-3 可以看出,温度的变化是有明显趋势的,1 月份最冷,以后温度逐渐上升,到 7 月、8 月、9 月三个月后,又逐渐下降。

猴群所在的海拔高度并没有随温度相关的上升或下降的趋势,而是在海拔1800 米到 2650 米之间回荡,无趋势可言。由此可见,金丝猴群栖息地的海拔高度与温度的高低或季节没有什么相关。

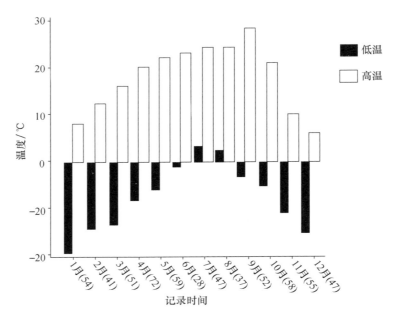

图 7-3　活动区域月最高温度和最低温度（1991—1999）

括号内为记录天数，下图同

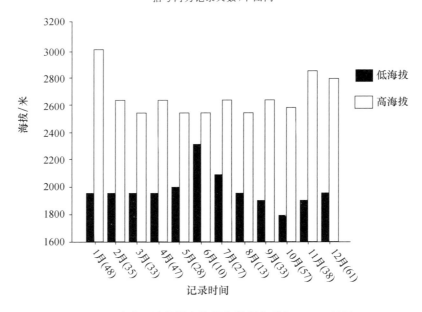

图 7-4　活动区域月最高海拔和最低海拔（1991—1999）

2.3　猴群的迁移

2.3.1　猴群的日迁移距离

在野外观察中,有时能连续多日跟踪某一猴群,我们把连续跟踪 8 天以上的猴群列出。在连续跟踪的期间里,每日记录猴群早上的所在地,一直到晚上的目的地为止的当日内迁移路线;这个路线再在 1 : 50 000 的地形图上标出,根据海拔的高度以及地图上的距离计算出每日迁移的长度(米)。在连续跟踪的期间内,跟踪记录有可能中断一两天,因此平均日迁移距离,是以实际记录天数的每日迁移长度相加,除以记录天数所得。从表 7-1 中所列数据看,川金丝猴群迁移的日平均距离为0.5～1 公里左右。

表 7-1　猴群日迁移距离(米)*

序号	群号	起止日期	记录天数	平均距离	标准差	最小值	最大值	中数
1	C	94/11/18—94/12/22	28	478	313	100	1200	300
2	B	95/01/01—95/01/14	15	700	549	200	1800	450
3	A	95/02/16—95/03/07	21	593	488	100	1600	450
4	D	95/03/31—95/05/05	26	560	369	100	1600	500
5	B	95/09/03—95/09/21	13	746	569	200	1800	500
6	B	95/09/30—95/10/24	18	988	591	200	2500	1000
7	D	97/07/19—97/07/31	13	696	614	100	2200	550
8	D	97/09/15—97/09/22	9	1063	674	500	2500	900
9	D	97/10/01—97/10/09	10	722	476	200	1500	700
10	D	98/10/15—98/10/27	14	512	283	250	1200	500
11	B	99/01/10—99/02/01	24	813	527	150	2500	700
12	B	99/02/11—99/02/22	11	630	189	400	800	700

* 观察起止日期指该猴群被观察跟踪的连续日期;记录天数指在起止日期中记录到猴群每天迁移距离的天数;平均距离为每天迁移的实际距离相加平均所得。

2.3.2　猴群的迁移形式

通过观察发现,猴群过开阔地时的情景和队形是相当一致的,因为过开阔地对猴群来说是一件非常严重的事情,它们处于相当暴露的状态之中,受到攻击的机会最多,所以它们的表现是小心谨慎,通常是观察试探很久才开始行动。但是在猴群的日常生活中,迁移是经常发生的,一天之中会有好几次,这些迁移多在山林中隐蔽处,这时猴群的迁移情景就与在开阔地迁移的情景大不相同了。有时猴群往山上移动时,采用散兵线的形式,一窝蜂地往山上跑,声音嘈杂,观察者很难分清谁是谁;有时不是整群的迁移,只是局部的或是分队的迁移,这时雄性前卫就不那么集中,个体数也就不那么多了;还有时,它们在迁移时出现一些特殊的现象,是很值得注意的。以下是观察者的记录片段,举出几个例子,有助于我们更细致地了解猴群在迁移时的情景。

例一:1995 年 2 月 22 日,龙头山,大雪。下午一点多钟下雪了,这时猴群距观察者 80 米左右,看见排成一列猴,正在走过一个山沟。一只大公猴,走到沟中间,坐在一棵孤零零的小冷杉树下的草地上,那里由于有树叶遮盖草上没有雪,它俨然是一个家长,目送着队伍一个一个向沟那边走,一共走过了 37 只猴,都是母猴和小猴们,这时大公猴才站起来跟随其后;猴们到了沟那边,身上都是雪,也不抖掉,只顾吃东西。距这 38 只猴的下面边缘十几米处,有 7 只大公猴,它们是先来到这里的,在行走时,有两只走在最前面,走了 30 多米,后面又有两只超过它们,它们在没有叶子的树上走,非常显眼,现在坐在那里不走,只吃东西,等到 38 只猴走后,它们才跟着走了。

这个例子表明,观察者所见是在山林中猴群局部迁移的情况。猴群在这天下午走过 3 个山沟,落脚在晚上睡觉的地方。在这种情况下,猴群不像过开阔地那样,排列整齐的队伍,而是分散移动,雄性前卫也是分散的,这次只看见 7 只雄猴在前面走;不仅如此,它们还走在家庭单元的边缘。

例二:1995 年 4 月 24 日,龙头山,阴。早上 7 点半钟,看见 9 只大公猴排着队正在行走,它们绕过一个山头。到了 11 点钟,又看见猴群迁移,但最前面的部分已经走过了,观察者眼前过了 8 批猴,每批中都有大公猴,其中一批有 2 只大公猴,其余都是母猴和小猴们,有 2/3 的母猴的腹下已有小婴猴,这 8 批猴共有 134 只。在行经的路上有一棵比较特殊的树,当第一批猴走过时,大公猴上树去吃一种东西,母猴小猴也跟着上去吃,大公猴吃完下来了,母猴小猴也下来了;以后各批猴都是如此,都到这棵树上去吃东西,然后下来;有的母猴小猴不想下来,公猴就对着它们张嘴,边往前走边朝树上张嘴,再不下来,公猴就干脆坐在树下等待。

这个例子表明,观察者看见的是 8 个家庭单元的迁移,有意思的是它们在行军途中,都到一棵树上去吃东西,吃够了再向前走,很是悠哉悠哉,不像过开阔地那样,紧张而急切地往前走。特别值得注意的是,它们都到一棵树上去吃的这种东西也许对它们有特殊的意义。

例三:1995 年 10 月 18 日,观音洞,阴。早上 9 点多钟,看到在山顶的猴群,一只一只地从有 90 度的悬崖上往下跳,因不能看见所有的猴,所以无法数数。有的小猴,往下走了一段,不敢走了,又回到母亲的身边,挂在母亲的腹下,由母亲带着往下走。

这个例子表明,走危险的地方,也是需要通过逐步地练习才能学会的。

例四:1996 年 4 月 28 日,龙头山,雨。早上 8 点半钟,猴群开始走动了,在下部有 13 只公猴,一列排开,拉了 150 米的距离,边走边吃东西;在上部是家庭,起先看见在树上有 6 只母猴,以后又来一只公猴,母猴下树先走,公猴随其后,但走在家庭最前面的是 3 个少年母猴,还有婴猴,有一只刚生的小婴猴,在母亲的腹下,以后又来一部分猴,个数不太清楚,大约 40 只左右。

过开阔地　赵纳勋摄

母亲腹下的婴猴　赵纳勋摄

　　这个例子表明，全雄单元在群的边缘走；另外，在家庭的行走行列中，并不一定都是雄性家长走在最前面，母猴或小猴们也可能打头。

　　例五：1997 年 5 月 31 日，漆树沟，阴。中午 12 点钟，看见 4 只老公猴站在站干松上不动，下面树上也有猴，忽隐忽现的。过了 20 多分钟，有了招呼和回应的叫声，以后来了 20 来只公猴在一棵很高的铁杉树尖上，上下乱窜，追赶扑打发出很大的响声，过后就散了。又过十分钟，一棵桦树上出现猴往铁杉树尖上跳，它是从沟里上来的，以后又有猴上来，都是从这棵桦树上往铁杉树尖上跳，几乎每一个猴都是抓同一根树枝，观察者意识到，这是猴群在迁移了。这是一处悬崖峭壁，巨大的黑森林直直地挂在绝壁上，猴像一个小点在上面跳。65 分钟以后，不再有猴从桦树往铁杉树尖上跳了，猴群迁移完毕，共数了 292 只猴。这是每个单独跳过树的个体数目，在母腹下的猴没有数着，因为观察距离太远，有 400 米以上。

这个例子表明,这是一次整体猴群的迁移。在猴群迁移前,公猴们用示威的行为方式,起催促的作用,并协调全体成员步调一致。另外,在险途中,猴们都抓同一根树枝,可能是因为它们会走一条已经被证实是安全的道路。

例六:1997 年 8 月 31 日,竹苏沟,晴。下午 5 点半钟,看见猴群分四路走向目的地。先到目的地的不是全雄单元,而是有家庭单元的部分,有 3 个部分来自同一出发地,分上中下三路走到同一目标;全雄单元也来自同一出发地,但在更下部,也就是更靠路边的位置行走。

这个例子表明,有几个分队就分几路走,但它们的目的地是一致的。全雄单元不一定走在最前面,有时走在最靠边缘的位置。

以上举出的几个例子说明,猴群在迁移时,由于周围环境不同,迁移的形式也有变化,在过开阔地时,它们小心谨慎,组织严密,严阵以待,整体的猴群在一段不长的时间内通过;而在山林中迁移时,则比较放松,队形也比较松散,分成家庭单元或分队的形式各自行走,常常是边吃边走;但是全雄单元在迁移时,总是走在最前、最后或边缘。

2.4　作息和取食

关于猴群的作息时间,分为两方面:一方面是它们每天都有哪些主要的活动项目;另一方面是这些项目都在什么时间进行。关于第一点,可以从清早起身说起,一般来说,起身以后,稍事歇息,就进行第一次迁移,这段距离不会离晚间睡觉地太远,估计是睡了一夜的地方,粪便堆积,所以它们就要进行迁移离开这个地方;到了一个合适的地方后,它们就停下来,开始采食和进行各种社会活动;经过一段时间就要午睡了;午睡以后又开始进行第二次迁移,这次迁移的目的,仍是寻找一个合适吃食的地方;到了目的地又开始采食和进行各种社会活动;这以后是进行第三次迁移,这次迁移的目的是到达一个合适的过夜的地方;最后到达目的地就在那里过夜了。在我们的观察中也常常看见,在迁移的过程中如遇到好吃的食物,许多猴都是边吃边走的。猴群一天的活动如没有特殊的遭遇,大致就是这样。

以上这些项目都在什么时间进行,依赖于许多具体情况而定。首先,季节是一个因素,夏季太阳出来得早,就起得早些,冬季太阳出来得晚,就起得晚些;天气也是一个因素，有时天晴，就起得早，天阴有雾，就起得晚；另外，地理位置是另一个因素，所在地朝阳背风，就多待一会儿；凉爽舒适也多待一会儿；安全隐蔽也会多待一会儿；食物丰富也多待一会儿等。当然，遇有人为干扰，或天敌来临是影响猴群正常作息时间的重要因素。除去上述种种因素以外，还有一个猴群自身的特点，即庞大的个体数量。个体数量太多，行动就不可能很一致，有的早上起身早，有的就晚些；有的开始走动了，有的还坐在那里不动，因此，要确定猴群各项活动的时间表，是不太容易的。最后还有实际工作中的困难，如有时寻找猴群需要时间，等看到猴群已是中午或下午了，因此上午的活动时间无法记录；或者是天气很坏，或猴群跑

啃树皮　胡万新摄

得很远,观察者无法坚持跟踪猴群,下午、晚上的活动也无法记录等等。由于以上种种原因,我们只记录了猴群每日活动时间 125 天 /次,并且每天的记录还不一定是各项活动都有的完整记录。我们把数据按季节来分,标出在各个季节中各项活动的最早时间和最晚时间(表 7-2)。从表中提供的数据,只能看出猴群每日大约早上 6 点左右开始活动,下午 5 点以后不再迁移,其他没有什么规律可循,这可能是由于影响每日作息时间的因素太多所致。

我们在观察猴群的活动时,也常常看到它们用不同的方式,吃不同的食物。最常见的是吃树衣,这种植物对川金丝猴来说,除了夏季少吃以外,其他的季节都是很重要的食物。树衣通常长在树干上,金丝猴吃的时候较为普遍的方式是把它摘下,直接放入口中。吃华山松子和灯台树果时常用咬的方式,有时走到山林,听见猴们吃松子的咔吧声,与人吃松子的声音几乎完全一样。但在吃松子和果子时还有别的吃法,如用牙撕,雄猴用犬牙把松果塔劈成二三瓣,使松子掉出来,吃起来比雌猴快;或用手把松塔掰开,用嘴凑上去,舔出松子吃;还有把松子抠出来,放入嘴中吃;甚至还有连壳带仁一起嚼碎吃下去的,有时见到的粪便中几乎都是碎壳。它们在吃树叶、芽、花和蘑菇时,先用手摘折后,再放入嘴中;另外吃叶子也有另一种方式,用手在树枝上从上到下一捋,把叶子集在手中,再放入嘴里;在吃青嫩的树皮时,就用啃和撕的方式。观察者还见到,川金丝猴舔吃桦树皮背面的寄生昆虫。由此可见,川金丝猴在吃食时,可灵活地运用手、口、舌、唇和牙等各种器官。

表 7-2 猴群作息时间表

季节(月份)	记录天数	温度*（℃）	早起时**	第一次迁移时	第一次安顿时	午休时	第二次迁移时	第二次安顿时	第三次迁移时	到达过夜处时
春(3—5)	48	−13/22	06：10/10：54	07：20/11：30	08：53/12：00	10：49/13：45	11：00/13：50	12：30/15：16	13：55/17：00	16：00/16：50
夏(6—8)	17	−1/24	06：20	06：30/07：50	09：00/11：40	/	11：18/15：35	11：45/14：00	14：36/17：10	16：30/17：50
秋(9—11)	40	−11/28	06：41/09：30	08：00/11：30	09：00/12：30	11：00/15：00	11：00/14：45	11：45/15：50	14：36/17：10	16：00/17：20
冬(12—2)	20	−18/12	07：00/08：40	07：03/09：40	08：20/11：15	09：30/12：54	11：38/14：55	11：00/15：30	14：30/16：40	16：40

* 表中温度为该季度中最低温度和最高温度。
** 表中时间为该项中最早时间和最晚时间。

3　川金丝猴的社会组织——三级结构

经过研究探讨,我们发现川金丝猴的社群是一个由两种基本单元组成三个层次的社会结构。两种基本单元是由一个成年雄性和多个成年雌性以及它们的子女组成的家庭单元和由几个雄性组成的全雄单元。这两种单元是社群的基层组织,是第一层次。中层组织是第二层次,是由几个家庭单元和几个全雄单元组成的分队。高层组织是第三层次,是由 2～4 个分队组成的社群。社群是川金丝猴个体、单元和分队间社会交往的统一体。以下分别讨论单元及结构的层次。

3.1　基层组织——一雄多雌的家庭单元和全雄单元

3.1.1　一雄多雌的家庭单元

灵长目动物的各个物种中,有一些物种是以一雄多雌(one male unit,OMU)为社会组织形式的。例如,川金丝猴所属的叶猴科中的各个物种,基本上都是以一雄多雌为组织形式的(Struhsaker,1987)。另外,生活在非洲的几种狒狒也是以一雄多雌为其基本组织形式的(Kummer,1968;Dunbar & Dunbar,1975)。川金丝猴以一雄多雌家庭式的形式为其基本单元(Ren et al.,1998),是与叶猴科中物种的特性相一致的。

川金丝猴群无论在休息、摄食和迁移时,一雄多雌的家庭形式都是作为一种基本单元出现的。它们有以下特点:

- 在家庭单元中有一只成年雄性。
- 在家庭单元内平均有 7 只成年雌性。
- 在家庭单元内平均有 18 个成员。
- 绝大多数亚成年雄性(♯3)不在家庭单元中。
- 从地理位置来看家庭单元处于中心部位。

一棵树上的一个家庭单元　向定乾摄

3.1.2 全雄单元

亚洲疣猴的社会结构中包含一个比较独特的全部由雄性组成的单元，即全雄单元（all male unit，AMU），这种社会结构在灵长类中比较少见（Grueteand & van Schaik，2010）。川金丝猴属于疣猴亚科，因此它也具有疣猴亚科的属性，但又不完全一样。川金丝猴群中没有雌性的单身雄猴组成全雄单元，这和叶猴科中的其它物种类似；但与猴群分离的只有少数，而大多数的雄性并不分离出去，而是作为整体猴群的基层单元之一（Ren et al.，1998），这一点是川金丝猴不同于疣猴亚科中其它物种的。在我们的局部范围内的记录中，对全雄单元记录的次数要比家庭单元的次数多一倍多。一个重要的原因就是，雄性的毛色最鲜艳，并在猴群中常常是处于最显著的位置，如在树的高处、猴群的边缘，或在迁移队伍的前面或后面等。因此，当我们与猴群相遇时，最容易见到的就是全雄单元。在我们的数据中，全雄单元只包括成年雄性（♯1）和亚成年雄性（♯3）两类。

（1）全雄单元的个体数目。我们的研究表明有 87.9% 的记录次数中的雄性单元个体数目集中在 1 个个体到 9 个个体，观察到次数最多的是有 3～5 个个体的雄性单元。可以这样认为，猴群在休息和取食的情况下，全雄单元的个体数大多数在 3～5 个左右。

（2）全雄单元的聚合。有两种情况：一种是全雄单元在群休息时的突然聚合；另一种是队伍迁移时的聚合。全雄单元有各自相对稳定的成员，但在必要时几个单元就聚合在一起。

（3）全雄单元的边缘位置。和家庭单元相比，全雄单元在群内处于边缘部位。无论猴群在休息时或在迁移时，雄性单元总是在群的四面八方的边缘处。

（4）雄性参与幼体集群。

（5）全雄单元远离猴群。

3.1.3 幼体集群

我们在局部范围内记录到的幼体集群（creche）有 45 次。这里所牵涉的幼体包括我们性别年龄分类中的♯4 类、♯5 类和♯6 类。♯6 类婴幼猴为初生到一岁的个体，它们大多数在母亲的身边，但过了半岁以后，有时也喜爱参加到同伴们的嬉戏之中。在文献的记载中，幼体集合在一起的现象大多出现在鸟类，这种集群都有少数的成年个体相伴。据分析,这种现象的生物意义可能是幼体集合在一起,由1～2个成年个体照顾保护,好让其余的成年个体出去打食等,就像人类的幼儿园。川金丝猴的幼体集群有两种:一种是有1～2个雄性陪伴在旁的幼体集群(在其中观察者没有分清幼体性别的记录有16次,看清了幼体性别的只有3次);另一种是没有雄性陪伴在旁的幼体集群,我们观察到26次。

幼体集群还有一个根本的特性,那就是临时性。这种集群只在猴群休息时看到,等到猴群迁移时,幼体们就会回到它们的家庭中去,因此在整体猴群迁移时幼体集群是不存在的。由于它的临时性质,幼体集群是不能作为群的基本单元的。

在局部范围内的数据中,还有独猴、母系单元等形式。独猴只见到4次,有2次见到的独猴,步履蹒跚,走动困难,估计是年老体弱掉队的个体。还有2次的情况不清。母系单元记录到11次,这种情况是指在一个局部范围内只有1个成年母猴和它的子女们。我们认为,这种小单元是属于家庭单元内的,但由于离其它成员较远一些,所以把它们作为小单元记下来了。在家庭单元内,有时几个雌猴集合在一起,有时母亲和子女在一起,尤其是在快要睡觉时是这样。因此这种单元不是独立的基本单元。

3.2 中级组织——分队

川金丝猴群体的基层组织有两种单元,分别是一雄多雌的家庭单元和全雄单元。根据整体范围内取样的数据,休息时,川金丝猴群中的多个基层单元在地理上并不是均匀分布的,而是几个单元靠近在一起,形成集团;一个群体可以分成2～4个集团。猴群整体迁移时,在时间和空间上也不是均匀排列的,队伍有时分成两列或三列行走;也有时在一纵列中,几个家庭单元走过以后,间隔一小段时间,再走几个家庭单元。综合以上猴群在空间和时间上的分布和排列情况,我们推测,川金丝猴的群体中除了基层单元以外,还有以几个基层单元集合在一起的中级组织,我们称之为分队(band)。每个分队是由几个家庭单元和全雄单元组成。

3.2.1 局部范围内的数据证明分队的存在

在一般情况下,观察到的局部范围较小,常常是只看到一个家庭单元,一个全雄单元等等。但是在 1995 年 4 月 2 日中午,猴群所在的位置适宜,观察者的视野大,因此绘制了 17 棵树上所有个体的情景,由于篇幅太大,把东边离得较远的三棵树舍弃了。这是一幅十分难得的图示,可以非常直观地看到部分猴群分布的模式,看到几个家庭单元集合在一起组成分队的情景。如图 7-5 所示,可以发现树 1 到树 12 在距离上比较集中,在这 12 棵树中可以分辨出 3 个家庭单元。第一个家庭单元是树 2,3,4 上的成员,其中有成年雄性 1 个,成年雌性 5 个,青年猴 4 个,少年猴 4 个,婴猴 2 个共 16 个;第二个家庭单元是树 5 和 6 上的成员,其中有成年雄性 1 个,成年雌性 4 个,青年猴 5 个,少年猴 2 个,婴猴 1 个共 13 个;第三个家庭单元是树 7,8,9,10 和 11 上的成员,其中有成年雄性 1 个,成年雌性 7 个,青年猴 5 个,少年猴 4 个,婴猴 1 个共 18 个。另外,树 1 和树 12 上都有 1 个成年雄性和各有一个幼体,它们属于什么单元还不清楚。树 13 上有 1 只亚成年雄性,树 14 上有 4 只成年雄性和 1 只青年猴,它们距离家庭单元较远,是全雄单元。此图的东边画的 3 棵树是树 15,16 和 17 距离树 1～12 有 70 米左右,在它们的北面还有猴,由于山势往下,观察者只能听见而看不见它们;可以从声音判断在树 1～14 的西面也有猴。这种地理分布很清楚地表明,树 1～12 上的成员是属于一个分队;树 13 和 14 上的成员是全雄单元,它们也可以属于这个分队。树 15～17 上的成员以及听见的那些猴是属于另外分队的。

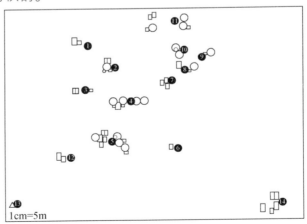

图 7-5　1995 年 4 月 2 日午睡时局部猴群个体位置图示记录

□：♯1　　○：♯2　　△：♯3　　□：♯4　　□：♯5　　○：♯6　　●：树

3.2.2 整体范围内的数据证明分队的存在

在整体范围内观察到社群分队情况共有 46 次,为我们相遇猴群 447 天的 10.3%。可以分为猴群休息时和迁移时所观察到的现象:

(1) 在猴群休息时,可同时观察到一个社群的两个或三四个分队的分布,如见到沟东沟西的分布,山顶山腰的分布等,分队之间的距离一般在 70～300 米。有时由于地形的原因,只能看到一个分队,但能在不远处听到另一个分队活动的声音,也可以听到两个分队互相打招呼的声音,等等。

(2) 猴群在迁移时,能观察到分队排成不同的行列,向同一方向迁移。有时是一列队伍走过以后,相隔不久,又来一列。有一次,一队走过以后,在树上还留下两个少年猴,观察者正担心它们会掉队,但过不久后面又来一队,这两个少年猴跟着就走了。看来少年猴有时会离开分队跑得较远,但在迁移时,总还是要回到自己的分队中。总之,如果有可能看到整个猴群,无论在休息时或在迁移时,猴群在空间和时间的排列和分布上,是存在分队形式的。

3.2.3 猴群整体过开阔地时的数据证明分队的存在

我们还可以用猴群整体过开阔地的数据来证明中级组织——分队的存在。证明的依据是猴群在迁移时的行列数,以及迁移时单元之间的时间间隔。在 5 次有录像的记录中,其中一次中途受干扰的数据①中时间间隔的数据无法使用外,其余 4 次过开阔地时没有受到干扰,可以清楚地看到过程中的规律。另外,根据我们的观察,在整体队伍迁移过开阔地时,全雄单元不像在休息时分散在自己的分队之中,而是处于集合状态。因此在区分分队的单元时,没有把全雄单元计算在内,上述的分队分析只包括家庭单元。

3.3 高层组织——社群

社群(social group)是川金丝猴社会组织的最高形式,是全体成员所共有的社

---

① 1996 年 4 月 30 日,猴群开始迁移后不久,就有几位当地农民路过这里,他们看见猴群很感兴趣,就坐在路中观看,猴群受到干扰,退到山边,等到农民走后还惊恐未定,等了好一段时间,才接着过开阔地,因此它们过路的时间拉得很长,录像机停开,没能记录下它们迁移的时间间隔。

会统一体。我们可以从最直接的观察来说明川金丝猴社群的存在。每当我们与川金丝猴相遇时，它们总是处在集群状态下的（孤独猴除外）；集群的数量有多有少，以我们精确统计的 8 次整体猴群的数据看，最少的一次是 95 只，依次排列是 136只，155 只，230 只，263 只，292 只，335 只和 341 只（表 7-3）。国内研究野外川金丝猴的学者们也都有一致的共识：川金丝猴是群居的，而且集群的个体数量较大。以下我们以 5 次有录像记录的猴群整体过开阔地的数据为依据，讨论川金丝猴社群结构的几个方面。

表 7-3   整体猴群迁移过开阔地的基本数据

迁移日期	迁移时间	个体数	#1/%	#2/%	#3/%	#4/%	#5/%	#6/%	录像
1995/01/14	10：40—10：58	155	12.9	31.6	8.4	20.6	12.9	13.6	有
1995/03/03	11：26—11：58	95	34.7	25.3	9.5	11.6	18.9	0	无
1995/05/05	09：48—10：26	341	8.8	30.8	7.3	19.1	15.2	18.8	有
1995/09/20	14：01—14：21	136*	14.5	28.2	19.4	1.6	20.2	16.1	无
1995/10/30	08：56—09：10	230	11.7	26.5	9.2	26.5	12.2	13.9	有
1996/04/30	11：49—14：02	263	12.2	28.9	4.6	32.4	10.6	11.4	有
1997/05/31	12：35—13：42	292**	/	/	/	/	/	/	无
1998/04/04	15：40—16：08	335	9.3	29.8	6.9	31.9	11.3	10.8	有

* 此猴群中，有 12 个个体没有分清年龄和性别，因此各类别的百分比是按 124 个个体计算的。
** 此次观察距离很远，估计数量可能多达 320～340 只左右。

3.3.1   社群过开阔地时的基本队形

在我们的数据中，除了 1997 年 5 月 31 日那次没有看清楚个体的年龄和性别，无法确认整体迁移队伍的队形以外，其余 7 次整体迁移队伍的基本形式都是一样的。以 5 次有录像的迁移队伍为例，成年和亚成年雄性以及成年雌性在队伍排列中的分布是不均匀的。把每次迁移队伍的总个体数，平均分成 4 份，进行卡方检验（表 7-4，表 7-5）。成年和亚成年雄性集中在队伍最前的 1/4 处，最后的 1/4 处也集中有较多的雄性；成年雌性集中在队伍的第二和第三的 1/4 处，第四的 1/4 处也有。因此迁移队伍是由雄性前卫、家庭单元和雄性后卫 3 个部分组成。最前面的是前卫部分，是以成年和亚成年雄性为主，集中了群内大多数的全雄单元中的个体；另外在前卫中还有相当数量的青年个体，这些青年个体的性别虽不能分得清楚，但根据推论是雄性的可能性很大。迁移队伍的中间部分是由家庭单元组成，绝大多数的家庭单元是由一个成年雄性、几个成年雌性及青年、少年和幼年个体组成。家庭单元是一个接一个地通过,不同的分队之间有一定的时间间隔,或走不同的纵列。迁移队伍的最后部分是后卫,也是以成年和亚成年雄性组成,只是数量大大少于前卫部分。队伍在进行时可为 1 列纵队,有时是 2 列或 3 列纵队行进。这些就是迁移队伍的基本形式。

表 7-4　5 次迁移队伍中成年和亚成年雄性分布的卡方检验(χ^2)

群	个体总数	雄猴总数	最前 1/4 雄猴数%	第二 1/4 雄猴数%	第三 1/4 雄猴数%	最后 1/4 雄猴数%	χ^2	p
1	155	33	64	9	6	21	27.97	<0.005
2	341	55	62	9	7	22	42.53	<0.005
3	230	48	75	8	4	13	64.67	<0.005
4	263	44	68	9	9	14	44.00	<0.005
5	335	54	59	7	15	19	42.53	<0.005

表 7-5　5 次迁移队伍中成年和亚成年雌性分布的卡方检验(χ^2)

群	个体总数	雄猴总数	最前 1/4 雄猴数%	第二 1/4 雄猴数%	第三 1/4 雄猴数%	最后 1/4 雄猴数%	χ^2	p
1	155	49	4	43	24	29	15.01	<0.005
2	341	105	13	32	30	25	8.87	0.031
3	230	61	0	33	41	26	22.98	<0.005
4	263	76	1	29	33	37	23.68	<0.005
5	335	100	10	33	25	32	13.52	<0.005

3.3.2　社群的社会构成

以 5 次猴群过开阔地时的成年雄性、成年雌性、亚成年雄性以及幼体在群中所占的百分比为期望值,分别进行卡方检验,结果表明,5 次猴群过开阔地的各种成员比例与期望值均无差异($p>0.05$),因此 5 次猴群的社会构成是一致的(表 7-6)。

(1) 表 7-6 表明,成年雄性占总体数的 10.5%,成年雌性占总体数的 29.7%;因此从整个社群来看,成年雄性和成年雌性的比例为 1∶2.8;

(2) 成年雄性在前后卫队中的个数占总体数 6.1%,占成年雄性总数的 58%;因此从家庭单元来看,一个雄性家长占有成年雌性数为 6.96;

(3) 亚成年雄性的个数占总体数的 6.9%,在卫队中的亚成年雄性占亚成年雄性总数的 87%;

（4）青年猴的个数占总体数的 26.3%，在前后卫队中的个数占青年猴总数的 28%。

表 7-6　　川金丝猴社群中各类成员在家庭单元及全雄单元中的比例

成员名称	所占社群比例（%）
家内婴幼	14.1
家内少年	12.5
家内青年	17.8
家内亚雄	0.7
成年雌性	29.7
雄性家长	4.4
卫队青年	8.5
卫队亚雄	6.2
卫队成雄	6.1

3.3.3　社群的基本特征

（1）川金丝猴的社群是全体成员的社会统一体。群内虽有两种基层单元和分队等集团，但是无论在休息时或迁移时，它们都有统一的部署和行动一致的方向。

（2）川金丝猴社群是相对稳定的。有的学者认为川金丝猴的社群是随着季节而分散聚合的（胡锦矗等，1989）；从我们目前的结果看，川金丝猴的社群是不随着季节的变化而分散和聚合的，是一个相对稳定的群体。原因有以下两点：第一，从 5 次社群迁移的数据看，它们在队形的排列方面和社会结构方面的相似性和共同性，以及队伍的完整性，使得我们认为它们都是一个完整的社群，不像是分散或聚合以后的队伍；第二，这 5 次迁移队伍的数据，从年度看是分散在 1995 年、1996 年和 1998 年三个年度，从季节看既有繁殖季节以前的 1 月的数据，也有繁殖季节刚结束的 4 月，5 月数据，还有交配季节 10 月的数据；然而，它们并没有因为年度和季节的不同在队形或社会结构方面有什么不同。所以我们推测，川金丝猴的社群是一个统一的、相当稳定的社群，并没有因季节或年度出现聚合和分散的现象。

（3）川金丝猴两个社群有时距离很近。在我们 9 年的野外研究过程中，有 17 天/次知道有两群同日同时存在的数据。在这个数据中，有的是观察者在一天内同时遭遇到两群；有的是遭遇一群，当地居民报告一群。它们之间的距离一般都很远，最少的直线距离约在 800 米左右，大多数在 2000~2500 米左右，因此社群和分队的区别,从距离来看就明了了。但是也有两群距离很近的时候,说明两个社群有接近,甚至融合的情况。如 1995 年 10 月 14 日,两位观察者在相距 1000 米的距离处各相遇一群;等到 10 月 15 日看到两群猴逐渐靠拢,相距只有 200 米;到了 10 月 28 日两群猴基本处于融合状态,看不清距离了,见到漫山遍野的猴,足有五六百只之多;但到了 10 月 30 日只观察记录到一个 230 只群猴的迁移的情况,另一群猴在不同的方向走了。这种现象在 1998 年初也遇到过。1998 年 1 月 4 日观察者用录像机记录到猴群过开阔地的情况,第二天观察者又到该地观察,惊奇地发现在离前一天猴群过开阔地的 50 米处,在雪地上又看到许多脚印,是到另一个方向去的。这个现象说明,在前几天,这两群猴是非常靠近的,到了 1 月 4 日它们分道扬镳了。两群接近或融合的功能机制,目前还不了解。

(4) 川金丝猴是季节性繁殖的动物。在我们的数据中,明确表明川金丝猴的繁殖是有季节性的。在 5 次猴群过开阔地的录像记录中,有 2 次(1995 年 5 月 5 日和 1996 年 4 月 30 日)观察记录到灰黑色的新生儿个体;在 1995 年 10 月 30 日观察到半岁左右的小婴猴;而 1995 年 1 月 14 日和 1998 年 1 月 4 日没有见到小婴猴,见到的是毛色变乳黄,能在地上跑的幼猴了。另外在局部观察记录的数据中,也在 3 月底到 5 月底都能见到初生的小婴猴,小婴猴由于它们灰黑的体毛,是很容易被辨别的。由此可见,3 月底到 5 月底是川金丝猴繁殖的季节,这与笼内的记录一致(Ren et al., 1995)。

(5) 川金丝猴育龄雌性可连续两年进行生育。在数据中可以看出,成年雌性有连续两年都进行繁殖的情况。在 1995 年 5 月 5 日的数据最明显,在这次迁移中,有 105 只成年雌性(♯2),但有 52 只少年猴和 64 只婴幼猴,共有 116 只,因此其中必然有的成年雌性是两年连续生育。在实际观察中也是如此,在队伍迁移时,有的母猴腹下挂着小婴猴,旁边走着少年猴。我们还记录到一次很有意思的情景,一只母猴腹下挂着小婴猴往前走,走在身边的一只少年猴直想往母亲的背上跳,最后母亲背着一个抱着一个向前走了。对生殖率的估计,在 1995 年的数据有 60% 的育龄雌性产仔,而 1996 年的数据只有 39% 的育龄雌性产仔,这种差别可能有自然的原因,但人为的干扰因素是不可忽视的,在 1995 年的秋冬,正值猴群的交配季节,在猴群的周围有不该发生的人为干扰,从而严重地影响了 1996 年的产仔率。

(6) 川金丝猴雄性 3~4 岁开始加入全雄单元。以上的数据可以估计出,川金丝猴的雄性被排斥出家庭单元参加到全雄单元中去的年龄。87% 的 5~7 岁的亚成年雄性(♯3)，都被排斥在家庭单元之外，离开了家庭。另外，在前卫和后卫中的青年猴约占青年猴总数的28%左右，在我们的分类(♯4)中雄性有3~5岁3个年龄段，雌性有3~4岁2个年龄段属于青年猴，如果不考虑可能发生的特殊情况，按每个年龄段各占20%的话，那么很有可能雄性在3~4岁之间就被排斥出家庭单元，参加到全雄单元中去。

3.4 小结

川金丝猴的社群是由两种基本单元组成的3个层次的重层结构的社会。基层组织是一雄多雌的家庭单元和全雄单元；中层组织是由几个家庭单元和全雄单元组成的分队；高层组织是由两到三或四个分队组成的社群。如图7-6所示。

川金丝猴的社群是全体成员社会生活的统一体，它们有确定的组织形式，有统一的领导和统一的行动，是稳定的群体，目前没有发现季节性的分散或聚合。从5次猴群过开阔地的数据看，猴群中的成年雄性与成年雌性的比例是1∶2.8；成年雄性在卫队中，也就是被排斥在家庭之外的个数占总成年雄性的58%；因此，每一个在家庭单元中的雄性家长占有雌性为6.96个。亚成年雄性在卫队中的个数占总亚成年雄性的87%，因此绝大多数的亚成年雄性被排斥在家庭单元之外。青年猴在卫队中的个数占总青年猴的28%，可以估计，雄性青年猴在3岁以后开始被家庭单元排斥。

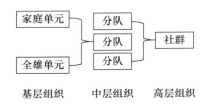

基层组织　　　中层组织　　　高层组织

图7-6　川金丝猴社会结构示意图

绝大多数的家庭单元只有一个雄性作为家长，家长平均拥有7个成年雌性，家庭成员平均个数为18个。无论在休息或迁移时，家庭单元都处在社群的中心部位。

全雄单元无论何时在社群中都处于边缘地位，在群的边缘、在群的前面、在群的后面等。在一般情况下，全雄单元的个数为3~5个；但在特殊情况下，如在社群通过开阔地，或有险情发生时，几个雄性单元就聚集在一起，执行它们的任务。

　　分队是由几个家庭单元和全雄单元组成,它们是社群的一部分。在休息时,同一分队的单元距离接近,不同分队的单元之间有一定的距离,一般是 50～70 米左右。在迁移时,尤其是在山林深处迁移时,分队有时分路而行,有时距离一定时间,前后而行;但是同一社群的几个分队的目的地都是同一的。

4　讨论

4.1　灵长类的社会结构

　　在这章的开始部分,我们就提到了川金丝猴的社会属于重层结构的社会,这种结构在灵长类中比较少见。再进一步讨论川金丝猴的社会结构之前,我们先介绍一下在灵长类动物社会中出现的社会形式,这样有助于我们比较并理解川金丝猴的社会结构所具有的独特性。

表 7-3　灵长类动物社会结构表

科	属	社会结构
懒猴总科	婴猴属	单独生活
	金熊猴属	单独生活
	鼠狐猴属	单独生活
	叉斑鼠狐猴属	单独生活
	倭狐猴属	单独生活
狐猴总科	冕狐猴属	多夫多妻
	大狐猴属	一夫一妻
	毛狐猴属	一夫一妻
	鼬狐猴属	单独生活
	领狐猴属	一夫一妻,多夫多妻
	环尾狐猴属	一夫一妻,多夫多妻
	美狐猴属	一夫一妻,多夫多妻
眼镜猴总科	眼镜猴属	一夫一妻

科	属	社会结构
卷尾猴总科	卷尾猴属	多夫多妻
	松鼠猴属	多夫多妻
	伶猴属	一夫一妻
	夜猴属	一夫一妻
	狨属	一夫一妻,一妻多夫,多夫多妻
	怪柳猴属	一妻多夫,多夫多妻
	狮面狨属	一妻多夫,多夫多妻
	吼猴属	一夫多妻,多夫多妻
	绒毛蛛猴属	多夫多妻
	蛛猴属	多夫多妻
猴总科	红叶猴	多夫多妻
	黑白疣猴	一夫多妻
	叶猴属	一夫多妻,多夫多妻
	长鼻猴属	一夫多妻,多夫多妻
	狒狒	一夫多妻,多夫多妻
	白眉猴属	一夫多妻,多夫多妻
	狮尾狒狒属	重层社会
	猕猴属	多夫多妻
	长尾猴属	一夫多妻,多夫多妻
	赤猴属	一夫多妻
人总科	长臂猿属	一夫一妻
	猩猩属	单独生活
	大猩猩属	一夫多妻
	黑猩猩属	多夫多妻
	人属	?

本表引自：张鹏,渡边邦夫,2009

从表 7-3 我们了解到,从所有灵长类物种来看,川金丝猴所具有的重层社会是比较少见的。作为旧大陆猴中的一种,川金丝猴社会结构发展到母系社会进化的最高阶段——母系重层社会,这种社会结构在非人灵长类中并不普遍(Grueter & van Schaik,2010;Grueter et al.,2012a),形成这种社会结构的原因可能是多方面的。

4.2　川金丝猴的社会结构

　　群体生活会给个体带来很多好处,比如说学习模仿、防御外敌(Pappano et al.,2012;Wang et al.,2013)等,但也面临着一个严峻的挑战,就是社会结构越大、越复杂,就意味着个体可能要容忍更多来自社会的压力,例如食物竞争和配偶竞争。川金丝猴的社会结构在所有灵长类里属于特别复杂的结构,对于这种社会结构的形成机制可能是有着特殊的演化和生存环境的原因(Grueter& van Schaik,2010;Qi et al.,2014),例如资源较为丰富,竞争相对较弱(Grueter& van Schaik,2010)。

　　川金丝猴属于旧大陆猴之中的一种,绝大多数旧大陆猴都形成了母系社会。女儿留在出生群内,而儿子在性成熟前会纷纷离开出生群,这样社会群的组成基础是血缘雌性,而雄性基本上都是外来个体。旧大陆猴的多样社会形态都是在母系社会的基础上建立的。例如,猴科就形成了母系一夫一妻制、母系一夫多妻群、母系多夫多妻群和母系重层社会等多样的社会形态。如果群内的一个强壮雄性能够驱赶走其它雄性竞争者,就会独占血缘雄性集团,形成母系一夫多妻型社会;而如果雄性无法驱逐其它竞争者,则需要容忍其它雄性留在繁殖群内,形成多夫多妻型社会。旧大陆猴的社会原型很可能是双系群模式(即一夫一妻和一夫多妻两种模式),其中疣猴亚科等种类的雄性成功地排斥其他雄性竞争者,形成母系一夫多妻型社会(张鹏,渡边邦夫,2009)。

　　在母系社会中,雌性处于家庭的中心位置,雄性家长进行更迭。这种现象在川金丝猴中表现更为明显,并且川金丝猴中的雌性对社会稳定起到了一个重要的作用。Matsuda 等研究者比较了具有重层社会的几个灵长类物种:长鼻猴、川金丝猴、狒狒以及狮尾狒狒,发现川金丝猴和长鼻猴的雌性在家庭中处于更为中心的位置(Matsuda et al.,2012)。雌性在群体间进行迁移,比如进入或独立形成新的家庭单元,这样客观上就避免了家庭单元主雄替换时的竞争,对整个社区的稳定起到了积极作用,增加了个体间的容忍性(Grueter et al.,2012b)。

　　在重层社会结构中存在的一个特殊的群体——全雄单元,也是这种社会结构的一个重要组成部分。对于全雄单元的存在,主要有四种假说,即捕食压力假说、配偶竞争假说、等级制度假说和亲缘关系假说(吴秦伟等,2011)。虽然全雄单元的存在有着争议,但是全雄单元存在的作用却是明显的:在全雄单元内部,雄性个体间可以形成复杂的关系,既有丰富的个体行为,又有复杂的等级间的关系。这样复杂的社会关系对维持整个全雄单元的社会稳定有着重要的意义。同时,全雄单元内的雄性个体对于繁殖群内的雄性个体有一定的选择压力,这样可以保持整个猴群的演化适宜性;并且全雄单元对于整个繁殖群还有保卫的义务,这样也对整个猴群的存续起到重要作用。

近年来随着研究者对川金丝猴社会结构研究的深入,特别是对于野外状态下猴群的个体识别,使得对川金丝猴社会的认识进一步加深。西北大学的研究者对秦岭川金丝猴长期连续观察,对有关雌性的迁移、个体支配从属关系与家庭单元的演替过程等方面的认识已有了长足的进步(Zhang et al.,2008;Qi et al.,2009)。已有的研究结果发现家庭单元中的个体和全雄单元之前存在迁移现象,并且超过一半的雌性会在家庭单元间迁移,有时甚至会迁出到外群或从外群迁入(Qi et al.,2009),具有更松散的重层社会的特点。最近发表的Qi等研究者(2014)使用卫星遥感技术对秦岭的川金丝猴的研究结果,证实了川金丝猴的社会结构由关系紧密的一夫多妻家庭单元和全雄单元组成基本的单元,若干基本的单元结合成较大的分队,随后几个分队组成较大的社群的重层结构[①]。川金丝猴社群内的个体流动随季节变化较大,食物的丰盈程度,在很大程度上影响社群内个体数量。这客观上增加了基因流动,降低了近亲繁殖的可能性。这些结果也说明了演化和环境压力使得川金丝猴具有了现在的这种社会结构形态。

5 结语

川金丝猴的社群是由两种基本单元组成的三个层次的结构。基层组织是一雄

---

① 对于仰鼻猴属其他物种的研究也发现金丝猴的家庭单元基本上都为一夫多妻制,但雌雄比例不尽相同。例如秦岭川金丝猴家庭单元大小平均为7.9只,家庭单元内雄雌比例为1∶3.3(张鹏等,2003)。滇金丝猴家庭单元大小平均为7.5只,家庭单元内雄雌比例1∶4.0(Cui et al.,2008)。越南金丝猴家庭单元大小平均为15.2只,家庭单元内雄雌比例为1∶1.8(Boonratana et al.,1998)。不过对于这种看法也存在着争议(见聂帅国,向左甫,李明,2009)。

多雌的家庭单元和全雄单元；中层组织是由几个家庭单元和全雄单元组成的分队；高层组织是由两到三或四个分队组成的社群。绝大多数的家庭单元只有一个雄性作为家长，家庭单元都处在社群的中心部位。全雄单元无论何时在社群中都处于边缘地位。分队是由几个家庭单元和全雄单元组成，它们是社群的一部分。对于这个物种重层社会形成的机制，还需要进一步进行研究。

把川金丝猴社群结构的讨论放到更大的框架中，即整个灵长类的社会结构中去考虑，就会发现亚洲疣猴和狒狒都有复杂的社会结构形态，影响这种社会形态的机制还并未得到很好的揭示（Grueter & van Schaik, 2010；Grueter et al., 2012b），特别是雌性和雄性表现出的特殊社会作用的机制也需要得到进一步探讨（Wang et al., 2013）。

有研究者指出（Dunbar, 2014），适应一个复杂的社会形态需要有一个相对大的新皮层作为支持，即社会脑假说（Dunbar, 2011）。川金丝猴是对这种假说进行验证的一个非常理想的物种，对于川金丝猴脑机制的研究有助于我们理解这种灵长类动物所表现出来的特殊的认知（物理认知和社会认知）能力（见第 10 章）。

参考文献

Altmann, J. (1974). Observational study of behavior: Sampling methods. *Behavior*, 49 (3), 227-267.

Bleisch, W., Cheng, A. S., Ren, X. D., & Xie, J. H. (1993). Preliminary results from a field study of wild Guizhou snub-nosed monkeys (*Rhinopithecus brelichi*). *Folia Primatologica*, 60 (1-2), 72-82.

Boonratana, R., & Le, X. C. (1998). Preliminary observations of the ecology and behavior of the Tonkin snub-nosed monkey (*Rhinopithecus [Presbytiscus] avunculus*) in Northern Vietnam. In: Jablonski, N. G. (Ed.), *The Natural History of the Doucs and Snub-nosed Monkeys* (Vol. 4) (pp. 207-314). Singapore: World Scientific.

Burt. W. H. Territoriality and home range concepts as applied to mammals. *Journal of Mammalogy*, 1943, 24 (3), 346-352.

Cui, L. W., Huo, S., Zhong, T., Xiang, Z. F., Xiao, W., & Quan, R. C. (2008). Social organization of black-and-white snub-nosed monkeys (*Rhinopithecus bieti*) at Deqin, China. *American Journal of Primatology*, 70(2), 169-174.

Dunbar, R. I. M. (2011). Evolutionary basis of the social brain. In J. Decety & J. Cacioppo (Eds.), *Oxford Handbook of Social Neuroscience* (pp. 28-38). Oxford, England: Oxford University Press.

Dunbar,R. I. M. (2014). The Social Brain Psychological Underpinnings and Implications for the Structure of Organizations. *Current Directions in Psychological Science*, 23 (2), 109-114.

Dunbar,R. I. M. , & Dunbar,P. (1975). Social dynamics of gelada baboons.*Contributions to Primatology*,6(1),1-157.

Grueter,C. C. ,Chapais,B. , & Zinner,D. (2012a). Evolution of multilevel social systems in nonhuman primates and humans.*International Journal of Primatology*,33(5),1002-1037.

Grueter,C. C. ,Matsuda,I. ,Zhang,P. , & Zinner,D. (2012b). Multilevel societies in primates and other mammals: Introduction to the special issue.*International Journal of Primatology*,33(5),993-1001.

Grueter,C. C. , & van Schaik,C. P. (2010). Evolutionary determinants of modular societies in colobines.*Behavioral Ecology*,21(1),63-71.

Kummer,H. (1968).*Social Organization of Hamadryads Baboons: A Field Study*. Chicago: The University of Chicago Press.

Kawai,M. (1990). Multi-level societies of primates. In Kawai,M. (Ed.),*Prehominid Societies: Studies of African Primates* (pp. 387-417). Higashimurayama: Kyoikusha Press.

Matsuda,I. , Zhang, P. , Swedell, L. , Mori, U. , Tuuga, A. , Bernard, H. , & Sueur, C. (2012). Comparisons of intraunit relationships in nonhuman primates living in multilevel social systems.*International Journal of Primatology*,33(5),1038-1053.

Pappano,D. J. , Snyder-Mackler, N. , Bergman, T. J. , & Beehner, J. C. (2012). Social predators within a multilevel primate society.*Animal Behaviour*,84(3),653-658.

Phiapalath,P. ,Borries,C. , & Suwanwaree, P. (2011). Seasonality of group size, feeding,and breeding in wild red-shanked douc langurs (Lao PDR).*American Journal of Primatology*,73(11),1134-1144.

Qi,X. G. , Garber, P. A. , Ji, W. , Huang, Z. P. , Huang, K. , Zhang, P. ,... & Li, B. G. (2014). Satellite telemetry and social modeling offer new insights into the origin of primate multilevel societies.*Nature Communications*,5.

Qi,X. G. ,Li,B. G. ,Garber,P. A. ,Ji,W. H. , & Watanabe,K. (2009). Social dynamics of the golden snub-nosed monkey (*Rhinopithecus roxellana*): Female transfer and one-male unit succession.*American Journal of Primatology*,71(8),670-679.

Ren,B. P. ,Li,D. Y. ,Garber,P. A. , & Li,M. (2012). Fission-fusion behavior in Yunnan snub-nosed monkeys (*Rhinopithecus bieti*) in Yunnan,China. *International Journal of Prima-

tology,33(5),1096-1109.

Ren,R. M.,Yan,K. H.,Su,Y. J.,Qi,H. J.,Liang,B.,Bao,W. Y.,& de Waal,F. B. (1995). The reproductive behavior of golden monkeys in captivity (*Rhinopithecus roxellana roxellana*). *Primates*,36(1),135-143.

Ren,R. M.,Su,Y. J.,Yan,K. H.,Li,J. J.,Zhou,Y.,Zhu,Z. Q.,Hu,Z. L.,& Hu,Y. F. (1998). Preliminary Survey of the Social Organization of Golden Monkey (*Rhinopithecus roxellana*) in Shennongjia National Natural Reserve,Hubei,China. In C. E. Oxnard (Series Ed.) & N. G. Jablonski (Vol. Ed.),*Recent Advances in Human Biology*:Vol. 4. The Natural History of thr Doucs and Snub-nosed Monkeys (pp. 269-277). World Scientific Publishing Co. Pte. Ltd.

Roberts,S. B. G.,Arrow,H.,Lehmann,J.,& Dunbar,R. I. M. (2014). Close social relationships:An evolutionary perspective. In R. I. M. Dunbar, C. Gamble, & J. A. J. Gowlett (Eds.),*Lucy to Language:The Benchmark Papers* (pp. 151-180). Oxford:Oxford University Press.

Struhsaker,T. T. (1987). Colobines:infanticide by adult males. In Smuts,B. B. (Eds),*Primate Societies* (pp. 83-97). Chicago:The Chicago University of Chicago Press.

Su,Y. J.,Ren,R. M.,Yan,K. H.,Li,J. J.,Zhou,Y.,Zhu,Z. Q.,Hu,Z. L.,& Hu,Y. F. (1998). Preliminary Survey of the Home Range and Ranging Behavior of Golden Monkey (*Rhinopithecus roxellana*) in Shennongjia National Natural Reserve,Hubei,China. In C. E. Oxnard (Series Ed.) & N. G. Jablonski (Vol. Ed.),*Recent Advances in Human Biology*:Vol. 4. The Natural History of the Doucs and Snub-nosed Monkeys (pp. 255-268). World Scientific Publishing Co. Pte. Ltd.

Wang,X. W.,Wang,C. L.,Qi,X. G.,Guo,S. T.,Zhao,H. T.,& Li,B. G. (2013). A newly-found pattern of social relationships among adults within one-male units of golden snub-nosed monkeys (*Rhinopithecus roxenalla*) in the Qinling Mountains,China.*Integrative Zoology*,8(4),400-409.

Wang,S.,Xie,Y.,& Wang,J. J. (2001).*A Dictionary of Mammalian Names*. Changsha:Human Education Press.

Zhang,P.,Li,B. G.,Qi,X. G.,MacIntosh,A. J. J.,& Watanabe,K. (2012). A proximity-based social network of a group of Sichuan snub-nosed monkeys (*Rhinopithecus roxellana*). *International Journal of Primatology*,33(5),1081-1095.

Zhang,P.,Watanabe,K.,& Li,B. G. (2008). Female social dynamics in a provisioned free-ranging band of the Sichuan snub-nosed monkey (*Rhinopithecus roxellana*) in the Qinling Mountains,China.*American Journal of Primatology*,70(11),1013-1022.

胡锦矗,邓其祥,余志伟,周守德,田致祥.(1989).金丝猴生态生物学研究.陈服官(主编),金丝猴研究进展.西安：西北大学出版社.

梁冰,戚汉君,张树义,任宝平.(2001).笼养川金丝猴不同年龄阶段的发育特征.动物学报,47(4),381-387.

聂帅国,向左甫,李明.(2009).黔金丝猴食性及社会结构的初步研究.兽类学报,29(3),326-331.

吴秦伟,齐晓光,王晓卫,魏玮,王开峰,李保国.(2011).非人灵长类全雄群的形成与组织结构.动物学杂志,46(3),152-160.

杨业勤.(2002).梵净山研究：黔金丝猴的野外生态.贵阳：贵州科技出版社.

张鹏,渡边邦夫.(2009).灵长类的社会进化.广州：中山大学出版社.

张鹏,李保国,和田一雄,谈家伦,渡边邦夫.(2003).秦岭川金丝猴一个群的社会结构.动物学报,49(6),727-735.

第 8 章　食物分享

1　引言

1.1　食物分享行为

灵长类动物中,食物分享行为(food sharing)是指两个或多个个体共同消费本可由单一个体独占的食物资源(Tomasello & Call,1997)。这些分享行为主要通过食物占有者允许乞食者一起吃自己的食物、或是允许乞食者从自己手中或嘴里拿走食物,以及允许乞食者在自己伸臂所及的范围内捡取食物等被动的方式发生,较少出现食物占有者主动给予其它个体食物的行为(de Waal,1997b;Feistner & Price,2000)。因此,有时也会用食物传递代替食物分享作为对主动、被动两种分享状态的统称(de Waal,1997b)。

食物分享行为在原猴、新大陆猴、旧大陆猴和大猿等不同演化类别的物种中都有发现,尤其在大猿(比如,黑猩猩)、卷尾猴和狨科物种中更为常见(Jaeggi & Van Schaik,2011)。灵长类动物中,食物分享多发生在成年个体和婴幼个体间,其中又以母婴间的分享为主(Moura,Nunes, & Langguth,2010)。比如,King(1994;见 Rapaport,1999)观察到在猴亚科多数物种中,食物分享仅仅局限于母亲容忍其后代偶尔的偷取,刚断乳的幼体或是直接从母亲嘴里、手里抢食物吃,或是捡取母亲掉在地上的食物残渣吃。对黑猩猩而言,除了母亲和幼体间经常会分享肉食和植物性食物(包括母亲偶尔递食物给幼体)以外(Ueno & Matsuzawa,2004),群内其它成年个体和未成年个体间也有食物分享发生(Rose,1997)。但在灵长类动物中,成年个体之间的分享则相对少见。在野外,成年雄性黑猩猩通常是猎物的占有者,它们会和其它成年雄性个体以及雌性分享猎物(Rose,1997),有时也会分享植物性食物(Pruetz & Lindshield,2012);而倭黑猩猩中成年雄性之间、成年雌性之间以及成年雌雄个体之间主要分享植物性食物(Rose,1997)。即使是发生在成年—婴幼个体之间的食物分享,也主要由乞食者发起,呈被动分享的特点,主动分享很少发生(Ueno & Matsuzawa,2004)。

共同进食(上海野生动物园内)

1.2 食物分享行为的机制

灵长类动物的食物分享行为一直以来吸引着演化生物学家、人类学家和心理学家的研究兴趣。在食物分享中,食物占有者让出部分食物降低了自身的适宜性收益,因此分享也被看成是灵长类动物中一种典型的利他行为。研究者一方面关注灵长类动物食物分享行为的机制(Silk et al.,2013),另一方面也希望通过理解这种利他行为的本质来揭示人类利他、合作行为的演化渊源(Jaeggi & Gurven,2013)。

灵长类动物食物分享行为的机制有几种理论解释。亲属间的食物分享可以用亲缘选择(Hamilton,1964)进行解释,成年个体通过将食物让与子代而获得间接收益;而非亲属间的食物分享可以考虑用副产品的互利共生、互惠或避免骚扰等假说进行解释。根据副产品的互利共生假说,食物占有者将食物让给乞食者的行为增加了自己的即时收益,而带给乞食者收益只是同时发生的一种副产品(Dugatkin,1997);根据互惠假说,食物占有者让出食物是为了在以后得到对方的食物回报,或是为了换取对方以后对自己的理毛、在冲突中对自己的支持等其他适应性收益(de Waal,1989a,1997a;Stevens & Gilby,2004);而根据避免骚扰假说,食物占有者通过分享来避免被乞食者攻击、避免自身体力的消耗以及机会成本的丧失(如,进食频率的降低)(Stevens,2004)。

上述经典理论假说从食物占有者可能获得收益的角度,解释了灵长类动物中食物分享行为的功能。由于食物占有者可能获得的任何收益都是以所失去的食物为代价的,所以经典理论都默认获得食物(营养)一定是乞食者得到的唯一收益(Slocombe & Newton-Fisher,2005)。不过,Slocombe 和 Newton-Fisher(2005)提出,当乞食者放弃其它更容易的方式而通过乞食来得到相同的食物时,这种乞食行为有可能是为了实现一些社会性功能(比如,巩固社会关系),而不仅仅是为了获得营养。此外,研究者在成年普通猕中发现(Kasper et al.,2008),乞食者有时会掰开食物占有者的嘴巴去取食,但食物占有者却并不做出任何反抗。Kasper 等(2008)认为这种被高度容忍的食物分享是个体确认自己和其它个体间关系的一种方式。van Noordwijk 和 van Schaik

（2009）对黄猩猩的研究发现，成年雌性个体向成年雄性个体乞要食物，是为了借此判断该雄性个体是否具有攻击性。由此可见，在灵长类动物中，乞食行为本身有着更为复杂的功能。

1.3 半放养条件下川金丝猴的食物分享

对于黑猩猩、倭黑猩猩、卷尾猴等经常能被观察到有分享行为发生的物种而言，它们的一个共同点是具有高的社会容忍性（Caine，1993；de Waal，1989b，1997b）。对于高度社会化的动物来说，社会容忍性对于它们维持长期稳定的社会关系非常重要。在具有高度社会容忍性的物种中，个体间会放松地相互接近、等级关系宽松并且攻击行为的强度很低。这种高的容忍性也使得个体间的食物分享成为可能（Boesch，2003；Jaeggi，Stevens，& Van Schaik，2010）。对于倭黑猩猩而言，这种高度的社会容忍性也存在于不同群体之间（Furuichi，2011），一个体甚至会和来自于其它群体的陌生个体间发生食物分享行为（Hare & Kwetuenda，2010；Tan & Hare，2013）。因此，灵长类社会中，当使用专制—容忍这一连续体来描述某物种的社会关系特点时，表现出食物分享的物种通常处于具有高度容忍性的一端。

在川金丝猴的社会中，最基本的社会单元是家庭群和全雄群，在此基础上，几个家庭群和全雄群又形成一个分队，最后再由若干分队形成一个大的社群。川金丝猴的这种社群在灵长类动物中是相当庞大的，野外曾经观察到由341只个体组成的大群（Ren et al.，1998；任仁眉等，2000）。要维持这样一个大群的稳定，高度的社会容忍性是不可缺少的。任仁眉等（1990）对笼养川金丝猴的观察中发现，在两个家庭群间，友谊行为占到所有社会行为的86.4%，攻击行为仅仅占7.3%。李保国等（2006）对秦岭川金丝猴的研究中也发现，家庭群间的攻击行为主要表现为追赶、威胁的形式，从来没有观察到咬这样激烈的攻击行为。此外，雌性个体从家庭群中迁入迁出时，也不会出现致伤的攻击行为（Qi et al.，2009）。川金丝猴具有高度的社会容忍性，因此也极有可能存在食物分享行为；而其社会结构和社会生活的相对复杂性，则有助于探讨乞食行为可能具有的社会功能。

在本研究中(Zhang et al.,2008,2010),我们观察了动物园中半放养川金丝猴个体吃树叶时的行为。由于野生状态下树叶是川金丝猴的主要食物来源之一(Guo et al.,2007;Li,2006),因此人工喂养条件下个体进食树叶时的行为最能反映它们在野外的真实行为。同时,由于树枝本身的特点(一定体积、可分割性)也提供给我们很好的观察分享的条件。我们预期,在半放养条件下的川金丝猴中,会有食物分享行为发生;对于乞食者来说,它们的乞食行为有时可能并不仅仅是满足对营养的需求,而从实现社会性功能的角度可能会更好地解释这些乞食行为。

2　研究方法

2.1　被试

2005 年 4 月 18 号至 5 月 17 号期间,对上海野生动物园一群(共 10 只)半放养的川金丝猴进行了为期一个月的观察。观察期间,这 10 只个体分属于一个家庭群和一个全雄群,两群白天在同一块室外场地活动。家庭群包括 8 只个体:1 只成年雄性(♯5),2 只成年雌性(♯3 及其女儿♯98-2)和 4 只少年猴:2 雄(♯03-1,♯03-3)、2 雌(♯01-4,♯03-2)。另有 1 只新出生的雄猴,但本研究未对其进行观察。全雄群中包括 3 只无亲缘关系的个体(DWB,♯97-1 和♯98-1)。对所有个体都可以根据面貌、身体大小等进行个体识别。每天早上 8:00 左右,猴群从室内放出,在一个 24 米×27 米的室外场地活动,该活动场地通过人工河和假山与游人分隔;每天下午 4:30 左右,猴群返回室内(9.8 米×5.8 米×3.7 米)休息,直到次日早上。每天上午 8:30,中午 1:00 和下午 4:45 左右都会给猴群投喂新鲜的女贞树枝。上午 10:00 和下午 3:30 左右会给猴群喂切成块状的营养窝头、熟鸡蛋、水果和茄子。室内、室外砌有混凝土水槽,可储水 10～15 升,随时添加,保证猴群充足用水。

上海野生动物园金丝猴饲养区室外环境

2.2 行为观察

在 2005 年 4 月 18 日至 5 月 17 日间,观察者对猴群一天三次进食树叶的过程通过 DV 拍摄(Panasonic NV-DS30EN)进行记录。每次从饲养员进入室外(内)场地,把成堆的树叶扔在地上起(家庭群一大堆,全雄群中每个个体一小堆)开始拍摄,部分进食过程未能进入镜头,故由观察者口述录音入 DV。每天大约进行 3 次这样的观察,早上和中午的拍摄发生在室外,从开始喂树叶起一直持续到树叶基本被吃完或是个体间不再发生和吃树叶有关的互动时为止($M = 28.5$ 分钟,$SD = 18$ 分钟)。下午的观察发生在室内,拍摄大概持续几分钟左右($M = 5.8$ 分钟,$SD = 2.7$ 分钟),在动物园下午 5 点关门前结束。在 27 天的观察中,共记录到 69 段进食树叶的过程,每天至少有 2 段记录。

在此期间,当猴群不进食时,观察者采用扫描技术记录家庭群和全雄群中个体的行为。每分钟对所有的 10 只被试扫描一次,对每只个体的行为都采用以下方式进行记录:日期/时间/行为类型/行为状态/行为对象/地点。在 27 天的观察中,每只个体都有 3494 分钟行为记录。个体的行为记录用来判断个体间的友谊关系和社会等级。根据个体间威胁和攻击行为的方向和次数,计算每个个体的优势等级指数。全雄群中个体的社会等级在 5 月 5 号之前由高到低依次为:DWB＞♯97-1＞♯98-1,5 月 5 号之后为♯97-1＞短尾巴＞♯98-1(另外,作为补充,5 月 5 号观察到 DWB 指甲上有外伤,据此推测,5 月 4 号晚上,DWB 和

上海野生动物园内的金丝猴

♯97-1间发生过争斗,引起了之后社会等级的变化)。家庭群中,三只成年个体在整个观察期间的社会等级稳定,由高到低依次为:♯3＞♯5＞♯98-2。4 只少年猴的社会等级在家庭群和全雄群中的成年个体之下。

2.3　行为编码

观察结束后,研究者对录像和录音进行编码。根据 de Waal 等(1989a,1997b)的定义分析录像中"和食物有关的互动"(和食物有关的互动是指非食物占有者接近食物占有者,位于占有者可以触及的范围内,而无论之后发生的行为会持续多长时间)并进一步对乞食行为进行分类。本研究中,乞食行为分为以下 6 类:① 一起合吃:乞食者去吃食物占有者正在进食的食物,最终,两个个体拿着同一根树枝进食;② 放松地拿:乞食者不采取任何争斗的行为而是以一种放松的方式,从

食物占有者的手中或者嘴里拿走部分或全部的树枝；③ 抢：乞食者无视食物占有者发出的攻击信号和抵抗，从食物占有者的手中或嘴里抓走或拽走部分或全部的树枝，或者乞食者取代另一个个体而成为新的食物占有者；④ 从附近捡食：乞食者在食物占有者一臂之长的范围内，捡拾地上的小树枝或树叶吃；⑤ 偷：乞食者偷偷接近食物占有者（通常从食物占有者背后或是当食物占有者位于栖架上时从其下方），抓住食物占有者的食物就跑；⑥ 对食物有兴趣：乞食者的面颊凑近食物占有者的面颊，嗅或是紧盯着占有者的食物，但并不试图拿走食物。另一方面，食物占有者对于上述乞食行为做出的反应，被划分为"看到乞食者接近就扔下食物走开"，"允许乞食者的行为并扔下食物走开"，"允许"，"先反抗后允许"，"赶走乞食者"，"手拿食物躲避乞食者"，"紧紧抓住食物"，"夺回食物"，"拿着食物走开"，"瞪（咕）乞食者"，"抓咬乞食者"等 16 类。此外，我们还对乞食行为的结果进行了分类：① 有分享发生，食物占有者允许乞食者的行为；② 有分享发生，尽管乞食过程中遭到食物占有者的反抗，但最终乞食者还是得到了食物；③ 有分享发生，但是食物占有者并没有发现乞食者的行为，常见于乞食者偷的行为；④ 没有分享发生，因为食物占有者的拒绝；⑤ 没有分享发生，但食物占有者允许乞食者的行为，常见于乞食者表达对食物的兴趣而没有想拿走食物时。最后，我们还对乞食者在向其它个体乞要食物之前，是否是丢弃了自己已经获得的树枝（或是从无人占有的树枝旁走过）进行了区分。随机抽取所有和食物有关的互动中的 32.6%（457 个）的行为，由另外一个不知道实验目的的研究者进行编码。在乞食者的行为类型、食物占有者的行为类型、乞食行为的结果以及是否乞食者丢弃自己的树枝（或是经过无人占有的树枝）而向其它个体乞食四个方面，编码者间的 Kappa 一致性系数分别为 0.70，0.71，0.65 和 0.79。

3　研究结果

3.1　对"和食物有关的互动"的整体描述

研究分析了 1275 次和食物有关的互动（剔除了 111 次食物占有者/乞食者关

系不清楚的片段,以及 15 次乞食者不是为了得到食物而发起乞食行为)。在这
1275 次互动中,1068 次发生在家庭群中,67 次发生在全雄群中,140 次发生在家庭
群和全雄群之间。对食物有兴趣、偷取、从附近捡食、一起合吃、放松地拿和抢 6 种
乞食者的行为及其引发的 5 种不同结果如表 8-1 所示。本研究对食物分享的定义
比较严格,只有乞食者从食物占有者那里得到食物且没有遭到任何拒绝(表中的
"y"状态)才被定义为食物分享。所有的食物分享都是由乞食者发起的,没有观察
到食物占有者主动把食物给其它个体吃的行为。

表 8-1　各种乞食行为所引起的不同结果的发生频次

乞食者的行为	乞食的结果					合计
	y	yn	yuna	n	ny	
对食物有兴趣	0	0	0	5	54	59
偷取	31	29	36	14	0	110
从附近捡食	77	4	5	8	0	94
一起合吃	554	13	10	38	0	615
放松地拿	203	29	0	67	0	299
抢	27	56	0	15	0	98
合计	892	131	51	147[a]	54	1275

注:y:有分享发生,占有者允许乞食者的行为;yn:有分享发生,尽管乞食过程中遭到占有者的
反抗,但最终乞食者还是得到了食物;yuna:有分享发生,但是占有者并没有发现乞食者的行为;
n:没有分享发生,因为占有者的拒绝;ny:没有分享发生,但占有者允许乞食者的行为,常见于
乞食者表达对食物的兴趣而没有想拿走食物时。
[a]其中一次没有发生分享并不是因为占有者的拒绝(♯03-3 放松的从♯97-1 手里拿树枝,♯97-1
抱起♯03-3,因此没有分享发生)。
本表引自:Zhang et al. ,2008

　　除去那些乞食者仅仅表达对食物的兴趣以及占有者没有发现乞食者行为的食
物互动,将其余的食物互动定义为乞食互动。在 1165 次乞食互动中,食物分享发
生了 892 次,占乞食互动的 76.6%(即为分享成功率)。在发生的食物分享中,最为
普遍的分享方式是一起合吃(图 8-1)和放松地拿,分别占 62.1% 和 22.8%。同时,
这两种方式也是分享成功率最高的两种方式(分别是 91.6% 和 67.9%),从附近捡
食也有较高的分享成功率(81.9%)。当乞食者采用偷或者抢的方式时,分享成功

率都较低(分别是 28.1% 和 27.6%)。对食物占有者来说,在 272 次(23.3%)乞食互动中表现出对乞食者的拒绝,但其中 131 次(48.2%)乞食者仍然得到了食物。在这些遭到拒绝的乞食互动中,只有 47 次(17.3%)食物占有者做出攻击行为,包括赶走乞食者或是抓、打乞食者,且从未观察到食物占有者做出猛烈的攻击行为,比如摔倒或者咬乞食者。

(a)   (b)

(c)   (d)

图 8-1　最常见的食物分享方式之一：一起合吃

（a）家庭群中成年雄性、成年雌性和 1 只少年猴间；（b）家庭群中成年雄性、成年雌性间，以及家庭群中 3 只少年猴间；（c）和（d）家庭群中成年雄性和成年雌性间

3.2　社会单元内及社会单元间的食物分享

3.2.1　家庭群中的食物分享行为

个体间发生的食物分享的频次分布详见表 8-2,共计 892 次,其中 756 次

(84.8%)分享发生在家庭群中。具体来看,家庭群中的成年个体和少年个体通常都是从它们的同伴那里得到食物,食物分享行为分别出现了 262 次(34.7%)和 318 次(42.1%),并且都有高的成功率(分别是 87.9% 和 78.9%)。成年个体和少年个体之间的分享较少发生(在家庭群的 756 次中有 176 次,占 23.3%),进一步分析表明,成年个体从少年个体那里得到食物的次数要比少年个体从成年个体那里得到食物的次数更多(维尔克松T检验,$Z = -2.137$,$n = 12$,$p = 0.033$)并且成功率也更高(维尔克松T检验,$Z = -2.395$,$n = 12$,$p = 0.017$)。

表 8-2　川金丝猴中食物分享/乞食互动的频次矩阵

占有者	乞食者										合计
	♯3	♯5	♯98-2	♯01-4	♯03-1	♯03-2	♯03-3	DWB	♯97-1	♯98-1	
♯3	—	46/54	0/1	1/2	9/31	6/17	0/5	0/0	0/0	0/0	65/115
♯5	62/66	—	48/54	1/1	5/16	8/12	3/5	0/0	0/0	0/0	131/165
♯98-2	36/49	70/74	—	4/5	4/17	21/29	2/3	0/0	0/0	0/0	138/178
♯01-4	11/14	3/3	21/22	—	44/56	28/39	15/20	3/3	0/0	0/0	126/158
♯03-1	8/17	8/9	11/11	14/18	—	39/51	23/32	14/15	4/4	0/0	122/158
♯03-2	12/17	4/5	20/24	18/19	35/44	—	8/9	1/1	0/0	0/0	98/119
♯03-3	6/6	3/5	5/10	22/27	54/60	18/28	—	9/11	6/6	1/1	124/154
DWB	0/0	0/0	1/1	0/0	9/14	2/2	16/29	—	9/13	7/9	46/70
♯97-1	0/0	0/0	0/0	0/0	4/5	0/0	10/17	11/13	—	2/2	27/37
♯98-1	0/0	0/0	0/0	0/0	0/0	0/0	3/6	13/14	11/12	—	29/35
合计	135/169	134/150	106/123	60/72	164/243	122/178	80/126	51/57	30/35	10/12	892/1165

本表引自:Zhang et al.,2008

在家庭群中,一起合吃在每种年龄组合中都很普遍,特别是在成体—成体之间和少年个体—少年个体之间(图 8-2)。放松地拿这种方式主要出现在成年个体从少年个体那里获得食物时,同时也存在于其他类型的年龄组合中。偷这种方式主要发生在少年个体乞食时,少年个体常用的另一种乞食方式是和其它个体一起合吃食物。从附近捡食和抢是两种相对不常见的方式,其中从附近捡食在每种年龄组合中都有发生,而抢则主要发生在成年个体从少年个体那里得到食物时或少年个体之间。

3.2.2　全雄群中的食物分享行为

全雄群中共发生食物分享 53 次,这比家庭群中成年个体之间的分享行为要少

（曼-惠特尼 U 检验，$U=0$，$n_1=3$，$n_2=3$，$p=0.05$）。但是，全雄群个体间的分享成功率和家庭群中成体间的分享成功率相当（曼-惠特尼 U 检验，$U=2$，$n_1=3$，$n_2=3$，$p>0.05$）。不同于家庭群中成年个体主要一起合吃来进行食物分享，全雄群个体间最常见的分享方式是放松地拿和一起合吃（图 8-2）。

3.2.3　家庭群和全雄群之间的食物分享行为

本研究中共观察到家庭群和全雄群之间的食物分享 83 次，其中 76 次（91.6%）都发生在家庭群中的雄性少年猴和全雄群中的成体间。具体来说，全雄群中的成体从家庭群中的雄性少年猴那里得到食物 34 次，而雄性少年猴从全雄群中的成体那里得到食物 42 次；但全雄群中的成体从雄性少年猴那里得到食物的成功率要高于雄性少年猴从全雄群中的成体那里得到食物的成功率（维尔克松 T 检验，$Z=-2.023$，$n=6$，$p=0.043$）。全雄群中的成体主要通过一起合吃和放松地拿这两种方式从雄性少年猴那里得到食物，而雄性少年猴则主要通过一起合吃的方式从全雄群中的成体那里得到食物（图 8-2）。

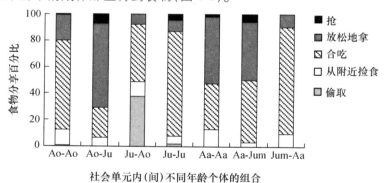

图 8-2　社会单元内（间）不同年龄个体的 7 种组合中，5 种方式的食物分享所占的相对比率

Ao-Ao：家庭群中成年个体间的食物分享；Ao-Ju：家庭群中的成年个体从少年个体那里得到食物；Ju-Ao：少年个体从家庭群中的成年个体那里得到食物；Ju-Ju：少年个体间的食物分享；Aa-Aa：全雄群中成年个体间的食物分享；Aa-Jum：全雄群中的成年个体从雄性少年个体那里得到食物；Jum-Aa：雄性少年个体从全雄群中的成年个体那里得到食物

本图引自：Zhang et al.，2008

3.3 发生在几种特殊情境中的乞食行为

在上述提到的 1275 次和食物有关的互动中,有些乞食行为的目的不太可能是为了获得营养,主要包括以下三种情境:

情境一:乞食者放弃自己的树枝或是从无人占有的树枝旁经过而向其它个体乞要树枝。

在和食物有关的互动中,有 122 次(9.5%)乞食者会丢下自己正在进食的树枝或是从无人占有的树枝旁经过,而去向其它个体乞要外观特性(包括数量和新鲜程度等)看起来差不多的树枝。这些乞食行为中有 113 次(92.6%)发生在家庭群中,其中 40 次(35.4%)发生在成年个体之间,42 次(37.2%)发生在少年个体之间,31 次(27.4%)发生在成年个体和少年个体之间。其余的 9 次乞食行为,有 5 次发生在全雄群中,有 4 次发生在家庭群中的雄性少年个体和全雄群中的成年个体之间。

值得注意的是,在家庭群中,不仅高等级个体会通过这种方式向低等级个体乞食,而且低等级个体也会采取这种方式向高等级个体乞要食物;但在全雄群中,本研究中只观察到高等级个体通过这种方式向低等级个体乞要食物。具体来看,对于家庭群中存在等级差异且个体间有乞食行为发生的 14 对个体而言,高等级个体放弃容易得到的树枝而向低等级个体乞食的次数(共 49 次,中位数频次为 2.75)多于低等级个体采用相同的方式向高等级个体乞食的次数(共 22 次,中位数频次为 0.5,维尔克松 T 检验,$T = 17$,$n = 14$,$p < 0.05$),其中低等级成年个体向高等级成年个体乞食 14 次,而少年个体向成年个体乞食只有 8 次。对高等级的乞食者来说,在这种情境中它们采用了除偷之外的其余五种的乞食方式。其中,一起合吃和放松地拿是最常采用的两种方式,分别占 38.8%(19/49)和 36.7%(18/49)。而对低等级的乞食者来说,在这种情境中一起合吃是最为典型的乞食方式,占 72.7%(16/22),且没有观察到它们采用放松地拿和抢这两种方式。在这种情境中,少年个体之间表现出的乞食行为,通常采用一起合吃的方式,占 73.8%(31/42),而不会采用偷的方式。除此之外,家庭群中的雄性少年个体和全雄群成体之间存在 4 次这样的乞食行为,其中 3 次是雄性少年猴向全雄群中的成体乞食,乞食方式分别是从附近捡食、一起合吃和抢,另有 1 次是全雄群中的 DWB 在雄性少年猴＃03-3 附近捡取食物。而发生在全雄群中 5 次这样的乞食行为,都是高等级个体通过从

附近捡食、一起合吃或放松地拿这些方式从低等级个体那里获得食物。

情境二：当全雄群中个体的社会等级发生变化后，发生在该群中的乞食行为频率增多。

在本研究中，5月5日那天起，♯97-1和DWB的社会等级发生互换，♯97-1取代DWB成为新的α个体（首领个体）。因此，研究分别统计了社会等级变化前后发生的和食物有关的互动。在社会等级变化之后，全雄群个体间发生的和食物有关的互动频率在5月11—17日之间保持稳定，故而观察截止于5月17日。在5月5—8日以及5月11—17日间，共记录到24段进食过程，因此选取等级变化之前记录到的24段进食过程（发生于4月26日—5月4日间）与其进行比较。

通过比较发现，在社会等级变化之后，尽管整个大群中记录到的和食物有关的互动频率从510次降低到366次，但发生在全雄群中的和食物有关的互动频率则从15次上升到50次。这样的上升是因为全雄群中两对个体间（DWB和♯97-1，DWB和♯98-1）有更多的和食物有关的互动发生（表8-3）：在DWB的社会等级下降之后，♯97-1开始向DWB表现出乞食行为，但DWB并没有减少它对♯97-1做出的乞食行为。同时，社会等级发生变化后，DWB和♯98-1两个个体都对对方表现出较之前更多的乞食行为。

表8-3　全雄群社会等级变化前后（括号内）乞食行为的频率

乞食者	食物占有者			乞食者	食物占有者					
	AM_A1 (DWB)	AM_A2 (♯97-1)	AM_A3 (♯98-1)		AF1 (♯3)	AM_O (♯5)	AF2 (♯98-2)	AM_A1 (DWB)	AM_A2 (♯97-1)	AM_A3 (♯98-1)
AM_A1 (DWB)	—	5(8)	2(12)	JM1 (♯03-1)	17(12)	9(3)	10(3)	10(3)	2(5)	0(0)
AM_A2 (♯97-1)	0(14)	—	5(7)	JM2 (♯03-3)	4(1)	3(1)	4(1)	24(12)	2(18)	3(4)
AM_A3 (♯98-1)	3(9)	0(0)	—							

注：左边一栏：发生在全雄群成年个体之间的乞食行为；右边一栏：少年雄性个体向成年个体发出的乞食行为。全雄群中的社会等级：之前的等级 AM_A1(DWB)＞AM_A2(♯97-1)＞AM_A3(♯98-1)／之后的等级 AM_A2(♯97-1)＞AM_A1(DWB)＞AM_A3(♯98-1)。AM_A：全雄群中的成年雄性个体（adult male in AMU）；AM_O：家庭群中的成年雄性个体（adult male in OMU）；AF：成年雌性个体（adult female）；JM：少年雄性个体（juvenile male）。
本表引自：Zhang et al.，2010

　　社会等级的变化对乞食行为的影响还表现在＃97-1 取代 DWB 成为 α 个体后，两只少年雄性个体(＃03-1 和＃03-3)对＃97-1 表现出更多的乞食行为(表8-3)。这种现象在＃03-3 身上表现得尤其明显：＃03-3 在＃97-1 成为 α 个体之后，更频繁地向＃97-1 表现出乞食行为(2/29 vs. 18/34，费希尔确切检验，$p < 0.001$，双尾检验)。与之形成鲜明对比的是，＃03-3 向之前的 α 个体(DWB)乞要食物的行为在其等级降低之后显著的减少(24/29 vs. 12/34，费希尔确切检验，$p < 0.001$，双尾检验)；但它向其它任何一只成年个体乞要食物的频率在这两个阶段都没有显著差异(费希尔确切检验，$p = 1.0$，双尾检验，其中向全雄群中的成年雄性个体＃98-1 乞食：3/29 vs. 4/34；向家庭群中的成年雄性个体＃5 乞食：3/11 vs. 1/3；向家庭群中的成年雌性个体乞食：＃3，4/11 vs. 1/3；＃98-2，4/11 vs. 1/3)。另一只少年雄性个体＃03-1，向＃97-1 发出的乞食行为在＃97-1 成为新的 α 个体之后呈现出增长的趋势(2/12 vs. 5/8，费希尔确切检验，$p = 0.06$，双尾检验)；但它向其它成年个体乞食的频率或是表现出减少的趋势(对全雄群中的前 α 个体 DWB，10/12 vs. 3/8；费希尔确切检验，$p = 0.06$，双尾检验)，或是在两个阶段中没有显著差异(对家庭群中的成年雄性＃5，9/36 vs. 3/18；对成年雌性＃3，17/36 vs. 12/18；对成年雌性＃98-2，10/36 vs. 3/18；双尾检验的结果分别为：费希尔确切检验，$p = 0.73$，0.25，0.51)，或是在等级变化前后都未观察到(对全雄群中的成年雄性＃98-1)。对这种现象的进一步考察表明，少年雄性个体(＃03-1 和＃03-3)会首先向新的 α 个体(＃97-1)发起乞食行为，而不是回应＃97-1 对它们发起的乞食行为。在＃97-1 取代 DWB 成为 α 个体的第一天，这 2 只少年雄性个体就都采取放松地拿这种方式向＃97-1 乞要食物，在随后几天中也继续这样做。相反，＃97-1 在等级变化后的第 3 天才开始从这 2 只少年个体那里拿走食物。进一步的分析还发现这 2 只个体对＃97-1 做出的理毛行为也受到其社会等级变化的影响。在＃97-1 成为 α 个体之前，这 2 只个体均没有对它做出过理毛行为，但当＃97-1 成为 α 个体之后，这 2 只个体分别对＃97-1 做出 13 次和 14 次理毛行为。其中＃03-1 对＃97-1 的 13 次理毛行为中有 6 次(46%)发生在 5 月 6 日，其余的均发生在 5 月 16 日；而＃03-3 的 14 次理毛行为中有 11 次(79%)发生在 5 月 6 日和 7 日，其余的发生在 5 月 16 日。

　　情境三：乞食者在得到对方的树枝后又丢弃了该树枝。

　　除了上述和食物有关的互动之外，研究还观察到有 15 次，乞食者在得到对方的树枝后会丢弃该食物,此情境中的乞食行为也很难用获得营养进行解释。在这15次乞食行为中,乞食者采用放松地拿(发生10次,占66.7%)或抢(发生5次,占33.3%)的方式,但在得到树枝后都丢弃了该树枝。其中一些时候,乞食者在丢掉食物后和原食物占有者之间展开了进一步的社会性互动,包括少年个体间的游戏(3/15)、高等级成年乞食者和低等级成年食物占有者之间的拥抱、理毛等友谊行为(4/15),以及全雄群中两成体之间的对抗行为(1/15)。其余的几次中,乞食者会丢弃得到的树枝独自走开,这在2只少年个体之间(3/15)、少年个体和成体之间(3/15)以及全雄群的2只成体之间(1/15)均有发生。

4　讨论

4.1　半放养条件下川金丝猴食物分享行为的表现

本研究的结果表明,半放养条件下的川金丝猴表现出和食物有关的高度容忍性:在相似的树叶分享情境中,川金丝猴中食物分享的成功率要高于黑猩猩(de Waal,1989a)和卷尾猴(de Waal,1993)。此外,川金丝猴中食物分享的方式与黑猩猩和卷尾猴类似(de Waal,1989a,1997b),比如川金丝猴和黑猩猩一样,也是主要通过两种最和平的方式(一起合吃和放松地拿)从其它个体那里得到食物(de Waal,1989a)。但与黑猩猩、卷尾猴(de Waal,1989a,1997b)以及狨科物种(Feistner & Price,2000;Price & Feistner,2001)不同的是,在本研究中并没有发现川金丝猴会主动把自己的食物给其它个体。

本研究中川金丝猴家庭群中观察到的频繁的食物分享行为以及高的分享成功率和该家庭群中高的社会容忍性很好地相吻合。本研究的观察发现,家庭群中社会等级呈一种宽松的特性,而其社会互动主要是友谊行为。比如说,尽管#5是雄性个体,并且家庭群对全雄群的攻击几乎都是由它发起的,但它的社会等级却低于#3。有两次#5从#3那里放松地拿食物时,#3瞪咕#5(瞪咕,一种威胁行为;见严康慧,苏彦捷,任仁眉,2006)。但是,有一次#3不小心碰到婴猴,婴猴发出叫声时,#5追赶#3。这种宽松的社会等级使得家庭群中的成年个体间有大量的食物分享行为发生。和家庭群类似,全雄群中也具有高的食物分享成功率,但全雄群中发生食物分享的绝对次数却低于家庭群。一种可能是全雄群和家庭群喂树叶的方式不同,全雄群是分别喂给每个个体,而家庭则是放成一大堆。但是这可能并不是主要原因,因为家庭群中的很多分享行为都发生在个体从大堆中拿走树枝之后单独进食的过程中。因此,我们有理由认为这种不同是因为全雄群中的社会等级比家庭群中的更为严格造成的。在我们的行为观察中,全雄群中发生了 53 次攻击和屈服行为,而在家庭群的成体中只发生了 8 次。由此可见,社会容忍性的确是灵长类动物中食物分享行为发生的重要前提。

本研究中没有发现半放养川金丝猴主动分享食物的行为,这可能和本研究中被试的年龄特点有关。在黑猩猩、卷尾猴以及狨科物种中,观察到的主动分享行为主要发生在母婴之间,而其发生的频率也很低。比如,Ueno 和 Matsuzawa(2004)对黑猩猩母子间食物分享行为的研究发现,黑猩猩母亲很少主动给孩子食物。在本研究中,并没有将婴猴纳入观察,这可能是没有观察到主动分享食物的原因。尽管如此,本研究结果初步证实了,在半放养条件下,川金丝猴成体之间、少年个体之间以及成体-少年个体之间不会主动分享食物。进一步的研究可以通过聚焦于川金丝猴中成体和婴猴间的分享行为,来确定该物种中是否存在主动分享食物的行为。

另外,对于其它表现出食物分享行为的灵长类动物来说,分享主要发生在成年个体和未成年个体之间(Fragaszy et al.,1997;Ruiz-Miranda et al.,1999)。而本研究却发现,成年川金丝猴个体对同伴的容忍要高于它们对少年个体的容忍。这可能是因为本研究中的少年个体都至少断奶半年时间,并且可以独立觅食。我们预期,与断奶之后的个体相比,尚未断奶的川金丝猴个体会从成年个体那里得到更多的食物(Saito,Izumi,& Nakamura,2008)。另一个和黑猩猩的差异在于(de Waal,1989a),本研究中少年个体之间有更频繁的食物分享发生,这可能是因为对川金丝猴少年个体来说,食物分享是一种游戏方式(Orgeldinger,1994;见 Nettel-beck,1998)。

最后,尽管本研究没有对川金丝猴食物分享行为的机制进行探讨,但 Xue 和 Su(2011)对半放养川金丝猴的研究表明,由于乞食者主要采取一起合吃和从附近捡食这样平和的方式获得食物,所以避免骚扰假说并不能解释这些分享行为,而互利共生却是一种可能的解释,食物占有者在让与食物的同时通过促进与乞食者之间的关系而当下获益。但对这些分享行为也不能完全排除互惠的可能。今后的研究需要进一步的观察来确定川金丝猴食物分享行为的机制，以加深对该物种认知能力的了解。

4.2　半放养条件下川金丝猴乞食行为的功能

本研究发现，川金丝猴在有些情境中做出的乞食行为并不完全是为了获得食物，并且一些个体之间发生的乞食行为频率会受到全雄群社会等级变化的影响。这些结果都表明，在一些情境中，半放养川金丝猴乞食行为的目的并不仅仅是为了得到营养。下面我们将分别对这三种情境进行探讨。

在第一种情境中，不仅高等级个体会丢弃自己的树枝或是从无人占有的树枝旁经过而从低等级个体那里拿走类似的食物，低等级个体也会向高等级个体发起同样的乞食行为。对低等级个体来说，它们放弃容易得到的食物，冒着被攻击的危险向高等级个体乞食，这看起来并不具有适应价值，因此仅仅为了获得营养并不能充分的解释低等级个体的乞食行为。我们认为个体（特别是对低等级个体而言）可能会从乞食行为中得到一些社会性收益。即使这样的乞食行为是由高等级个体发起的，该行为背后的动机可能也不仅仅是为了获得营养。比如全雄群中，在＃97-1取代 DWB 成为新的 α 个体的第一天，我们观察到 DWB 先是丢掉自己的树枝然后从无人占有的树枝旁走过，来到＃98-1 旁边和它一起安静地合吃＃98-1 的树枝，合吃共持续 33 秒。在这样一个特殊的日期里，DWB 做出这样一连串行为以及食物占有者特定的身份，这些信息共同提示我们，DWB 的乞食行为可能并不仅仅是为了得到食物，而更可能是想从乞食过程中得到一些社会性收益。

在第二种情境中，全雄群中的乞食行为在群内社会等级发生变化后明显地增多，这些乞食行为也很难用获得营养完全解释。由于乞食行为的增加主要发生在社会等级发生互换的两个个体之间，我们认为这种乞食行为可能是个体用来确定或维护新建立的社会等级的一种方式。另外，在等级变化之后处于较低等级的两个个体之间也较之前有更多的乞食行为，这时的乞食行为可能是个体建立友谊关系的一种方式。除此之外，在＃97-1 成为全雄群中的新 α 个体后，少年雄性个体＃03-1 和＃03-3，尤其是后者，对＃97-1 表现出更多的乞食行为，也更多地开始给＃97-1 理毛。因为这 2 只少年雄性个体当时是 2 岁，它们通常会在 1 年之后加入全雄群(事实上,由于♯03-3 在 1 岁时便失去了母亲,在本研究观察期间,♯03-3 已经开始被家庭群中的成年个体驱赶),与全雄群中新的 α 个体建立良好的关系对这 2 只少年个体来说具有一定的适应价值,特别是对♯03-3 而言。这可能就是为什么相对于♯03-1 来说,♯03-3 会在♯97-1 成为全雄群中新的 α 个体后,马上就对♯97-1 发起更多的乞食和理毛行为。由此可见,少年雄性个体对全雄群中新的 α 个体做出乞食行为可能部分受到社会性收益的动机驱动。

第三种情境虽然较少被观察到,但却更为直接地表明乞食行为的目的并不总是为了获得营养。在一些观察中我们发现,乞食者会丢掉已经要到的树枝而和原来的食物占有者进行游戏或展开友谊行为,这表明乞食行为可能是一种发起社会互动的方式。在另一些观察记录中,乞食者得到食物后丢掉食物独自走开,而没有和原食物占有者之间发生进一步的互动,但这些乞食行为也只能从实现特定社会功能的角度更好地进行解释。比如在全雄群中,♯97-1 取代 DWB 成为新的 α 个体的第二天,♯97-1 以一种放松的方式拿走了 DWB 的树枝并抓着树枝走开。但♯97-1 在走出几步之后,却把得到的树枝丢在地面上继续独自前行。♯97-1 的这种乞食行为可能就是它确认自己新的社会等级的一种方式。

总之,本研究中观察到的这三种情境中的乞食行为表明,半放养川金丝猴并不总是受获得营养的动机驱动去乞要食物,有时得到社会性收益可以更好地解释这些乞食行为,这与在黑猩猩(Slocombe & Newton-Fisher,2005)和普通狨(Kasper et al.,2008)中观察到的一些乞食行为是一样的。对于群居的社会性灵长类动物而言,食物分享行为是它们社会生活的重要组成部分,这种行为可能比我们之前认为的更为复杂,考察灵长类动物乞食行为的动机能够帮助我们更好地了解食物分享行为的功能和灵长类动物的社会认知能力(Slocombe & Newton-Fisher,2005)。

4.3　灵长类动物食物分享行为的研究意义和展望

全面理解包括川金丝猴在内的灵长类动物的食物分享行为,不仅可以帮助我们认识灵长类动物认知能力的复杂性,也可以帮助我们从演化的角度了解人类利他、合作行为的起源(张真,苏彦捷,2007)。

一方面,食物分享行为在一定程度上可以作为理解灵长类动物社会认知能力的一个窗口。在灵长类动物中，成一幼体间食物分享的一个重要功能就是使幼体获得关于食物的各种信息，从而增加幼体觅食的适应性（Rapaport & Brown，2008）。成体的食物让与具有一定的选择性，它们更多的允许幼体得到新异的、其没有能力加工的食物（Nishida & Turner，1996），或是根据幼体的发展逐步提供给幼体恰当的有关食物的信息（Rapaport，2011），这就暗示着成年个体的食物分享可能是一种主动的知识传递，成体需要在一定程度上理解幼体的需要和知识状态。这种过程是否是"教"值得做进一步探讨，因为"教"被一些研究者认为是人类文化的基础（Stanford，1996）。今后的研究可以通过更精细的野外观察，或是在笼养条件下引入不同的食物条件，来考察成年个体能否给子代提供主动的指导，以及在什么条件下会这么做，来进一步揭示成一幼体间食物分享的意义以及成体的认知能力。而没有亲缘关系的成体之间的食物分享，则包含了更为复杂的认知机制（Jaeggi et al.，2013）。虽然互惠和交易模型的普遍适用性尚存在争议（Yamamoto & Tanaka，2010），但在一些和食物分享有关的社会互动中，个体仍然表现出相当的认知能力，比如，对与之分享过食物的个体进行身份的识别和保持是互惠分享发生的前提；而在不同种适宜性"货币"间进行转换的能力则促成了交易的发生。一些实验室研究进一步揭示了互惠利他行为所包含的更为丰富的认知能力。比如，Hauser 等人（2003）在实验中设置利他分享的情境，考察棉冠狨是否拥有互惠利他所必备的认知能力。结果发现，棉冠狨能够区分其它个体的利他行为和自私行为，并且对做出利他行为（给自己食物）的个体更多的回报（更多的给出食物）。该研究中精巧的实验设计以及对所分享食物的精确量化在后续研究中得到进一步的体现（Suchak & de Waal，2012）。这些研究结果有助于我们明确灵长类动物互惠和交易的内在心理机制，从而更好的理解人类利他、合作行为的起源和演化。

因此，在一定程度上，食物分享可以被看成是反映灵长类动物社会认知能力的一个窗口。在有直接生存意义的情境中，分析其功能，揭示其内在心理机制，有助于更好地了解灵长类动物在自然状态下所拥有的认知能力及其复杂性。

另一方面，食物分享行为能够在一定程度上揭示人类合作行为的起源。黑猩猩和卷尾猴成年个体中相对高频率的食物分享行为，尤其是主动给予食物的行为在灵长类动物中并不常见。为什么在演化上距离较远的两个物种却在食物分享行为上表现出相似性呢？这可能与这两个物种都有合作打猎行为有关。Boesch

(2003)对塔伊国家公园(Parc National de Taï)中黑猩猩合作猎捕红疣猴的行为进行了系统研究发现,在参加打猎的雄性黑猩猩中,无论它们的社会等级高低,与那些没有参与打猎的雄性个体相比,它们都更可能从猎物占有者那里得到食物。卷尾猴同样也是一种擅长觅食高能量动物性食物的物种。Perry 和 Rose(1994)发现野生卷尾猴会合作捕获浣熊幼仔。由于浣熊母亲会奋力保卫自己的孩子,卷尾猴间的合作能够提高捕猎的成功率。虽然并不清楚卷尾猴和黑猩猩的合作打猎是否存在本质上的相似性,但有可能对于卷尾猴和黑猩猩的食物分享来说,存在着一个趋同的演化基础:即分享的倾向可能演化自合作打猎的过程。

那么,灵长类动物中的合作打猎、食物分享和人类社会中的合作行为又有什么关系呢?

首先,Boesch(2003)指出,灵长类动物的食物分享和合作打猎都发生在社会关系容忍性高的社会群体中,这种高容忍性的社会关系也是合作行为存在的前提。其次,食物分享中所表现出来的容忍至少部分上是作为一种互惠利他的形式演化出来的(de Waal,2000),而这种互惠利他的行为模式是没有亲缘关系的个体间维持稳定合作体系的前提(Hauser et al.,2003)。最后,在合作打猎和食物分享过程中可能发展出公平、平等和惩罚等合作行为要素(Gintis,2000)。可见,人类的合作行为可能是合作打猎和食物分享经过漫长演化的结果。灵长类动物食物分享中的互惠利他和交易,都是建立在食物让与者获得延迟收益的基础上,因此可以看成是一种与其它个体的合作。这可能就是人类合作行为的直接起源。而灵长类动物在避免骚扰中体现出来的自私性则对合作体系的经济、心理和演化研究有着重要的启示(Stevens,2004)。

人类合作行为的普遍性和复杂性又是其它灵长类动物无法比拟的,这意味着人类的合作行为可能有其独特的演化过程。Bowles(2006)提出,早期人类社会中基因不同的群体间的竞争可以解释群内成员利他行为的演化。在这个过程中,通过文化传递沿袭下来的非亲属个体间的食物分享行为、一夫一妻制等社会规则造成了群内成员拥有均等的繁殖机会,缩小了群内成员间适宜性的差异。这种均分机制起到了类似于将税收进行重新分配的效果,弥补了做出利他行为的个体的损失,进一步促进了利他行为的演化(Boyd,2006)。可见,人类的合作行为既有古老的心理机制,同时也是基因—文化协同演化的结果。通过进一步探讨灵长类动物的食物分享行为,能够提供对这种机制起源和本质的理解;而通过比较人类与灵长类动物合作行为的差异,则能够揭示人类合作行为发生的内在认知机制,加深对这种基因—文化协同演化过程的理解。

5 结语

对川金丝猴来说,本研究中所观察到的高频率食物分享行为和该物种高社会容忍性的特点,使得该物种有可能和其它灵长类动物一起,为阐释上述两方面的问题提供有用的信息。但由于本研究的观察样本数量有限,且观察持续的时间较短,只能对这方面进行初步的探索。今后的研究中,可以通过对包括婴猴在内的更大样本的川金丝猴个体进行更为长期、系统的观察,包括同时记录个体间的友谊、攻击等其它种类的社会行为,使用不同种类的食物资源等,来明确川金丝猴不同社会单元内部、不同社会单元之间以及不同年龄和性别个体间食物分享行为的类型、功能及其机制,并确定川金丝猴中乞食行为本身可能带给乞食者怎样的社会性收益。研究结果不仅能够揭示川金丝猴食物分享行为及其社会认知能力的特点,丰富我们对于社会容忍性与社会行为特点之间关系的理解(Patzelt et al.,2014;Thierry,2013),还能与其它灵长类物种食物分享行为的研究结果一起,为揭示人类合作行为的起源和本质提供基础数据。

参考文献

Boesch,C. (2003). Complex cooperation among Taï chimpanzees. In F. B. M. de Waal & P. L. Tyack (Eds.),*Animal Social Complexity: Intelligence,Culture,and Individualized Societies* (pp. 93-111). Cambridge,MA: Harvard University Press.

Bowles,S. (2006). Group competition,reproductive leveling,and the evolution of human altruism.*Science* ,314(5805),1569-1572.

Boyd,R. (2006). The puzzle of human sociality.*Science* ,314(5805),1555-1556.

Caine N. G. (1993). Flexibility and co-operation as unifying themes in Saguinus social organization and behaviour: The role of predation pressures. In A. B. Rylands (Eds.),*Marmosets and Tamarins: Systematics, Behaviour, and Ecology* (pp. 200-219). Oxford: Oxford University Press.

de Waal, F. B. M. (1989a). Food sharing and reciprocal obligations among chimpanzees. *Journal of Human Evolution*, 18(5), 433-459.

de Waal, F. B. M. (1989b). *Peacemaking among Primates*. Cambridge, MA: Harvard University Press.

de Waal, F. B. M. (1997a). The chimpanzee's service economy: Food for grooming. *Evolution and Human Behavior*, 18(6), 375-386.

de Waal, F. B. M. (1997b). Food transfers through mesh in brown capuchins. *Journal of Comparative Psychology*, 111(4), 370-378.

de Waal, F. B. M., Luttrell, L. M., & Canfield, M. E. (1993). Preliminary data on voluntary food sharing in brown capuchin monkeys. *American Journal of Primatology*, 29(1), 73-78.

de Waal, F. B. M. (2000). Attitudinal reciprocity in food sharing among brown capuchin monkeys. *Animal Behaviour*, 60(2), 253-261.

Dugatkin, L. A. (1997). *Cooperation among Animals: An Evolutionary Perspective*. Oxford: Oxford University Press.

Feistner, A. T. C., & Price, E. C. (2000). Food sharing in black lion tamarins (*Leontopithecus chrysopygus*). *American Journal of Primatology*, 52(1), 47-54.

Fragaszy D. M., Feuerstein J. M., & Mitra D. (1997). Transfers of food from adults to infants in tufted capuchins (*Cebus apella*). *Journal of Comparative Psychology*, 111(2), 194-200.

Furuichi, T. (2011). Female Contributions to the Peaceful Nature of Bonobo Society. *Evolutionary Anthropology*, 20(4), 131-142.

Guo, S., Li, B., & Watanabe, K. (2007). Diet and activity budget of *Rhinopithecus roxellana* in the Qinling Mountains, China. *Primates*, 48(4), 268-276.

Gintis, H. (2000). Strong reciprocity and human sociality. *Journal of Theoretical Biology*, 206(2), 169-179.

Hamilton, W. D. (1964). The genetical evolution of social behaviour. I, II. *Journal of Theoretical Biology*, 7(1), 1-52.

Hare, B., & Kwetuenda, S. (2010). Bonobos voluntarily share their own food with others. [Letter]. *Current Biology*, 20(5), R230-R231.

Hauser, M. D., Chen, M. K., Chen, F., & Chuang, E. (2003). Give unto others: Genetically unrelated cotton2top tamarin monkeys preferentially give food to those who altruistically give food back. *Proceedings of the Royal Society: Biological Sciences*, 270(1531), 2363-2370.

Jaeggi, A. V., Stevens, J. M. G., & Van Schaik, C. P. (2010). Tolerant food sharing and reciprocity is precluded by despotism among bonobos but not chimpanzees. *American Journal of Physical Anthropology*, 143(1), 41-51.

Jaeggi, A. V., & Van Schaik, C. P. (2011). The evolution of food sharing in primates. *Behavioral Ecology and Socio-biology*, 65(11), 2125-2140.

Jaeggi, A. V., De Groot, E., Stevens, J. M. G., & Van Schaik, C. P. (2013). Mechanisms of reciprocity in primates: testing for short-term contingency of grooming and food sharing in bonobos and chimpanzees. *Evolution and Human Behavior*, 34(2), 69-77.

Jaeggi, A. V., & Gurven, M. (2013). Natural cooperators: Food sharing in humans and other primates. *Evolutionary Anthropology*, 22(4), 186-195.

Kasper, C., Voelkl, B., & Huber, L. (2008). Tolerated mouth-to-mouth food transfers in common marmosets. *Primates*, 49(2), 153-156.

Li, Y. M. (2006). Seasonal variation of diet and food availability in a group of Sichuan snub-nosed monkeys in Shennongjia Nature Reserve, China. *American Journal of Primatology*, 68(3), 217-233.

Moura, A., Nunes, H., & Langguth, A. (2010). Food Sharing in Lion Tamarins (*Leontopithecus chrysomelas*): Does Foraging Difficulty Affect Investment in Young by Breeders and Helpers? *International Journal of Primatology*, 31(5), 848-862.

Nettelbeck, A. R. (1998). Observations on Food Sharing in Wild Lar Gibbons (*Hylobates-lar*). *Folia Primatologica*, 69(6), 386-391.

Nishida, T., & Turner, L. (1996). Food transfer between mother and infant chimpanzees of the Mahale Mountains National Park, *Tanzania. International Journal of Primatology*, 17(6), 947-968.

Patzelt, A., Kopp, G. H., Ndao, I., Kalbitzer, U., Zinner, D., & Fischer, J. (2014). Male tolerance and male-male bonds in a multilevel primate society. *Proceedings of the National Academy of Sciences*. 111(41), 14740-14745.

Perry, S., & Rose, L. (1994). Begging and transfer of coati meat by white-faced capuchin monkeys, Cebus capuchinus. *Primates*, 35(4), 409-415.

Price, E., & Feistner, A. C. (2001). Food Sharing in Pied Bare-Faced Tamarins (*Saguinus bicolor bicolor*): Development and Individual Differences. *International Journal of Primatology*, 22(2), 231-241.

Pruetz, J. D., & Lindshield, S. (2012). Plant-food and tool transfer among savanna chimpanzees at Fongoli, Senegal. *Primates*, 53(2), 133-145.

Qi, X. G., Li, B. G., Garber, P. A., Ji, W. H., & Watanabe, K. (2009). Social Dynamics of the Golden Snub-Nosed Monkey (*Rhinopithecus roxellana*): Female Transfer and One-Male Unit Succession.*American Journal of Primatology*,71(8),670-679.

　　Rapaport,L. G. (1999). Provisioning of Young in Golden Lion Tamarins (Callitrichidae, *Leontopithecus rosalia*): A Test of the Information Hypothesis.*Ethology*,105(7),619-636.

　　Rapaport,L. G. , & Brown,G. R. (2008). Social influences on foraging behavior in young nonhuman primates: Learning what, where, and how to eat. *Evolutionary Anthropology*, 17 (4),189-201.

　　Rapaport,L. G. (2011). Progressive parenting behavior in wild golden lion tamarins. *Behavioral Ecology*,22(4),745-754.

　　Ren,R. M. , Su,Y. J. , Yan, K. H. , Li, J. J. , Zhou, Y. , Zhu, Z. Q. , Hu, Z. L. , & Hu, Y. F. (1998). Preliminary survey of the social organization of *Rhinopithecus roxellanae* in Shennon-gjia National Nature Reserve,Hubei,China. In N. G. Jablonski (Eds.),*The Natural History of the doucs and snub-nosed Monkeys* (pp. 269-277). Singapore: World Scientific Publishing.

　　Rose,L. M. (1997). Vertebrate predation and food-sharing in Cebus and Pan.*International Journal of Primatology*,18(5),727-765.

　　Ruiz-Miranda,C. R. , Kleiman, D. G. , Dietz, J. M. , Moraes, E. , Grativol, A. D. , Baker, A. J. ,et al. (1999). Food transfers in wild and reintroduced golden lion tamarins,*Leontopithecus rosalia*.*American Journal of Primatology*,48(4),305-320.

　　Saito,A. ,Izumi,A. , & Nakamura,K. (2008). Food transfer in common marmosets: parents change their tolerance depending on the age of offspring.*American Journal of Primatology*,70(10),999-1002.

　　Silk,J. B. ,Brosnan,S. F. ,Henrich,J. ,Lambeth,S. P. , & Shapiro,S. (2013). Chimpanzees share food for many reasons: the role of kinship,reciprocity,social bonds and harassment on food transfers.*Animal Behaviour*,85(5),941-947.

　　Slocombe,K. E. , & Newton-Fisher,N. E. (2005). Fruit sharing between wild adult chimpanzees (*Pan troglodytes schweinfurthii*): A socially significant event? *American Journal of Primatology*,65(4),385-391.

　　Stanford,C. B. (1996). The hunting ecology of wild chimpanzees: Implications for the evolutionary ecology of Pliocene hominids.*American Anthropologist*,98(1),96-113.

　　Stevens,J. R. (2004). The selfish nature of generosity: harassment and food sharing in primates.*Proceedings of the Royal Society of London. Series B: Biological Sciences*, 271 (1538),451-456.

　　Stevens,J. R. , & Gilby,I. C. (2004). A conceptual framework for nonkin food sharing:

Timing and currency of benefits. *Animal Behaviour*, 67(4), 603-614.

Suchak, M., & de Waal, F. B. M. (2012). Monkeys benefit from reciprocity without the cognitive burden. *Proceedings of the National Academy of Sciences*, 109(38), 15191-15196.

Tan, J., & Hare, B. (2013). Bonobos Share with Strangers. *PLoS One*, 8(1), e51922.

Thierry, B. (2013). Identifying constraints in the evolution of primate societies. *Philosophical Transactions of the Royal Society B: Biological Sciences*, 368, 20120342.

Tomasello, M., & Call, J. (1997). Social knowledge and interaction. In M. Tomasello & J. Call (Eds.), *Primate Cognition* (pp. 191-228). Oxford: Oxford University Press.

Ueno, A., & Matsuzawa, T. (2004). Food transfer between chimpanzee mothers and their infants. *Primates*, 45(4), 231-239.

van Noordwijk, M. A., & van Schaik, C. P. (2009). Intersexual food transfer among orangutans: do females test males for coercive tendency? *Behavioral Ecology and Sociobiology*, 63(6), 883-890.

Xue, M., & Su, Y. (2011). Food Transfer in Sichuan Snub-nosed Monkeys (*Rhinopithecus roxellana*). *International Journal of Primatology*, 32(2), 445-455.

Yamamoto, S., & Tanaka, M. (2010). The influence of kin relationship and reciprocal context on chimpanzees' other-regarding preferences. *Animal Behaviour*, 79(3), 595-602.

Zhang, Z., Su, Y. J., Chan, R. C. K., & Reimann, G. (2008). A preliminary study of food transfer in Sichuan snub-nosed monkeys (*Rhinopithecus roxellana*). *American Journal of Primatology*, 70(2), 148-152.

Zhang, Z., Su, Y. J., & Chan, R. C. K. (2010). A preliminary study on the function of food begging in Sichuan snub-nosed monkeys (*Rhinopithecus roxellana*): Challenge to begging for nutritional gain. *Folia Primatologica*, 81(5), 265-272.

李保国, 李宏群, 赵大鹏, 张育辉, 齐晓光. (2006). 秦岭川金丝猴一个投食群等级关系的研究. 兽类学报, 26(1), 18-25.

任仁眉, 严康慧, 苏彦捷, 戚汉君, 鲍文勇. (1990). 川金丝猴社会行为模式的观察研究, 心理学报, 22(2), 159-167.

任仁眉, 严康慧, 苏彦捷, 周茵, 李进军, 朱兆泉, 胡振林, 胡云峰. (2000). 金丝猴的社会. 北京: 北京大学出版社, 170-194.

严康慧, 苏彦捷, 任仁眉. (2006). 川金丝猴社会行为节目及其动作模式. 兽类学报, 26(2), 129-135.

张真, 苏彦捷. (2007). 灵长类动物的食物分享行为. 人类学学报, 26(1), 85-94.

第 9 章　个性与适应

　　个性(人格)与川金丝猴有什么关系呢? 川金丝猴有个性么? 为什么要研究川金丝猴的个性? 川金丝猴的个性研究是否可以帮助我们更好的保护川金丝猴?

　　个体间跨时间情境稳定的行为差异被称为个性或人格(personality)(苏彦捷,2007)。个性与人格都是 personality 一词的中文翻译,我们在描述人类时使用人格一词,在描述动物时使用个性一词。Gosling(2001)综述了非人动物的个性研究,发现从无脊椎动物到脊椎动物的各物种中这种相对稳定的个体差异是普遍存在的,比如章鱼、啮齿类各物种、鬣狗、东北虎(李潜,2004)以及各种非人灵长类中。这意味着个性在演化过程中是有优势的。个性(人格)在不稳定的环境中组织个体行为并保持行为的一致性(Lecky,1945)。个体在变化的环境中保持一致的行为倾向,并且在遇到挑战时根据这种惯常的行为倾向进行反应,而不必将每个情境都当做新异的情境选择反应。这种行为倾向导致有限的适应性,某些情况下该行为倾向是适应的,而在另一些情况下则会导致不适应的结果,最终导致"性格决定命运"。既然个性在演化中被选择,那么可以预期川金丝猴个体中也存在个性。

　　为什么要研究川金丝猴的个性呢? 个性可以遗传,并且个性表型受基因表达的控制;个性是有生理基础的。在此基础上,可以预期个性与健康以及繁殖成功有关。研究金丝猴的个性,可以帮助我们更好地了解它们的健康和适应。在理论上,这可以让我们更好地理解个性演化,了解人类人格的起源;川金丝猴的社群是与人类社会结构类似的重层社会,这在灵长类中是非常稀少的,通过比较川金丝猴与其它种系灵长类的个性,我们可以了解复杂的社会结构对个性演化的压力。在实践上,研究川金丝猴的个性可以让我们更好地对它们进行保护和繁育工作。

在介绍个性演化之前,我们先介绍个性得以演化的基础: 遗传。个性是可以遗传的,早期的双生子研究早已证实这一点,这也意味着某些基因的表达可能控制个性表型。另外,脑外伤、内分泌疾病以及性腺切除都伴随着人格的改变,这提示人格受到神经内分泌系统的调节。许多研究表明,单胺类激素(神经递质)会调控个性表达。比如,中枢的五羟色胺系统的低活性可能与冲动控制缺陷(Mehlman et al.,1994)、暴力性攻击行为(Higley et al.,1996;Higley et al.,1992;Mehlman et al.,1994)和社会功能障碍有关。另外,脑不同部位的五羟色胺转运体含量也与不同的个性特质有相关。在一项对普通狨的研究中,活体 PET 检查发现,伏隔核和海马中五羟色胺转运体的活动水平与乐群性正相关,在尾状核(caudate nucleus)与攻击性和乐群性正相关,壳核(putamen)中的五羟色胺转运体活动水平与乐群性正相关,但是与社交焦虑负相关。此外,多巴胺系统主要与个性中的新异寻求有关,这在人类、鸟类和非人灵长类的研究中都得到了证实。

个性与身高、体重等生理特质一样在演化中是受到选择压力作用的。Bergmüller 和 Taborsky(2010)在解释个体如何在演化过程中发展出独特稳定的行为模式时,认为是个体面对的独特的社会小生境(social niche)造就了其个性。同一种群的不同个体虽然生活在同样的社会环境里,但每个个体面对的社会环境是独特的。为了适应独特的社会环境,个体必须发展出自己的策略,这种个体对环境作出反应的独特方式就变成了个体稳定的行为差异,于是形成了个性(Bergmüller & Taborsky,2010;Laskowski & Pruitt,2014)。个性受自然选择的作用是通过特质与适宜度之间的相关来测量的。一项鸟类个性与适宜度关系的研究发现,个性影响成年个体存活率和后代中性成熟个体的比例(Dingemanse et al.,2004),野生公羊的个性影响其繁殖策略(Réale et al.,2009)。个性受到性选择的作用通常通过个性与配偶选择及同性竞争之间的关系来测量(Schuett et al.,2010),并且受到性选择的个性特质通常会表现出性别差异,例如人类男性倾向比女性幽默是因为女性偏好幽默的男性(Robinson & Smith-Lovin,2001)。

下面介绍的研究旨在探讨川金丝猴个性与健康及繁殖成功的关系,希望借此可以了解川金丝猴个性演化的压力来源,并为川金丝猴的繁育保护实践提供依据。我们首先建立可靠的测量川金丝猴个性的方法,然后分别探讨川金丝猴个性与健康和繁殖成功的关系。

1　川金丝猴个性的测量

　　研究金丝猴个性的第一步是建立可靠的量化金丝猴个性的方法。通常来说，动物个性的研究方法可以分为评定法和编码法（Gosling，2001）。而评定和编码的信息来源可以是自然观察或行为测试，此外，评定法的信息来源也可以是日常经验的积累。无论用评定法还是编码法进行个性测量，都必须满足信效度的要求。

　　评定法要求对动物非常熟悉的观察者对一系列个性特质中的每一个进行评定，研究者借助这种方法将观察者的印象进行量化。通常要求评定者的数量多于一个，这可以帮助确定观察者间的一致性，对确保数据的客观性是必须的。应用评定法对动物个性进行测量时要选择合适的测量工具，即评定量表。动物个性研究中应用最广泛的个性量表有两种：麦丁利量表和人科个性量表。麦丁利量表（Maddingley Questionnaire）是 Stevenson-Hinde 和 Zunz 在 1978 年用于评定 45 只恒河猴时使用的问卷，之后又对细节进行了修订。这一研究后来成为了动物个性研究的范本，即要求熟练的评定者对被试的个性按照行为定义的形容词进行评定，然后进行因素分析或主成分分析，得出该物种的个性结构。该问卷中的形容词来自于对动物很熟悉饲养员对动物的描述，可能不是很全面。Maninger（2003）研究中使用的问卷由麦丁利问卷衍生而来，并且包括了其它灵长类个性研究中的部分形容词（Gold & Maple，1994；Maninger et al.，2003）。麦丁利量表也被用于其它物种的个性测量，如大猩猩等（Gold & Maple，1994）。人科个性量表（Hominoid Personality Questionnaire）由 King 和 Figuerdo 在 1997 年首次用于评定 2 个动物园的 100 只黑猩猩。这一研究采取的途径与 Stevenson-Hinde 和 Zunz（1978）的研究相同。该问卷的形容词基于 Goldberg 的人类人格研究（Goldberg，1990），由 King 等研究者修订用于黑猩猩后也曾应用于许多物种，如黄猩猩（Weiss et al.，2006）、恒河猴（Weiss et al.，2011）等。情绪模式指标（emotional profile index，EPI）是首先将行为定义的形容词应用于非人灵长类个性测量的方法。该方法曾应用于评定狒狒个性，将 12 个形容词进行所有可能的词对组合，要求评定者从每个词对中选择更适合描述被试的那个词，每个形容词事先被定义为"八个基本情绪维度"中两个的结合,每个个体的结果都有八个分数,对应每种情绪的相对强度。

评定法的信度从三个方面来衡量:评分者一致性(interrater reliability)、内部一致性(internal consistency)和重测信度(test-retest reliability)。绝大部分动物个性研究都报告了评分者一致性。并且动物个性研究的评分者一致性与人类人格研究的评分者一致性是接近的,甚至比人类研究的评分者一致性要更高(Gosling,2008)。非人灵长类个性研究中已报告的平均内部一致性信度从 0.81 到 0.96,与人类人格研究的内部一致性类似(John & Benet-Martinez,2000)。较少研究报告了重测信度(Freeman & Gosling,2010)。重测信度似乎没有评分者一致性和内部一致性的结果好,五个研究的平均重测信度在 0.35 到 0.88 之间。不同维度的重测信度差别很大。如对恒河猴个性的研究中,自信性(confident)4 年的重测信度是 0.88,而兴奋性(excitable)则是 0.04。动物个性评定是否是有效度呢? 评定的结构效度是指量表的构念与预期有相关的变量相关(汇聚效度),与预期中没有关系的变量没有关系(辨别效度)(Freeman & Gosling,2010;Gosling,2001;King & Weiss,2011)。许多关于汇聚效度的报告是关于个性与行为的关系。如 Capitanio(1999)的研究发现乐群性高的个体更多地趋近其它个体,其它个体也更多地趋近高乐群性的个体(Capitanio,1999)。除了行为之外,评定的个性与健康(Capitanio et al.,2008)和福利状况(King & Landau,2003;Weiss et al.,2011;Weiss et al.,2009;Weiss et al.,2006)等其他变量之间的关系也能说明个性评定的汇聚效度。很少有研究直接很明确地考察辨别效度,但其实不同研究中,个性与那些应该与其无关的变量之间没有相关已经表明了个性评定的辨别效度。

简而言之,编码法虽然可以相对客观地对测试情境中个体的行为进行编码以测量个性,但这种方法测量的个性是情境特异的,并且不能涵盖个体长时间的行为表现。而评定法虽然是观察者对个体个性的主观评定,但在确保信效度的基础上,其对个性的测量涵盖个体较长期跨情境的行为表现。综上,我们采用评定法来测量金丝猴的个性,使用麦丁利问卷的修订版(Maninger et al.,2003)和人科个性量表的修订版(Weiss et al.,2011),根据川金丝猴的行为谱进行修订,要求评定者对被试的个性进行评价,通过因素分析,得出川金丝猴的个性结构;同时进行行为观察,以确定个性评定的效度。

1.1　方法

1.1.1　被试

笼养、半放养和野外川金丝猴共 68 只,雌性为 36 只,雄性为 32 只;其中笼养 26 只,半放养 6 只,野外 35 只,所有被试均为 1 岁以上。野外群体中有雄性 13 只,雌性 22 只,它们是生活在秦岭周至自然保护区的一个投食群。投食从 2001 年 1 月开始。该群由一雄多雌家庭单元组成,没有全雄群(Zhao,Ji,Li,& Watanabe, 2008)。半放养群中有雄性 5 只,雌性 2 只,它们生活在上海野生动物园。该群中有一个家庭群和一个全雄群。它们白天从早 8 点开始待在一个面积为 648 平方米的活动场(24 米×27 米)里,下午 4 点半回到室内。笼养个体生活在北京野生动物园和北京濒危动物保护中心,其中雄性 14 只,雌性 12 只。该群中共有 8 个亚群,每个亚群中有 1 只成年雄性,几只成年雌性(1～3 只)及它们的后代。每个亚群生活在一个大笼中,每个大笼有室内部分和室外部分,一个走廊将室内部分和室外部分接连起来。室内部分约 2 米×3 米×2.5 米,室外部分大约 4 米×5 米×4 米。这 8 个亚群中,有 6 个亚群属于繁殖群,出于保护原因不对公众开放,这部分有 17 只个体;另外两个亚群允许公众参观,有 9 只个体。

68 只被试由 15 名评定者进行评定,每个个体都由 2 名评定者进行评定。评定者是与被试经常接触的饲养员或观察者。他们都与被试足够熟悉,可以在被试不在场时回忆被试在各情境下的行为。

1.1.2　实验材料

(1) 个性量表。本研究同时使用修订自麦丁利的个性量表(Maninger et al., 2003)和人科个性量表(Weiss et al.,2011)对川金丝猴的个性进行测量。两个量表独立施测,以对不同量表中得出的个性结构进行比较。两个量表都翻译成中文并且回译用来确保翻译的准确性。第一个量表有 48 个条目,称为量表 A;第二个量表有 54 个条目,这里称为量表 B。每个条目由一个代表该特质的形容词和对该形容词的简单解释构成。部分条目的解释根据川金丝猴的行为进行了修订。要求评定者在七点量表上评定某个特质有多适合描述某一个个体。由于本量表首次用于川金丝猴个性评定,因此将"不适用"作为一个选项,如果评定者认为该特质不适用于评定川金丝猴，那么可以选择"不适用"。

（2）行为观察。研究中采用焦点动物取样（focal animal sampling）（Alt-mann，1974）进行行为观察。每次观察 5 分钟，每个个体取样 15 次，每天观察 1～2 次。行为观察只对未对公众开放的笼养个体进行。所有的观察都在上午 9 点和下午 6 点之间进行。用摄像机对观察到的行为进行记录，所有观察结束后，按照预定的行为谱对记录到的行为进行分析，记录行为时区分发起者和接受者。记录的行为包括社会行为（如友谊行为、冲突行为和性行为）和非社会行为（如活动、示威、打哈欠和挠痒）。所有行为类别的编码一致性大于 85％。有些行为虽然在行为谱中，但在编码结束后发现这些行为发生很少（定义为不到 50％的个体曾经做出这些行为），那么不对这些行为进行进一步的分析。在编码时，将行为分为事件和状态，对事件记录频次，对状态记录时长和频次。分析频次的单位是每分钟进行某行为的次数，分析时长的单位是每分钟进行某行为的比例。

1.1.3　实验程序

要求评定者（饲养员和观察者）对被试在七点量表上进行评定，1 表示该行为 /特质出现最少，7 表示该行为 /特质出现最多。如果评定者认为某些条目不适用于当前所评定的这一被试，则选择"不适用"。如果超过 10％的被试在某一条目上都被评为不适用，那么这一条目则被认为不适用于金丝猴。对该条目进行删除，不进入之后的统计分析。在评定者对个体进行评定的同时，观察者对生活在北京濒危动物保护中心的 17 个个体进行观察。评定者与观察者的工作独立进行。

1.1.4　统计分析

评定者间信度（reliability）采用组内相关系数（intra-class correlation coefficient，ICC）和斯皮尔曼相关系数（Spearman-Brown prophecy，r）来测量。满足一致性要求的条目的 ICC 和 r 都应该是大于 0 的。评定者间一致性用卡方和 T 指标（Tinsley & Weiss，1975）来测量。在某一个体在某个条目上评分的卡方值时，允许两点误差。显著的卡方值被认为是符合一致性要求的。T 指标测量一致性的值与随机情况下一致性的值的差异量，正值（0 到 1）表示高于随机水平，负值表示低于随机水平。纳入进一步统计分析的条目应符合如下标准：① 被认为适合评定川金丝猴;② 组内相关系数和斯皮尔曼相关系数大于 0;③ 卡方值显著并且 T 指标大于 0。那些符合信度和一致性要求的条目列在表9-1中。

个性结构由对两个量表的综合量表进行主成分分析得出。线性回归用来分析个性与行为的关系。当年龄显著预测行为时,分析个性与行为的关系时控制年龄的作用。在线性回归中,某个特定的行为作为因变量,所有的个性维度放在同一层作为自变量。个性与行为的偏相关在 0.25 以上的被认为是个性对该行为有影响(Cohen,2013)。

1.2　结果

1.2.1　评定者一致性

量表 A 中 48 个条目,共有 23 个条目符合前述信度标准,纳入下一步统计分析。所有符合一致性信度要求条目的组内相关系数均值为 0.49,斯皮尔曼相关系数均值为 0.49,卡方系数均值为 10.84,T 指标均值为 0.46。量表 B54 个条目中共有 29 个满足前定的信度标准,纳入下一步统计分析。所有符合一致性信度要求的条目组内相关系数的均值为 0.44,斯皮尔曼相关系数的均值为 0.44,卡方系数的均值为 8.84,T 指标的均值为 0.43。

1.2.2　个性结构

对两个量表综合的量表进行主成分分析之后,根据碎石图得出了四个维度,解释了 58.19% 的方差(表 9-1)(金暧,2012)。四个维度分别命名为攻击性、乐群性、神经质和情绪性。攻击性与量表 B 中的攻击性很类似,强调给其它个体造成伤害并且支配其它个体的能力和倾向。乐群性除了包含量表 A 中乐群性与社会关系的条目外,还包括关于量表 B 中关于稳定性的条目,如不冲动、考虑行为后果等。第三个维度是神经质。神经质维度包括活动性、情绪不稳定性以及警觉性。第四个维度命名为情绪性,其特点为抑郁、紧张、焦虑,孤僻并且懒惰。其中,攻击性与乐群性和神经质显著负相关(乐群性:$r = -0.35$,$p < 0.01$;神经质:$r = -0.36$,$p < 0.01$)。其他因素之间相关系数不显著。

表 9-1　综合量表的因素负载[*]

	成分 1	成分 2	成分 3	成分 4
攻击的	0.88			
欺负的	0.84			
自信的	0.83			
大胆的	0.83			
支配的	0.81			
坚持不懈的	0.80			
直接的,有力的	0.77			
独立的	0.73			
易激惹的	0.70			
顺从的	−0.61			
依赖的	−0.60			
害怕的	−0.57		0.56	
保护的	0.47			
稳定的	0.40			
亲和的,好交往的		0.80		
关爱的		0.76		
轻率的		−0.73		
友好的		0.68		
爱帮忙的		0.65		
好交往的		0.63	0.43	
温柔的		0.61		
鲁莽的		−0.57		
合作的		0.56	0.43	
平和的		0.50		
活跃的			0.76	
兴奋的			0.72	
警觉的			0.62	
谨慎的			0.61	
冷静的			−0.59	
不安全的			0.57	
贪婪的			0.48	
不敏感的				
抑郁的				0.77

续表

	成分 1	成分 2	成分 3	成分 4
紧张的				0.67
焦虑的				0.64
孤僻的				0.55
懒惰的				0.53
解释的方差(%)	21.71	14.19	12.56	9.73
内部一致性	0.93	0.86	0.76	0.69

* 只显示大于 0.40 的因素负载。

1.2.3 个性测量的效度：个性与行为的相关

个性维度与行为之间的相关如表 9-2（金晛,2012）所示,攻击性与接近(时长和频率)、接触(频率)、接受离开、接受经过和接受拥抱正相关;与接触(时长)、接受理毛(频次)、发起离开和发起邀请理毛负相关。乐群性与发起拥抱、发起邀请理毛和挠痒正相关;与移动、发起离开、接受离开和发起经过正相关。神经质与发起拥抱正相关,与接近(时长和频次)、接触(频次)、接受走近、接受离开、发起经过和接受经过负相关。情绪性与接受理毛、发起离开、发起拥抱、发起邀请理毛和挠痒正相关,与发起理毛(时长)、接受趋近、接受离开、发起经过和接受经过负相关。

表 9-2 综合量表个性与行为之间的偏相关系数*

	控制变量	攻击性	乐群性	神经质	情绪性
接近时长	年龄	**0.41**	−0.12	**−0.57**	−0.04
接触时长		**−0.47**	−0.01	0.24	0.06
发起理毛时长	年龄	0.08	−0.07	−0.21	**−0.64**
接受理毛时长		0.21	0.00	−0.20	−0.07
接近频率		**0.48**	−0.09	**−0.62**	0.03
接触频率	年龄	0.29	−0.06	**−0.53**	0.21
发起理毛频率		0.03	−0.24	−0.08	−0.18
接受理毛频率	年龄	**−0.28**	−0.09	−0.19	**0.37**
移动	年龄	−0.17	**−0.34**	−0.20	−0.17
发起趋近	年龄	0.06	−0.23	−0.22	−0.13
接受趋近	年龄	0.15	−0.19	**−0.63**	**−0.59**
发起离开	年龄	**−0.48**	**−0.36**	−0.24	**0.31**
接受离开		**0.59**	**−0.38**	**−0.82**	**−0.30**

	控制变量	攻击性	乐群性	神经质	情绪性
发起经过	年龄	0.12	**−0.25**	**−0.47**	**−0.35**
接受经过		**0.27**	−0.02	**−0.34**	**−0.42**
发起拥抱		−0.14	**0.29**	**0.52**	**0.32**
发起邀请理毛	年龄	**−0.73**	**0.59**	0.15	**0.82**
接受邀请理毛	年龄	−0.19	0.16	0.20	−0.22
挠痒		0.06	**0.28**	−0.07	**0.39**

* 黑体表示偏相关系数大于 0.25。

1.3　小结

　　川金丝猴的个性评价可以从四个维度进行：攻击性、乐群性、神经质和情绪性。并且川金丝猴的个性评定表现出合理的信效度。攻击性高的个体是有攻击性的、有支配性的，很自信并且独立。它们参与一定程度的社会活动，但是不会与其它个体非常亲近。乐群性高的猴子是喜欢社会交往的、有爱心的、温柔的并且乐于助人的。它们在猴群中受欢迎程度较高，其它个体喜欢将它们作为社交对象，希望得到它们的理毛，并且不愿意离开它们。神经质和警觉性反映了情绪不稳定性，而情绪稳定性维度则刚好反映这一维度的另一极。这些个体在社交上比较退缩，对其它猴子而言不是很有吸引力。情绪性主要反映个体抑郁、焦虑等特质。情绪性与友谊行为的相关很复杂，因为其模式是不一致的，这可能反映了它们冲突的情感状态。情绪性高的个体一方面需要社会互动（与发起理毛正相关），另一方面又将社会交往视为应激性的（与发起离开正相关）。

2　川金丝猴个性与健康

　　个性可遗传，并且有生理基础，可以预期个性与个体的健康有关。个性对健康的影响可能有三种机制。首先，个性可以通过行为影响健康（Capitanio，2011；Friedman，2008；Ferguson，2013；Friedman et al.，2014）。比如在"大五"人格结构中高尽责性这一维度得分较高的个体比低分个体寿命更长,因为这些人可以更好地照顾自己,比如作息规律、及时就医等(金晙,苏彦捷,2009)。对于那些冲动性比较高的恒河猴,它们由于更容易卷入失控的暴力攻击行为而更容易受伤,甚至死亡(Higley et al.,1996;Higley et al.,1992;Mehlman et al.,1994;Mehlman et al.,1997)。其次,在生理上,不同个性个体的"硬件"是有差别的(Capitanio et al.,2011),这种差异体现在神经内分泌、免疫系统和心血管系统。高神经质个体出现了下丘脑-垂体-肾上腺轴的功能失调(金晙,苏彦捷,2009)。比如,与高乐群性的个体相比,低乐群性的成年恒河猴淋巴结有更多交感神经分布,而淋巴结交感神经分布密度越高,对破伤风病毒的 IgG 免疫反应就越低(Sloan et al.,2008)。另外,人类研究发现低外向性个体的血压比高外向性个体要更高一些,并且免疫细胞毒性也更高(Miller et al.,1999)。再次,个性还可以通过应激反应来影响健康,即交互作用模型(Capitanio,2011;Childs et al.,2014)。也就是说,个性特质影响应激反应和应对方式,并最终影响健康。如应激环境中注射了猴获得性免疫缺陷病毒的雄性恒河猴中,那些高乐群性的个体应激反应较低、免疫表达较高,并且达到定点时的病毒数量较少(Capitanio et al.,2008)。应激损害健康,尤其长期慢性应激对健康有非常大的损害。慢性应激会影响免疫系统的功能(Capitanio et al.,2008;Kiecolt-Glaser et al.,1996),增加抑郁症患病和慢性病恶化的风险(Hammen et al.,2009;Wolf,Nicholls,& Chen,2008)。这三种途径并非互斥,它们可以同时存在;个性可以同时通过这三种情况来影响健康。

　　研究川金丝猴个性与健康的关系可以帮助我们通过个性来预测川金丝猴的健康状况,并针对个性有的放矢的对不同个体的健康进行干预。本实验以北京野生动物园和北京濒危动物保护中心的笼养金丝猴为研究对象,动物园和中心对金丝猴的健康状况进行了详细的记录。我们利用健康记录,考察个性与健康之间的关系,撰写的文章已经发表在 *American Journal of Primatology* 上(Jin et al.,2013)。

2.1　方法

2.1.1　被试

本研究被试共有笼养川金丝猴 26 只,其中雌性 12 只,年龄为 8.50 ± 4.62 岁;

雄性 14 只，年龄为 10.29±6.40 岁，生活在北京野生动物园和北京濒危动物保护中心；共有 8 个亚群，每个亚群中有 1 只成年雄性，1～3 只成年雌性及他们的后代。每个亚群生活在一个大笼中，每个大笼有室内部分与室外部分，一个走廊将室内部分和室外部分接连起来。室内部分约 2～3 米×3 米×2.5 米，室外部分大约 4 米×5 米×4 米。这 8 个亚群中，有 6 个亚群属于繁殖群，出于保护原因不对公众开放，这部分有 17 只个体；另两个亚群允许公众参观，有 9 只个体。具体饲养条件与前文个性结构研究中笼养个体部分一致。

2.1.2　实验测量

（1）个性。本实验采用上一实验中量表 A 对川金丝猴的个性进行测量。26 只被试由 4 名评定者进行评定，每个个体都由两名评定者进行评定。评定者是与被试经常接触的饲养员或观察者。他们都与被试足够熟悉，可以在被试不在场时回忆被试在各情境下的行为。量表 A 更常用于个性与健康之间关系的研究（Capitanio，1999）。本实验的个性测量是上一实验对个性结构的分析中的一部分。因此采用其得出的个性结构，而不重新对这部分数据进行因素分析。

（2）健康。本实验对健康的测量采用 2009 年 4 月到 2011 年 7 月被试日常生病及救治的记录，被试的患病时间越短，患病次数越少，则其健康状况越好。北京野生动物园和濒危动物繁殖中心在动物生病时会及时对其进行救治并进行详细的记录，主要包括个体的发病时间、症状、治疗手段、每日病情变化，直到痊愈或死亡。饲养员负责从精神、饮食和排便三方面对个体进行监控，发现异常后报告给兽医。兽医对个体的病情做出诊断、确定相应的治疗方案，并进行追踪记录，直至个体康复。我们对与患病相关的日常记录进行了整理和量化。本实验用来测量个体健康状况及所患疾病严重程度的指标包括个体两年内：是否生过病、生病次数、平均病程、总病程；除此之外，还有特别关于消化系统疾病的指标，包括：是否有过消化系统疾病、患消化系统疾病次数、消化系统疾病总病程、消化系统疾病平均病程。其中平均病程和总病程是两个相关的指标，平均病程是指个体平均每次生病痊愈需要多长时间，总病程是指个体在这两年内有多少时间处于患病状态。由两名编码者独立对所有相关健康记录进行编码，两名编码者的一致性为 90%。另外，被试中有 1 只个体死亡，该个体没有计入整体分析，由于其与其它个体的情况不具有可比性。

2.1.3 实验程序

个性测量于 2009 年 4 月进行,收集 2009 年 1 月到 2011 年 7 月的健康记录,根据个性得分和对健康记录进行整理所得量化的结果来测量个性与健康之间的关系。

2.1.4 统计分析

本实验中所有因变量可以分为三种:二分变量、计数变量和连续变量。二分变量包括个体是否曾患疾病和是否患过消化系统疾病。用逻辑回归来分析个性与这两个二分变量之间的关系。计数变量包括个体生病次数和患消化系统疾病的次数,采用泊桑回归分析个性与这两个计数变量之间的关系。病程和严重程度的各指标被看做连续变量,采用线性回归来分析个性与病程和患病严重程度之间的关系。四个个性维度同时放入自变量中进行回归分析,同时控制性别与年龄的影响。另外,性别和年龄,与个性维度间的二因素交互作用也放入回归模型中,只保留显著的交互作用。3 只被试因为个性数据缺失没纳入统计分析,最终纳入统计分析的被试为 22 只。

2.2 结果

所有疾病中,消化系统疾病为 10 次,流产 2 次,攻击造成的外伤 3 次,其他疾病 3 次。所有被试中,曾患消化系统疾病个体数为 8 只,其中 6 只患病 1 次,2 只患病 2 次。所有被试患消化系统疾病平均病程为 1.56 ± 2.74 天,所有疾病平均病程为 2.04 ± 3.97 天。

2.2.1 个性与整体健康状况的关系

在 22 只被试中,有 11 只被试曾经生病至少一次。个性不能显著预测个体在个性测量的两年后是否生病。

所有被试总生病次数为 18 次,7 只被试曾经生病一次,1 只被试生病 2 次,3 只被试生病 3 次。平均生病次数为 0.69 ± 1.01 次。性别与年龄的交互作用对个体生病次数由显著影响($p < 0.05$)。与雄性相比,雌性患病次数随年龄增长变得更

多。除此之外,攻击性显著预测较少的患病次数($p<0.01$),高攻击性个体患病次数较少。

所有被试平均病程时间为 2.25 ± 2.98 天,所有被试当中平均病程最长为 8 天。所有被试总病程均值为 3.73 ± 5.74 天,总病程最长为 18 天,所有被试总病程为 97 天。年龄($p<0.05$)及其与性别的交互作用($p<0.05$)显著预测总病程。与雄性相比,雌性随年龄增长总病程更长。另外,低攻击性个体总病程($p<0.05$),其他个性维度对总病程没有影响。攻击性对平均病程有边缘显著的作用($p=0.05$),其他自变量对平均病程没有影响。

2.2.2 个性与两年内患消化系统疾病

所有被试消化系统疾病平均严重程度得分为 1.60 ± 2.74(得分范围:0—9)。首先,社会性与年龄的交互作用影响消化系统疾病平均严重程度($p<0.05$)。简单斜率检验(simple slope test)(Aiken & West,1991)表明在年纪较小的个体中,高社会性预测较严重的消化系统疾病;而在年龄较大的个体中,低社会性预测较严重的消化系统疾病(Jin et al.,2013)。除此之外,低攻击性($p<0.05$)、低情绪性($p<0.05$)和高神经质($p<0.05$)也预测更严重的消化系统疾病。

2.3 小结

我们发现个性可以预测笼养川金丝猴个体的健康。其中,攻击性对健康状况影响显著。低攻击性的个体生病较多,病程较长,而且有更严重的消化系统疾病。除攻击性外的其他个性对川金丝猴的健康也有影响。低情绪性和高神经质预测更严重的消化系统疾病。川金丝猴的攻击性主要体现其造成伤害的能力,以及自信、果断、独立等方面的特质。在笼养环境下,由于其自身的优势地位,高攻击性的个体可能会比较少受到其它个体的伤害和打扰。除此之外,高攻击性的川金丝猴也较少受到消化系统相关疾病的困扰。这提示高攻击性个体可能有比较好的身体状况,比如强壮和强大的免疫系统功能。在人类研究中,攻击性常与反社会人格和心血管系统疾病有关(Aromäki,Lindman, & Eriksson,1999;Smith,Glazer,Ruiz, & Gallo,2004),或者简单地说,人类攻击性通常与负性的健康结果相联系。人类的攻击性常常强调个体使用暴力的倾向性。而川金丝猴的攻击性,除了包括攻击行为外,还包括自信、果断、大胆、独立等特质,这些特质在人类中则是外向性的一部分。而人类外向性对健康则有保护性作用(Shipley et al.,2007;Buchman et al.,2013)。低情绪性与较严重的消化系统相关疾病相关,这与人类研究的结果不同(Pressman & Cohen,2005)。低情绪性强调个体在交往中的特点是不顺从并且有保护欲,在情绪方面的特点是不紧张、不抑郁、也不懒惰。本实验发现神经质对消化系统相关疾病的负性作用是很明显的。高神经质个体患消化系统相关疾病次数较多,病程较长,并且也较严重。高神经质的个体会有比较高的不安全感,很容易兴奋,也很警觉。这与人类人格中的神经质很像,表现为情绪不稳定性、对伤害性信息敏感并迅速回避(金暕,苏彦捷,2009)。许多研究表明神经质对健康的破坏作用。我们预测神经质对川金丝猴健康的负面影响可能是由于应激的作用。人类和其他非人物种的研究都发现高神经质的个体的应激水平比较高,长期慢性应激会对机体的免疫系统造成伤害,使个体对疾病易感,并且不易恢复。乐群性对健康的作用与年龄有关。乐群性主要体现个体在与其它个体交往特点,高分者比较合作、温柔。许多人类与非人灵长类的研究都发现社会关系对个体的健康有保护性的作用(Capitanio et al.,2008)。但对于不同年龄金丝猴,高乐群性对其适应社会生活的意义是不同的。高乐群性与较多的社会交往有关,也许这对年龄较小的个体意味着更大的不确定性,可能会导致应激及进一步的消化系统症状。

3　川金丝猴个性与繁殖成功

　　繁殖成功决定个体的基因是否可以传递给下一代。了解个性与繁殖成功的关系不仅对探索自然选择和性选择对个性的作用十分重要,而且可以帮助我们更好的做出与川金丝猴繁育保护相关的决定。许多研究都证实了个性与繁殖成功是有关的。个性会直接影响繁殖结果。紧张的笼养印度豹更易发生繁殖障碍(Wieleb-nowski & Brown,1998)。高支配性和较多嗅行为雄性犀牛后代较少,追逐、爬跨、刻板行为较多的雌性犀牛繁殖成功较差(Carlstead,Mellen,& Kleiman,1999)。高神经质的雌性东北虎有较少的后代(李潜,2004)。一项跨物种的元分析发现大胆的个体以及高攻击性的个体有更高的繁殖成功,攻击性对繁殖成功的作用在雌性中表现比较明显(Smith & Blumstein,2008)。个性不仅影响繁殖结果,也影响个体使用的繁殖策略。Réale 等人(2009)对公羊研究发现,在成年早期,温顺而大胆对繁殖成功有轻微的负性作用;而在年纪较长的公羊中则有较强的正性作用。Higley 等研究者发现低乐群性的雄性恒河猴个体会比较早的离群,加入到新的群体里(Mehlman et al.,1995)。这些个体可能会在新的群体里获得繁殖机会,但是也有可能由于被新群体的成员排挤攻击而受到伤害甚至死亡。除此之外,环境也会影响个性的适应结果。一项对大山雀的纵向研究发现,在食物不丰富的情况下,长到繁殖年龄的后代很少,个性与后代数量没有相关;而在食物丰富的情况下,高探索性和低探索性的雌性都有较多的后代,而在分布中间的那些雌性后代相对较少(Dingemanse et al.,2004)。高探索性的个体以更快的速度给后代喂食,因此在食物丰富的情况下,其后代成活率较高(Mutzel et al.,2013)。

本实验以神农架野生投食群的川金丝猴为被试,考察个性与繁殖成功之间的关系。繁殖成功通过后代数量来测量。

3.1 方法

3.1.1 被试

(1) 研究地点。本研究在湖北省神农架自然保护区大龙潭保护站进行。根据大龙潭保护站的记录,该地年平均气温是 10℃,最高气温为 29℃,最低温度为 −20℃,季节变化很大。投食区域是 40 米×20 米。投食用的食物包括桃、苹果、萝卜、花生和地衣。投食的时间由日出时间决定。从 5 月到 10 月,每天喂食 4 次(5：30,10：00,13：30 和 17：30),从 11 月到次年 4 月,每天喂食 3 次(8：00,12：00 和 16：30)。平均每个个体投食的重量根据不同季节食物丰富程度变化,秋冬季节平均每个个体喂食 200 克,夏季平均每个个体喂食 100 克。食物根据每个单元个体数量投喂。观察距离为至少 2 米以外。

(2) 被试与种群构成。本研究被试是神农架大龙潭自然保护区的一个川金丝猴投食群。投食始于 2005 年。观察者和评价者都可以对该群的每个成年个体进行个体识别。该群共有 5 个社会单元,其中 4 个是一雄多雌家庭单元和 1 个全雄单元,单元间距 4～5 米,雄性 7 岁成年,雌性 5 岁成年。本研究中关注成年个体。个性测量包括 31 只个体,其中 10 只雄性,21 只雌性。因为有 3 只雄性个体在父系

DNA 测量(2009 年生育季节)开始前离开该群,因此在分析个性与繁殖成功的关系时,这 3 只离开的雄性没有计算在内。

3.1.2　测量

(1) 个性测量。本研究采用个性测量实验中的量表 B 对川金丝猴个性进行测量。该量表由 29 个条目组成,每个条目包括一个用来形容川金丝猴个体特质的形容词和一个简短行为说明以阐明该形容词的含义,该量表在开发之初常用于个性演化及个性遗传等研究(Weiss et al.,2000)。6 名评价者在 7 点量表上对 31 只川金丝猴进行个性评价。其中 28 只被试由 2 名评价者进行评价,3 只被试只有 1 名评价者进行评价。评价者是保护站的工作人员和常驻该保护站的观察人员,平均有 18 个月(从 6 个月到 36 个月)的观察经验。

(2) 信度。本研究的信度由组内相关系数(ICC)和斯皮曼相关系数(r)测定。卡方一致性和 T 系数用来分析单个条目的一致性。满足方法部分所述信度和一致性标准的条目共 13 个。因素分析提取了三个因素,可以分别命名为攻击性、情绪性和乐群性。① 攻击性包括有攻击性的、轻率的,不屈服的,不友好的,和坚持不懈的;② 情绪性包括抑郁的、焦虑的、单独的和不敏感的;③ 乐群性包括温柔的,有爱心和爱社交的。三个因素的内部一致性都可以接受,因素之间没有显著相关。

(3) 繁殖成功。对雌性和雄性来说,繁殖成功都由后代数量直接测量,由繁殖行为间接测量。对雄性来说,其单元内雌性数量也是繁殖成功的间接测量指标之一。本研究通过亲子关系来确定个体的后代数量。其中母系亲子关系由观察得出,而父系亲子关系由 DNA 检测确定。

(4) 母系亲子关系确定。母系关系通过记录婴猴出生第一天时抱新生婴猴的母猴来确定,之后观察该母猴是否是该婴猴的主要照顾者,如是否经常喂奶,经常抱并且保护该婴猴以进行核实。本研究中使用的母系亲子关系的数据是从 2007 年到 2010 年生育季节,数据来源于湖北神农架自然保护区日常记录。

(5) 父系亲子关系的确定。本研究中使用的父系亲子关系的数据包括 2009 年生育季节和 2010 生育季节。这两年的父系亲子关系由 DNA 检测确定。DNA 检测父系亲子关系分析由中科院动物所李明研究员实验室杨邦和同学于 2009 年生育季节和 2010 年生育季节完成。

（6）单元内雌性数量。神农架自然保护区大龙潭保护站对每个个体的出生迁移进行详细的记录。一雄多雌单元和全雄单元的所有变化都有记录。单元内雌性数量根据记录中繁殖季节某个单元中的雌性个体数计算。只有在繁殖季节且在该单元时间在四周以上才算为该单元的雌性。如果该雌性在该单元的时间少于四周，则不计算在该单元的"雌性数量"内。

·　（7）繁殖行为。繁殖行为观察在 2008 年(9 月 23 日到 12 月 19 日)和 2009 年(8 月 24 日到 12 月 26 日)繁殖季节进行。繁殖行为记录采用焦点动物取样与随机取样相结合的办法。在发现某个体在进行繁殖行为，立即写下该繁殖行为的发起者与接受者。记录的繁殖行为包括邀配、爬跨、插入和射精。繁殖行为后理毛以"发生"或"未发生"的方式记录。行为数据收集由中科院动物所李明研究员实验室的杨邦和于 2008 年 9 月至 12 月和 2009 年 8 月至 12 月期间完成。

3.1.3　实验程序

本研究于 2008 年和 2009 年的两个繁殖季节进行繁殖行为观察，并且于 2009 年和 2010 年收集粪便样本通过 DNA 检测确认亲子关系。个性测量于 2011 年 4 月进行。

3.1.4　统计分析

所有统计分析都由 SPSS 统计软件包进行。广义线性模型(generalized linear model, GLM)中的泊桑回归用来分析个性对后代数量的影响，以及个性对单元内雌性数量的作用。以后代数量为因变量，三个个性变量同时放入作为自变量。繁殖机会定义为在该群的繁殖季节的数量。如果繁殖机会和年龄对结果变量(后代数量和单元内雌性数量)有显著作用，则在分析个性与结果变量的关系时，控制繁殖机会和年龄的作用。由于野外个体的实际年龄无法得知，因此根据其外貌特征划分为三个年龄阶段：青年、壮年和老年。皮尔逊相关用来分析雌性个性维度与年龄和繁殖机会之间的关系。斯皮尔曼等级相关用来分析个性与繁殖行为的关系。

3.2　结果

我们发现雄性乐群性显著预测后代数量($p < 0.05$)，也就是说，雄性个体的乐

群性越高,其繁育的后代数量也就越多;攻击性和情绪性与雄性后代数量无关。雄性乐群性显著预测其单元内雌性数量($p < 0.01$),雄性个体的乐群性越高,其单元内雌性数量就越多;攻击性和情绪性与其单元内雌性数量无显著关系。

雌性攻击性可以预测雌性后代数量。雌性的攻击性得分越高其后代数量就越多($p < 0.05$),雌性攻击性与接受邀配正相关($p < 0.05$)。也就是说,攻击性越高,其接受雄性邀配次数就越多。

3.3　小结

乐群性高的雄性有更多的后代,并且在其单元内有更多的雌性。攻击性高的雌性有更多的后代,并且接受更多来自雄性的邀配。雄性乐群性可以更好地预测其后代数量、单元内雌性数量。在灵长类中,雄性通常为支配地位而竞争,因为支配地位通常伴随着许多好处,如获得食物、配偶和优势位置的优先权。但是在川金丝猴中,如果要赢得支配地位的竞争,依靠的不仅是雄性的竞争实力,更多的是依靠整个家庭单元的力量,其中雌性的作用尤为重要(Zhang et al.,2008)。在这个过程中,雄性的作用不仅仅是斗争本身,其"领导力"至关重要。此外,在主雄替换的过程中,雄性为了获得家长地位所进行的争斗很激烈,但并未像恒河猴一样严重到"生死决斗"的程度。恒河猴中,落位的老猴王通常会在斗争中重伤甚至死亡,而川金丝猴被推下台的家长通常进入全雄群。雌性的选择在主雄替换过程中起重要的作用(Qi et al.,2009)。本研究结果表明雌性偏好乐群性高的雄性。我们对这一研究结果有几种解释。首先,家庭单元内主雄的主要作用之一是协调单元内个体之间的关系(任仁眉等,2000)。那些对社会关系敏锐的雄性个体会受到雌性的青睐。此外,对雌性川金丝猴来说,选择乐群性高而非攻击性高的雄性意味着婴猴更安全,因为川金丝猴被报告有杀婴的个案(任仁眉等,2000)。

在雌性中,攻击性高的雌性有更多的后代,并且更多地接受雄性的邀配。我们认为这是性内竞争与性选择共同的作用。首先,雌性间的性内竞争是激烈的。在繁殖季节期间,雌性会积极地打扰其它个体交配。并且已怀孕的个体比未怀孕的个体有更高水平的打扰行为(Qi et al.,2011)。在这个过程中,攻击性高的个体可能会有更大的优势。除此之外,雄性可能偏好攻击性高的雌性,雄性更多地向攻击性高的雌性发起邀配。在川金丝猴中,邀配行为主要由雌性发起(Qi et al.,

2011）。这可能是因为一方面攻击性高的雌性有更好的基因。另一方面,高攻击性的雌性可以给整个单元更多贡献。总之,川金丝猴雌性和雄性个性与繁殖成功之间的关系是不同的。高乐群性的雄性有更高的繁殖成功,而雌性则是攻击性与繁殖成功有正相关,这可能由于川金丝猴社会结构对两性的选择压力是不同的。

3.4　讨论

川金丝猴的个性由 4 个维度组成,分别是攻击性、乐群性、情绪性和神经质。川金丝猴的个性结构与猴科其它物种的个性结构有很大的相似性,说明种系发生的连续性对物种个性结构的作用是不可忽视的(Weiss et al.,2011)。其中攻击性可以预测较好的健康状况和雌性的繁殖成功;乐群性对健康状况的影响依年龄而变,但是对雄性的繁殖成功有积极影响。

川金丝猴社会中两性面临不同的选择压力。雄性一方面面临同性竞争,另一方面面临雌性选择,其中雌性选择是更主要的演化压力来源(Qi et al.,2009)。川金丝猴是一雄多雌的社会结构,并且雌性和雄性都迁出,单元内的雌性之间并不一定有亲缘关系(Qi et al.,2009)。雌性间关系的强度是川金丝猴家庭单元保持一致的重要动力(Zhang et al.,2008)。雄性家长一项重要的职责是保持单元内个体间关系的协调,当单元内的雌性间发生冲突时,及时有效的平息对保持单元团结至关重要(任仁眉等,2000)。在这种情况下,那些对社会关系敏感、有良好的社会技能的雄性个体就会成为雌性们选择的对象。而雌性的选择压力则更多地来源于单元内其它雌性的竞争。在繁殖季节,雌性与除家长外的雄性交配的机会并不多,这会导致单元内部雌性间竞争唯一的繁殖资源,即雄性家长。在这种社会结构下,雌性川金丝猴积极地发起邀配并打扰其它雌性交配,即使自己已经怀孕仍然会这样做(Li & Zhao,2007;Qi et al.,2011;Ren et al.,1995)。雌性间积极争夺繁殖资源并且试图降低其它个体交配,可能是因为这样做可以减少其它雌性产生后代的可能性,在单元占有资源有限的情况下,最大化自己后代占有的资源。在这种情况下,高攻击性的雌性一方面可以在同性竞争中有更大的优势,另一方面,川金丝猴的不同家庭单元间对地位的竞争是依赖其单元整体实力的(Zhao & Tan,2011),高攻击性的雌性可能对其单元的优势地位有更大的贡献,这使那些高攻击性的雌性更多地受到雄性的选择。

4　结语

　　本研究确定了有合理信效度的测量川金丝猴个性的方法,并且发现川金丝猴个体的健康和繁殖成功与其个性有关。这些研究结果不仅初步揭示了复杂的社会关系是川金丝猴个性演化的动力,为我们了解人类人格演化提供了基础,而且还可以为川金丝猴的繁育保护工作提供实证研究的依据。未来研究可以在仰鼻猴属不同物种以及同一物种不同种群中考察个性结构,及个性结构与健康和繁殖成功的关系,同时探讨种群动力是否调节个性与健康和繁殖成功的关系。这一方面可以系统考察种系发生和社会生态环境对个性演化的作用,另一方面为更好地了解和保护珍稀物种提供实证研究的支持。

参考文献

Aiken, L. S. , & West, S. G. (1991). *Multiple Regression: Testing and Interpreting Interactions*. Sage.

Altmann, J. (1974). Observational study of behavior: sampling methods. *Behaviour*, 227-267.

Aromäki, A. S. , Lindman, R. E. , & Eriksson, C. J. P. (1999). Testosterone, Aggressiveness, and Antisocial Personality. *Aggressive Behavior*, 25(2), 113-123.

Bergmüller, R. , & Taborsky, M. (2010). Animal personality due to social niche specialization. *Trends in Ecology & Evolution*, 25(9), 504-511.

Buchman, A. S. , Boyle, P. A. , Wilson, R. S. , Leurgans, S. E. , Arnold, S. E. , & Bennett, D. A. (2013). Neuroticism, extraversion, and motor function in community-dwelling older persons. *The American Journal of Geriatric Psychiatry*, 21(2), 145-154.

Capitanio, J. P. (1999). Personality dimensions in adult male rhesus macaques: Prediction of behaviors across time and situation. *American Journal of Primatology*, 47(4), 299-320.

Capitanio, J. P. (2011). Individual differences in emotionality: Social temperament and health. *American Journal of Primatology*, 73(6), 507-515.

Capitanio, J. P. , Abel, K. , Mendoza, S. P. , Blozis, S. A. , et al. (2008). Personality and serotonin transporter genotype interact with social context to affect immunity and viral set-point in simian immunodeficiency virus disease. *Brain, Behavior, and Immunity*, 22(5), 676-689.

Capitanio, J. P., Mendoza, S. P., & Cole, S. W. (2011). Nervous temperament in infant monkeys is associated with reduced sensitivity of leukocytes to cortisol's influence on trafficking. *Brain, Behavior, and Immunity*, 25(1), 151-159.

Carlstead, K., Mellen, J., & Kleiman, D. G. (1999). Black rhinoceros (*Diceros bicornis*) in U. S. zoos: I. individual behavior profiles and their relationship to breeding success. *Zoo Biology*, 18(1), 17-34.

Childs, E., White, T. L., & de Wit, H. (2014). Personality traits modulate emotional and physiological responses to stress. *Behavioural Pharmacology*, 25(5-6), 493-502.

Cohen, J. (2013). *Statistical Power Analysis for the Behavioral Sciences*. Routledge Academic.

Dingemanse, N. J., Both, C., Drent, P. J., & Tinbergen, J. M. (2004). Fitness Consequences of Avian Personalities in a Fluctuating Environment. *Proceedings: Biological Sciences*, 271(1541), 847-852.

Freeman, H. D., & Gosling, S. D. (2010). Personality in nonhuman primates: a review and evaluation of past research. *American Journal of Primatology*, 72(8), 653-671.

Ferguson, E. (2013). Personality is of central concern to understand health: towards a theoretical model for health psychology. *Health Psychology Review*, 7(sup1), S32-S70.

Friedman, H. S. (2008). The multiple linkages of personality and disease. *Brain, Behavior, and Immunity*, 22(5), 668-675.

Friedman, H. S., Kern, M. L., Hampson, S. E., & Duckworth, A. L. (2014). A new life-span approach to conscientiousness and health: Combining the pieces of the causal puzzle. *Developmental Psychology*, 50(5), 1377-1389.

Gold, K. C., & Maple, T. L. (1994). Personality assessment in the gorilla and its utility as a management tool. *Zoo Biology*, 13(5), 509-522.

Goldberg, L. R. (1990). An alternative "description of personality": The Big-Five factor structure. *Journal of Personality and Social Psychology*, 59(6), 1216-1229.

Gosling, S. D. (1998). Personality Dimensions in Spotted Hyenas (*Crocuta crocuta*). *Journal of Comparative Psychology*, 112(2), 107-118.

Gosling, S. D. (2001). From mice to men: What can we learn about personality from animal research? *Psychological Bulletin*, 127(1), 45-86.

Hammen, C., Kim, E. Y., Eberhart, N. K., & Brennan, P. A. (2009). Chronic and acute stress and the prediction of major depression in women. *Depression and Anxiety* , 26 (8) , 718-723.

Higley, J. D. , Mehlman, P. T. , Poland, R. E. , Taub, D. M. , Vickers, J. , Suomi, S. J. , et al. (1996). CSF testosterone and 5-HIAA correlate with different types of aggressive behaviors. *Biological Psychiatry* , 40 (11) , 1067-1082.

Higley, J. D. , Mehlman, P. T. , Taub, D. M. , Higley, S. B. , Suomi, S. J. , Linnoila, M. , et al. (1992). Cerebrospinal Fluid Monoamine and Adrenal Correlates of Aggression in Free-Ranging Rhesus Monkeys. *Arch Gen Psychiatry* , 49 (6) , 436-441.

Jin, J. , Su, Y. , Tao, Y. , Guo, S. , & Yu, Z. (2013). Personality as a Predictor of General Health in Captive Golden Snub-Nosed Monkeys (*Rhinopithecus roxellana*). *American Journal of Primatology* , 75 (6) , 524-533.

John, O. P. , & Benet-Martinez, V. (2000). Measurement: Reliability, construct validation, and scale construction. Handbook of research methods in social and personality psychology. In H. T. Reis & C. M. Judd (Eds.) , *Handbook of Research Methods in Social and Personality Psychology* (*Vol. xii*). New York, US: Cambridge University Press, 339-369.

Kiecolt-Glaser, J. K. , Glaser, R. , Gravenstein, S. , Malarkey, W. B. , & Sheridan, J. (1996). Chronic stress alters the immune response to influenza virus vaccine in older adults. *Proceedings of the National Academy of Sciences* , 93 (7) , 3043-3047.

King, J. E. , & Figueredo, A. J. (1997). The five-factor model plus dominance in chimpanzee personality. *Journal of Research in Personality* , 31 (2) , 257-271.

King, J. E. , & Landau, V. I. (2003). Can chimpanzee (*Pan troglodytes*) happiness be estimated by human raters? *Journal of Research in Personality* , 37 (1) , 1-15.

King, J. E. , & Weiss, A. (2011). Personality from the Perspective of a Primatologist. *Personality and Temperament in Nonhuman Primates* . In A. Weiss, J. E. King & L. Murray (Eds.). New York: Springer, 77-99.

Laskowski, K. L. , & Pruitt, J. N. (2014). Evidence of social niche construction: persistent and repeated social interactions generate stronger personalities in a social spider. *Proceedings of the Royal Society B: Biological Sciences* , 281 (1783) , 20133166.

Lecky, P. (1945). *Self-consistency; A Theory of Personality* : Washington, DC, US: Island Press.

Li, B. , & Zhao, D. (2007). Copulation behavior within one-male groups of wild Rhinopithecus roxellana in the Qinling Mountains of China. *Primates* , 48 (3) , 190-196.

Maninger, N. , Capitanio, J. P. , Mendoza, S. P. , & Mason, W. A. (2003). Personality influences tetanus-specific antibody response in adult male rhesus macaques after removal from natal group and housing relocation.*American Journal of Primatology*,61(2),73-83.

　　Mehlman,P.,Higley,J.,Faucher,I.,Lilly,A.,Taub,D.,Vickers,J.,et al.(1994). Low CSF 5-HIAA concentrations and severe aggression and impaired impulse control in nonhuman primates.*Am J Psychiatry*,151(10),1485-1491.

　　Mehlman,P.,Higley,J.,Faucher,I.,Lilly,A.,Taub,D.,Vickers,J.,et al.(1995). Correlation of CSF 5-HIAA concentration with sociality and the timing of emigration in free-ranging primates.*Am J Psychiatry*,152(6),907-913.

　　Mehlman,P. T.,Higley, J. D.,Fernald, B. J.,Sallee, F. R.,Suomi, S. J.,& Linnoila,M. (1997). CSF 5-HIAA,testosterone,and sociosexual behaviors in free-ranging male rhesus macaques in the mating season.*Psychiatry Research*,72(2),89-102.

　　Miller,G. E.,Cohen, S.,Rabin, B. S.,Skoner, D. P.,& Doyle, W. J.(1999). Personality and tonic cardiovascular,neuroendocrine,and immune parameters.*Brain, Behavior, and Immunity*,13(2),109-123.

　　Mutzel,A.,Dingemanse, N. J.,Araya-Ajoy, Y. G.,& Kempenaers, B.(2013). Parental provisioning behaviour plays a key role in linking personality with reproductive success.*Proceedings of the Royal Society B: Biological Sciences*,280(1764),10-19.

　　Pressman,S. D.,& Cohen,S.(2005). Does Positive Affect Influence Health? *Psychological Bulletin*,131(6),925-971.

　　Qi,X. G.,Li,B. G.,Garber,P. A.,Ji,W.,& Watanabe,K.(2009). Social dynamics of the golden snub-nosed monkey (*Rhinopithecus roxellana*): Female transfer and one-male unit succession.*American Journal of Primatology*,71(8),670-679.

　　Qi,X. G.,Yang,B.,Garber,P. A.,Ji,W.,Watanabe,K.,& Li,B. G.(2011). Sexual interference in the golden snub-nosed monkey (*Rhinopithecus roxellana*): a test of the sexual competition hypothesis in a polygynous species. *American Journal of Primatology*,73(4), 366-377.

　　Réale,D.,Martin, J.,Coltman, D. W.,Poissant, J.,& Festa-Bianchet,M.(2009). Male personality,life-history strategies and reproductive success in a promiscuous mammal.*Journal of Evolutionary Biology*,22(8),1599-1607.

　　Ren,R.,Yan,K.,Su,Y.,Qi,H.,Liang,B.,Bao,W.,et al.(1995). The reproductive behavior of golden monkeys in captivity (*Rhinopithecus roxellana*).*Primates*,36(1),135-143.

　　Robinson,D. T.,& Smith-Lovin,L.(2001). Getting a Laugh: Gender,Status,and Humor in Task Discussions.*Social Forces*,80(1),123-158.

Schuett,W. ,Tregenza,T. , & Dall,S. R. X. (2010). Sexual selection and animal personal-ity.*Biological Reviews* ,85,217-246.

Shipley,B. A. ,Weiss,A. ,Der,G. ,Taylor,M. D. , & Deary,I. J. (2007). Neuroticism,Extra-version,and Mortality in the UK Health and Lifestyle Survey: A 21-Year Prospective Cohort Study.*Psychosomatic Medicine* ,69(9) ,923-931.

Sloan,E. K. ,Capitanio, J. P. , Tarara,R. P. , & Cole,S. W. (2008). Social temperament and lymph node innervation.*Brain,Behavior,and Immunity* ,22(5) ,717-726.

Smith,B. R. , & Blumstein,D. T. (2008). Fitness consequences of personality: a meta-a-nalysis.*Behavioral Ecology* ,19(2) ,448-455.

Smith, T. W. ,Glazer, K. ,Ruiz,J. M. , & Gallo,L. C. (2004). Hostility,Anger, Aggressive-ness,and Coronary Heart Disease: An Interpersonal Perspective on Personality,Emotion,and Health.*Journal of Personality* ,72(6) ,1217-1270.

Stevenson-Hinde, J. , & Zunz, M. (1978). Subjective assessment of individual rhesus monkeys.*Primates* ,19(3) ,473-482.

Tinsley,H. E. , & Weiss,D. J. (1975). Inter-rater reliability and agreement of subjective judgments.*Journal of Counseling Psychology* ,22(4) ,358-376.

Weiss,A. ,Adams,M. J. ,Widdig,A. , & Gerald,M. S. (2011). Rhesus Macaques (*Macaca mulatta*) as Living Fossils of Hominoid Personality and Subjective Well-Being. *Journal of Comparative Psychology* ,125(1) ,72-83.

Weiss,A. , Inoue-Murayama, M. , Hong, K. W. , Inoue, E. , Udono, T. , Ochiai, T. , et al. (2009). Assessing chimpanzee personality and subjective well-being in Japan. *American Journal of Primatology* ,71(4) ,283-292.

Weiss,A. ,King,J. E. , & Perkins,L. (2006). Personality and subjective well-being in o-rangutans (*Pongo pygmaeus* and *Pongo abelii*).*Journal of Personality and Social Psychology* , 90(3) ,501-511.

Wielebnowski,N. , & Brown,J. L. (1998). Behavioral correlates of physiological estrus in cheetahs.*Zoo Biology* ,17(3) ,193-209.

Wolf,J. M. ,Nicholls,E. , & Chen,E. (2008). Chronic stress,salivary cortisol,and α-amyl-ase in children with asthma and healthy children.*Biological Psychology* ,78(1) ,20-28.

Zhang,P. ,Watanabe,K. , & Li,B. (2008). Female social dynamics in a provisioned free-ranging band of the Sichuan snub-nosed monkey (*Rhinopithecus roxellana*) in the Qinling Mountains,China.*American Journal of Primatology* ,70(11) ,1013-1022.

Zhao,D. ,Ji,W. ,Li,B. , & Watanabe,K. (2008). Mate competition and reproductive correlates of female dispersal in a polygynous primate species (*Rhinopithecus roxellana*). *Behavioural Processes*,79(3),165-170.

Zhao,Q. , & Tan,C. L. (2011). Inter-unit contests within a provisioned troop of Sichuan snub-nosed monkeys (*Rhinopithecus roxellana*) in the Qinling Mountains, China. *American Journal of Primatology*,73(3),262-269.

金暚,苏彦捷.(2009).应激和健康相关行为与健康：神经质的调节作用.西南大学学报(社会科学版),35(6),5-10.

金暚.(2012).个性与演化适宜度：非人灵长类社群结构的作用.博士学位论文.北京：北京大学.

李潜.(2004).虎的个性研究.硕士学位论文.北京：北京大学.

任仁眉,严康慧,苏彦捷,周茵,李进军,朱兆泉,胡振林,胡云峰.(2000).金丝猴的社会.北京：北京大学出版社.

苏彦捷.(2007).动物个体差异对人格心理学的贡献.心理科学进展,15(2),260-266.

第 10 章　物理认知能力

1　引言

　　人类的认知能力(cognition)一直是心理学研究中的一项重要内容,其讨论范围囊括了从行为现象到其背后心理机制等诸多方面。人类认知能力的研究方法扩展应用于动物,逐渐形成比较心理学(comparative psychology)这一学科分支。一方面,研究者们从人类心理学的角度研究动物行为,加深对于物种的认识,同时通过和人类自身的比较,也进一步加深我们对自身的认识。另一方面,比较不同物种的认知能力,可以进而试图解释心理能力的功能适应和发生演化。最初开始研究动物认知能力,并提出心理演化这一概念的,正是物种起源学说之父——达尔文(Darwin,1871,1872)。达尔文的演化理论开创了比较心理学研究各个物种的各种认知能力的首个舞台(Tomasello & Call,1997)。在这个大舞台上,非人灵长类动物(non-human primates)的地位尤为重要。根据达尔文的演化连续性(evolutionary continuity)理论(Darwin,1859),非人灵长类的高水平认知能力是系统发生(phylogeny)的结果,灵长类相对于非灵长类物种,与人类在演化支线上是更加相近的邻居,因此非人灵长类的认知能力水平与非灵长类物种相比更显卓越。猿类(如黑猩猩、长臂猿)和猴类(如川金丝猴、恒河猴、卷尾猴、狐猴)在演化上是和人类最为接近的物种,研究比较它们的认知能力对于揭示人类认知能力的起源和本质具有重要意义(Kingstone,Smilek & Eastwood,2008)。

本章我们将以笼养川金丝猴(表 10-1)(参见陶若婷,2010;万美婷,2006,2009;Tan,Tao,& Su,2014)为对象,介绍近年来研究者对这一物种物理认知能力研究的新进展。首先,我们将从更广泛的动物认知能力开始,简单介绍关于动物认知能力的两大方面——物理认知和社会认知——的研究概况,以及解释认知能力演化的两种主要理论,从而指出川金丝猴因其独特的生态、社会习性,在比较和演化研究中的重要地位。其次,我们将详述近年关于金丝猴物理认知的几项研究,讨论该物种的执行功能、空间关系、因果推理能力。最后,我们将比较川金丝猴和其它物种,评估几种演化理论,并展望未来对于川金丝猴认知能力的研究方向。

2 动物认知能力概述及研究意义

2.1 物理认知和社会认知

认知能力主要分为物理认知(physical cognition)和社会认知(social cognition)两个方面(林崇德,张文新,1996;Herrmann et al.,2007;Tomasello & Call,1997)。

物理认知指的是生物体对物理世界(physical world)的认知,其概念与心理学中人类的认知能力或者智力(intelligence)相似。对人类智力的传统研究中常包含理解、解决问题、抽象思维等能力,其中许多方面在动物物理认知研究中都有涉及,如客体空间关系理解、根据因果关系解决问题、数能力等。物理认知对生物体的生存相当重要,是它们觅食、逃避天敌等过程中理解许多情境的基础(Tomasello & Call,1997),有时也被称为生态认知(ecological cognition)(Miklósi,2007)。

表 10-1　实验被试一览表（实验时的年龄）

编号	呼名	性别	空间与客体		工具与因果		抑制控制	
			客体永存	空间旋转和转移	线索推理	功能推理	A非B	圆筒
1	老二	雄性	√(18)	√(21)	√(21)	√(21)	√(22)	√(22)
2	小海	雄性	√(7)	√(10)	√(10)	√(10)	√(11)	√(11)
3	小美	雌性		√(16)	√(16)	√(16)		√(17)
4	祥祥	雄性		√(6)	√(6)	√(6)		
5	小恩	雌性					√(3)	√(3)
6	五妹	雌性					√(8)	√(8)
7	三姐	雌性						√(9)
8	淘淘	雌性					√(约4)	√(约4)
9	六妹	雌性					√(7)	√(7)
10	健健	雄性					√(16)	√(16)
11	西三公猴	雄性					√(不详)	

注：本章节所述实验中的被试来自北京野生动物训练繁殖中心，性别和实验时的年龄列于本表中。

猴子的笼舍均分为室内两个部分，中间有通道连接，个体能自由进出室内外。

平日喂食时间为上午 9 点和下午 3 点。食物包括主食（窝头）、蔬菜水果（香蕉、苹果、茄子、番茄、黄瓜、西葫芦等）、熟鸡蛋以及枝叶类（白蜡、杨树叶或桑树叶）等；实验进行期间喂食及供水照常。

与物理认知相对,社会认知指社会交往中所需的认知能力,涉及社会互动、交流、社会学习等多个方面(Tomasello & Call,1997;Call & Tomasello,2008)。社会认知帮助生命体理解社会关系,如等级地位、从属关系;社会情境,如合作、竞争;他人的注意、知觉、心理状态,如愿望、意图、信念;从而预测其他个体的行为并指导自身的社会行为(Premack & Woodruff,1978;Call & Tomasello,2008;Tomasello & Call 1997)。灵长类动物大多是群居动物,个体的社会认知有助于其解决社会适应问题和繁衍生息(Tomasello & Call,1997)。

物理认知和社会认知的主要区别在于对象不同,前者主要针对非生命客体,而后者主要针对同类的其他成员,有时也针对其他种族的生命体(林崇德,张文新,1996)。在动物面临的各类生存挑战中,物理认知和社会认知帮助它们分析情境,调整行为,适应环境。

尽管二者都对灵长类的生存适应至关重要,但鉴于物理认知对于生物体觅食、逃避天敌等基本生存问题的重要性,本章将优先着眼于讨论介绍川金丝猴的物理认知能力。

2.2　从演化的视角看动物认知

正如本章开头所说,对动物的认知研究在了解物种本身和解构进化两方面具有重要意义。近年来关于动物特别是灵长类的认知研究不断累积,囊括的物种也愈加丰富,使得对多个演化地位不同物种的比较(例如 Rosita & Hare,2009;Herrmann et al.,2007)和进一步讨论认知能力的演化动力(例如 Amici, Aureli, & Call,2008;MacLean et al.,2014)成为可能(Tomasello & Call,1997)。

研究者通过比较不同物种推断认知能力大约在什么时候什么物种演化产生,在什么时候分化存在于不同物种(图 10-1)。例如,已有研究表明人类、其它大猿、旧大陆猴、新大陆猴、原猴都能够追随他人目光(gaze following,参见综述Rosita & Hare,2009),那么我们就有理由相信,如果灵长类分化自一个共同祖先,那么这个共同祖先很可能已经具有追随他人目光的能力,从而又可以继续推论,之后由这个共同祖先演化分化成的各个物种很可能都继承了这种能力,比如在下文中我们就将详细介绍旧大陆猴中的川金丝猴确实也会自发追随别人的目光(Tan,Tao, & Su,2014)。再如,人类可以认出镜中的自己,具有自我意识,那么自我意识在演化上究竟发生于何时呢？许多证据表明，与人类分享共同祖先的近亲们——黑猩猩、倭黑猩猩、红猩猩、大猩猩——都能够通过镜像测试(the Mirror test)(Gallup, 1970)，而稍远一点的猴子们则不能(参见综述 Gallup, Anderson, & Shillito, 2002)，因而就可以推论，大猿从猴中分化出来之后才演化出了自我意识，而大猿和猴的共同祖先还不具有这一能力。

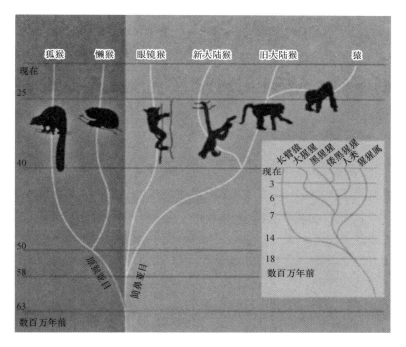

图 10-1　灵长类演化分支图

本图引自：www.greatapetrust.org

如果它们并非源自于一个共同祖先，那么它们很可能曾经受迫于类似的环境压力，从而分别演化出了相似的能力。研究者们通过比较不同物种的认知能力以及它们其他方面的特征，就可以试图推断认知能力的演化动力究竟是什么。究竟是怎样的环境压力迫使灵长类大脑体积不断增大，迫使认知能力发展进化直至人类的水平呢？

在众多演化假说中，生态智力假说(例如，Byrne，1996；Milton，1998)和社会智力假说(例如，Barton & Dunbar，1997；Whiten & Byrne，1988；Humphray，1976；

Jolly,1966,1985;Cheney & Seyfarth,1990)成为主要的两大阵营。

生态智力假说(ecological intelligence hypothesis)发源于并进一步丰富了觅食假说(foraging hypothesis)(Milton,1988),强调个体在和周围物理环境的抗争中的生存压力(例如觅食和躲避天敌)使认知能力逐渐提升,即生态环境促使了认知能力的演化。例如 Milton(1981,1982)提出的觅食假说认为,动物在生存中需要花费大量时间获取食物,因而必须发展出适宜的技能维持生存。因此动物所拥有的认知技能与寻食方式、寻食环境极为相关,觅食行为可能是动物智力演化的原因。灵长类的不同食谱决定了它们需要采用不同的觅食策略,食物种类的丰富度和觅食环境的复杂度都可能影响获取食物所需认知能力的强度。通常食果(frugivore)灵长类的大脑容量比食叶(folivore)灵长类的更大,可能正是因为取食分布范围更广、可食用周期较短的果实需要动物具有更高的认知能力(见 Dunbar,1998)。Tomasello 和 Call 在《动物认知》(1997)一书中也提到"……我们遵循传统观点,认为灵长类的物理认知能力主要在觅食情境中得以演化"。除觅食外,动物还需面对其他的应激事件,如躲避天敌,这也可能是认知演化的强大的动力(Byrne,1996)。总之,生态智力假说主要从动物生存中面临的挑战着手,探寻它们认知演化的适应动力。

社会智力假说(social intelligence hypothesis)则从另一角度入手,着重关注灵长类群居生活的特点,认为个体在复杂的社会中需要更强能力来解决问题,从而成为灵长类认知能力的演化动力。社会脑假说(social brain hypothesis)(Barton & Dunbar,1997)和马基雅维利智力假说(Machiavellian intelligence hypothesis)(Whiten & Byrne,1988)都包括在这一范畴。Dunbar 提出,社群越大,个体的社交能力要求就越高,因而促进了大脑皮层演化;另外他还补充道,社群复杂度也是认知能力演化的重要因素(Dunbar & Shultz,2007)。Whiten 和 Byrne 则更加细化至动物在社群中的具体行为方面,在《马基雅维利式智力》(1989)一书中他们的主要观点即为,灵长类大脑体积的增长和认知能力的演化源于社会竞争中复杂的"马基雅维利"策略。举例来讲,Byrne 和 Corp(2004)比较了 18 个灵长类物种,发现大脑新皮层体积大小能够预测物种在自然生态环境下欺骗行为的多少,而简单的社群大小和新皮层体积并没有显著相关。

也有许多研究者指出,物理认知和社会认知的演化动力不能一概而论。物理认知和觅食所需的技能更加相关,因而生态智力假说也许能更好地解释物理认知的演化（Tomasello & Call,1997;Milton,1993）;而社会认知能力则与社群中的生存繁衍策略关系更加紧密,因而社会智力假说也许更能够预测社会认知的演化（Byrne & Whiten,1988）。

然而,关于认知能力的演化,我们所知依然甚少。为了继续构建不同演化地位物种的认知能力图景,也为了更好的评估不同的演化理论,研究者们依然在不断研究具有独特演化地位,独特生态、社会环境的关键物种,川金丝猴正是其中之一。

2.3　研究川金丝猴认知能力的重要意义

前面的章节我们已经讨论论过,川金丝猴在分类上属于旧大陆猴中的疣猴亚科（Colobinae）。然而目前对于旧大陆猴认知能力的研究主要以另一个分支猕猴亚科（Cercopithecinae）,尤其是恒河猴、日本猕猴等为代表,对疣猴亚科中物种的研究非常罕见（参见 Tomasello & Call,1997,p163-166,表 6.1;p344-347,表 11.1）。川金丝猴作为疣猴亚科中的一员,将填补这一领域的空白,完善我们对旧大陆猴以及整个灵长类的认识。比较川金丝猴和猕猴亚科的物种将为旧大陆猴共同祖先的认知能力演化水平,以及物种分化后认知能力如何各自发展提供证据。另外,研究川金丝猴的认知能力还有助于验证已有的一些演化推断。比如,通过对于旧大陆猴中的猕猴亚科和新大陆猴的研究,研究者们推断猴类的共同祖先已能理解客体永存（Tomasello & Call,1997）。那么如果川金丝猴不具有理解客体永存的能力,"猴类"这一推断就需要重新推敲。而在后面的讨论中我们将谈及,川金丝猴确实能够理解客体永存,其理解水平可能比猕猴更高。于是川金丝猴作为旧大陆猴另一分支疣猴的一员,为"旧大陆猴的共同祖先已能理解客体永存"这一论断增添了更加坚实的证据。

根据生态智力假说和社会智力假说（Jolly,1985）,复杂的生态环境或是复杂的社会环境促使了认知能力的演化。然而川金丝猴所处的生态环境简单,社会环境却相当复杂,因而能够成为验证以上两种理论的一个关键物种。

川金丝猴觅食环境简单,食物易于获取,生态环境中缺乏天敌,生存压力整体较小。川金丝猴食性单一,是一种以树叶、嫩枝、嫩皮为主要食物的叶猴（Guo,Li, & Watanabe,2007;Kirkpatrick & Grueter,2010;Li,2006;Ren et al.,1998）。觅食在空间上和时间上所需技巧水平都很低,对食物的竞争不论在种群内或种群间均较少。因此研究川金丝猴的认知能力将为我们了解取食相对恒定重组的食物如何影响认知能力提供重要证据（Grueter et al.，2009；Marshall & Wrangham，2007）。根据生态智力假说，如此简单的觅食环境和缺乏天敌的生态环境施加给认知演化的压力应当很小，因而川金丝猴的认知能力，尤其物理认知能力可能弱于其它食果猴类。

虽然生态环境非常简单，然而川金丝猴具有庞大的社群和复杂的社会结构（任仁眉等，2000；Zhang，Su，Chan，& Reimann，2008）。川金丝猴的一个社群由多个一雄多雌的家庭小群和全雄群共同组成，以结构较为稳定紧密的家庭单位进一步组成相对松散但数量庞大的分队甚至大群，数量可多达 600 只（任仁眉等，2000）。它们在个体层面上不一定合群—分群（fission-fusion），但在家庭单元的层面上合群—分群行为频繁，可分为季节性合群—分群和短暂性合群—分群（陈服官，1989，转引自万美婷，2009）。根据社会智力假说，庞大的社会结构和频繁的合群—分群都可能是促进认知能力演化的重要因素（Amici，Aureli，& Call，2008），因而对川金丝猴认知水平的考察可以为一些社会竞争假说提供重要证据。另外，对于像川金丝猴这样以家庭单元为单位合群—分群频繁的物种尚没有深入研究，因而川金丝猴可能可以为认知演化提供新的线索。

表 10-2　川金丝猴和三种大猿的生态学因素比较

物种	居住环境	食性	社会结构
川金丝猴	针叶林和针阔叶混交林中；树栖	叶食性：树叶为主，也会食果实、树皮、地衣	一雄多雌，群体数量可达 600 只以上，分群—合群的社会形态
黑猩猩	大部分在雨林，少数在草原；半树栖	杂食性：果实、树叶、昆虫和小型哺乳类	多雄多雌结构，群体数量超过 100 只，分群—合群的社会形态
倭黑猩猩	主要在沼泽林；半树栖，比黑猩猩更适应树栖	杂食性：植物类食物为主，也食昆虫和小型哺乳类	多雄多雌结构，群体数量 15—35 只，分群—合群的社会形态
黄猩猩	低地热带森林；树栖	食果性：果实为主，树叶和昆虫为辅	独居动物，只有繁殖期与其它个体接触，个体层面上的分群—合群

本表综合引自：陈服官，1989；Call & Tomasell，2007；Furuichi et al.，1998

下文中我们将详细介绍川金丝猴物理认知面的几项研究，并与其它物种比较，讨论它们在物理认知任务中的表现，以及它们为演化假说提供的参考证据。

3　川金丝猴的物理认知

3.1　有关动物物理认知的研究概况

　　传统上关于人类认知的研究主要着重的就是物理认知。19 世纪皮亚杰在大量实验的基础上,归纳总结了人类儿童物理认知发展的阶段(Piaget,1954)。应用于非人动物的研究范式许多都改进自皮亚杰的认知任务,比如我们后面要介绍的客体永存、空间旋转等任务都包括在内。基于皮亚杰卓越的成果和一系列对灵长类动物物理认知的研究,一些比较心理学家提出,人类认知能力的发展在一定程度上和动物认知能力演化的序列相符合,灵长类物理认知和一至四岁儿童感知运动阶段及前运动阶段的认知能力非常相似(Parker & Gibson,1977,1979)。然而由于比较心理学的研究对象——非人动物——毕竟和皮亚杰的研究对象——儿童——差异甚多,许多实验操作并不完全适用于非人灵长类(Tomasello & Call,1997),因而将皮亚杰的理论直接套用于非人灵长类必然存在一定的局限性(Siegal,1999)。Tomassello 和 Call(1997)在深入探讨了包括原猴、旧大陆猴、新大陆猴、大猿在内多个物种的物理认知能力后,在《灵长类认知》(*Primate Cognition*)一书中将非人灵长类的物理认知能力归为空间与客体(space and objects)、工具与因果(tools and causality)、特征与分类(features and categories)以及数量(quantities)四大部分,并总结了各部分的许多研究范式,为跨物种比较研究以及灵长类和人类的比较研究提供了很好的参考标准。

　　本节将借该书中的几个研究范式,介绍笼养川金丝猴的物理认知能力,主要着重于空间和客体、工具与因果两个方面,在此之外还将补充介绍川金丝猴的抑制控制能力。空间和客体、工具与因果这两方面能力在动物觅食的过程中都具有至关重要的作用,定位食物常常需依靠前者,而后者帮助动物获取食物(Tomasello & Call,1997)。空间与客体部分将涵盖川金丝猴对客体永存的理解,对空间关系旋转的理解和对客体在空间中转移的追踪;工具与因果将包括川金丝猴根据视觉、听觉线索的推理能力,以及推理工具功能的能力。另外本节还将通过两个物理认知任务介绍川金丝猴的抑制控制能力,它是执行功能的重要组成部分,可能与食性高度相关(Amici,Aureli,& Call,2008)。通过对这几方面能力的研究,我们将了解川金丝猴这一觅食环境简单,技巧要求低的物种在这几方面的能力水平,同时对比其他物种,讨论物理认知演化的可能机制。

3.2　空间与客体

理解空间变化,追踪客体位置等能力对于灵长类定位食物相当重要。比如当动物自己移动时,周围空间与自己的相对位置不断改变,如果动物不能理解这种变化,恐怕就会犯刻舟求剑式的错误,而对于动物来说,"剑"常常是食物、配偶等对于生存至关重要的客体,这种错误的后果也可想而知。

对动物空间与客体的研究不胜枚举,但此处我们将着重于川金丝猴对客体永存、空间旋转和空间转移的理解,因为这几方面能力本身非常基础和重要,并都已有广泛认同的行为实验范式(Call,2003;Herrmann et al.,2007),利于物种间比较。

3.2.1　客体永存

客体永存(object permanence)这一概念由皮亚杰(Piaget,1952,1954)提出,指客体出现之后消失于当下的知觉,即无法被察觉、看见或听见时,仍被认知为存在。一个例子可以更加直观地说明什么是客体永存: 当小猫躲到柜子后面时,我们被柜子挡住看不到它,但小猫本身依然客观存在,只是暂时消失于我们的视觉之中。理解客体永存的个体明白物体消失后并非不存在,并可以通过经验和线索推断物体在何处。比如若是我们听到小猫的叫声从柜子后传来,虽然看不到小猫,但从声音线索我们就可以推断出小猫藏在柜子后面。客体永存理解能力的形成与实际世界的整个时空组织和因果性组织密切联系(Piaget,1969)。具有客体永存性对动物的生存具有重要意义。比如动物猎食过程中,如果猎物逃跑时被其他物体挡住,捕猎者却不能理解猎物仍然客观存在,继而放弃捕猎,那么捕猎者难免因为无法捕获食物而被自然淘汰。

这种能力看似简单,但在人类生命的头几个月中,婴儿不能理解消失的客体依然存在(Piaget,1952)。皮亚杰(1954)在一系列实验中测验婴儿是否会搜索被隐藏的物体,并在这系列实验中不断增加难度,总结指出人类婴儿从无到有逐渐获得理解客体永存的能力,这个过程可以分为六个阶段(表 10-3)。婴儿直到 8 个月大才能达到其中的第四阶段,能够在观察过隐藏过程后理解完全被遮蔽的物体依然客观存在。第五阶段的能力则更加复杂,不仅要求被试能理解被遮蔽的客体没有消失,还需要被试追踪客体在掩蔽物间的转移,理解客体独立于动作客观存在。婴儿到 12 个月大才发展出第五阶段能力。而第六阶段更是客体永存各阶段中唯一需要心理表征(mental representation)的阶段,一岁半到两岁的婴儿开始达到这一阶段。

灵长类大多具有复杂的空间认知能力,在客体永存任务中通常能够达到婴儿一岁的水平。旧大陆猴、新大陆猴和大猿除了普遍能够搜索被遮蔽的客体外,还可以通过第五阶段的任务,监控客体位置转移,理解客体独立于动作存在(Tomasello & Call,1997)。但是不论旧大陆猴、新大陆猴或大猿似乎都止步于此,不能达到第六阶段(Tomasello & Call,1997)。尽管尚无疣猴一支的证据,但我们有理由推测川金丝猴至少能够达到第四阶段,下述实验的暖身阶段也确证如此。因此,我们通过一系列可见转移任务和不可见转移任务考察川金丝猴是否具有理解第五阶段和第六阶段客体永存能力(de Blois,Novak,& Bond,1998)。

表 10-3　客体永存性发展的阶段概述

阶段	特点	描述	婴儿月龄
1 和 2	对消失的客体没有特殊反应	不会搜寻消失了的物体,但会盯着物体消失的地方。	
3	有了初步的客体永存概念	如果物体的局部被盖住,婴儿能找出这个物体。	5 个月
4a	能够主动搜寻消失的客体,但存在 A 非 B 错误	如果婴儿看到物体被完全盖住的过程,就能找到这个物体。	8 个月
4b	能够主动搜寻消失的客体,但存在 A 非 B 错误	婴儿能够找到完全被盖住的物体,但是他们会去先前找到物体的地方去找,即使他们看到物体在另一个地方消失。	
5a	克服 A 非 B 错误并能监控多次转移	如果被藏起来的地方跟先前找到物体的地方不一样,他们一样能找到被藏起来的物体。	12 个月
5b	克服 A 非 B 错误并能监控多次转移	在同一个试次中,物体被藏在多个地方,他们能找到物体最终转移到的位置。	

阶段	特点	描述	婴儿月龄
6a	能够表征不可见转移的客体	如果物体被不可见地藏起来的地方跟先前的不一样，他们能找到物体。	18～24 个月
6b	能够表征不可见转移的客体	在同一个试次中，物体被不可见地转移藏在多个地方，他们能找到物体最终转移到的位置。	

本表引自：de Blois et al.，1998

实验中，三个遮蔽容器(masking agent)呈一直线置于滑动平台上(图10-2)，实验者在其中之一放置目标物(食物)，当隐藏过程结束后实验者将平台滑向被试，让被试选择。如果被试首次选择即正确选中含有目标物的容器，则可以获得目标物作为奖励，此试次中反应记为正确；否则，被试仅能探索首次选择的遮蔽容器，不能再继续选择其他容器，实验者收回平台，移除奖励物，此试次记为错误试次。

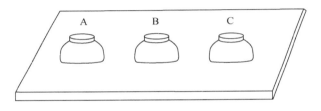

图 10-2　客体永存实验仪器

实验分为热身(warm-up)、可见转移、不可见转移三个阶段，每阶段分别包含三、二、四个难度递增的任务。暖身试次测试川金丝猴是否已拥有第四阶段能力——能够主动搜寻消失的客体——从而确保它们具有发展第五阶段客体永存能力的前提。第一个暖身任务(T1)共 21 个试次，实验者先向被试展示目标物，然后在被试面前将目标物置于遮蔽容器 A 下，滑动平台允许被试选择。第二个任务(T2)与第一个大体相同，只是实验者改变隐藏位置，将目标物置于另一端的遮蔽容器 C 下，共 9 个试次，用于证明被试并非习得目标物被隐藏的位置，而是确实可以表征目标物。第三个任务(T3)则每次隐藏位置都不同，以 B-C-A 的顺序变换位置，共 12 组，36 个试次。参与实验的两只成年川金丝猴在三个任务中均能够正确选择藏有目标物的遮蔽容器(表10-4)，表现远高于几率水平，证实它们确实已经达到理解客体永存的第四阶段水平。

第二阶段实验的可见转移任务比暖身试次增加了目标物转移这一过程,包括一次转移和多次转移。实验者完成第一次隐藏后,重新打开该遮蔽容器,取出目标物,再重新置于其他遮蔽容器下。任务四(T4)中,只进行一次转移,如置于 B,取出,重置于 A,被试反应。两只川金丝猴各自完成了 36 个试次,目标物位置在试次间平衡,两名被试正确率均显著高于几率水平,表明川金丝猴可以达到客体永存能力的第五阶段。任务五(T5)中,实验者两次转移目标物,每个试次中目标物都被置于三个容器中一次。两名被试各自完成了 18 个试次,正确率也均超过几率水平。另外本任务中还增加了控制条件,在实验者将目标物转移至第二个遮蔽容器中后,并不再转移目标物,而只是打开第三个遮蔽容器,从而考察被试是否真正理解客体永存,而非单纯依靠实验者手最后接触的位置进行选择。在控制条件中,两名被试正确率也均高于几率水平,表明川金丝猴确实依靠客体永存第五阶段的能力完成了这两个任务,并非依靠其他线索。

表 10-4　被试一和被试二的反应正确率(%)

测验	T1+T2	T3	T4	T5	T6+T7	T8	T9
被试一	100	100	97	89	89	83	86
被试二	75	72	69	64	64	67	46

本表引自:万美婷,2006

两只川金丝猴都成功完成了第五阶段客体永存实验任务使我们得以继续追问,它们能否达到理解客体永存的最高水平的第六阶段,即监控不可见转移,表征不可见客体呢? 在第三阶段的不可见转移实验中,我们以四项难度递增的任务继续考察这两只川金丝猴。任务六(T6)共 21 个试次,和 T1 非常相似,只是当实验者隐藏目标物时,川金丝猴不能看见目标物,因而转移不可见。实验者首先向被试展示目标物,然后将目标物握在手中使目标物完全隐藏,然后将其置于遮蔽容器 A下,将手拿出,向被试展示手中无物。除了最初的展示,之后整个转移过程中被试都无法看到目标物。同样,任务七(T7)与 T6 相似,只是隐藏地点由 A 变为 C,共 9个试次;任务八(T8)亦类似于 T3,共 36 个试次。在这三项任务中,目标物首先被藏于手中,然后被转移至一个遮蔽容器中,客体经历一次转移,转移过程完全不可见。两只川金丝猴在三个任务中均以高于几率水平(表 10-4)的表现证明,它们能够理解不可见转移的客体依然存在,并能够推断客体最终位置,也即能够达到第六阶段水平。

　　然而，皮亚杰提出第六阶段水平分为两个亚阶段，较简单的 6a 阶段，被试能够监控一次不可见转移，而更复杂的 6b 阶段要求被试能够监控多次转移。因而任务九（T9）难度进一步增大为客体多次不可见转移，并且除实验条件外还包括了两个控制条件。T9 的实验条件与 T4 相似，只是整个转移过程均不可见，共 18 个试次。实验条件中目标物经历两次转移，首次从手到容器一，第二次从容器一到容器二，转移过程均不可见。控制条件一用于考察被试是否仅依据实验者手最终接触过的位置进行选择，实验中实验者将食物置于第一个遮蔽容器中后展示手中已无物体，但之后再度握拳，假装在另一容器中放置目标物，之后不再展示手中无物。控制条件二用于考察被试是否依据手打开这一动作的位置进行选择，实验过程与控制条件一相似，但在假装放置目标物之后，实验者再度展示手中无物。实验测试的两只川金丝猴虽然在前八个任务中均表现出色，但在此任务中只有一只顺利完成了全部三个条件，而另一只在三个条件中均告失败。未能通过 T9 测验的那只川金丝猴在此任务中表现出选择偏好——它偏好于选择 B 或 C 容器，而极少选择 A。鉴于在之前的任务中它并未显出这样的偏好，很可能是由于 T9 任务难度较大，被试无法解决问题，只能采用其他选择策略。旧大陆猴中的恒河猴和新大陆猴中的松鼠猴在无法解决任务时，也都会采用较低级的搜索策略，出现相似的选择偏好（de Blois et al.，1998）。尽管它们没能都通过测试，但通过的那只川金丝猴代表了这一物种可能达到的水平高度，而个体差异显示了客体永存能力高级阶段对川金丝猴认知能力的挑战。另外，鉴于实验中样本较小，我们无法确定对于川金丝猴这一物种来说，究竟是它们普遍能够达到 6b 阶段，只有个别个体能力较差，还是普遍只能达到 6a 阶段，只有个别个体能力较强。进一步结论只能建立在更大样本量的基础上。

　　尽管本实验中被试量较少，但测试的两只川金丝猴都达到了客体永存能力的高级阶段。尤其其中一名被试可以通过多次转移的不可见转移任务，拥有客体永存 6b 阶段的能力，表明川金丝猴客体永存性能够达到完全发展的阶段，能够表征对消失物体的移动产生心理表征从而推断出物体的最终位置，理解客体独立于动作客观存在。川金丝猴在客体永存任务中的表现与其他非人灵长类动物相符合，可以达到第五阶段，并且，两个被试都通过了大部分第六阶段的任务，似乎比其他表亲略胜一筹。和旧大陆猴相比，恒河猴（rhesus macaque）、红面猴（stumptail macaque）、长尾猕猴（long-tail macaque）和日本猕猴（Japanese macaque）都只能达到第五阶段（Tomasello & Call，1997），是否旧大陆猴猕猴亚科的共同祖先仅发展至第五阶段能力,而疣猴亚科的共同祖先已经发展出第六阶段能力呢? 或者,是否疣猴亚科并非普遍具有第六阶段客体永存能力,而川金丝猴只是一个个例呢? 由于缺乏来自其它疣猴的证据,我们尚难得出结论。但来自川金丝猴的证据再次提醒研究者,不能单以猕猴的研究概括旧大陆猴,必须加强对疣猴亚科的重视。

最后,补充说明一点,"可见转移"和"不可见转移"都源自于皮亚杰对婴儿的实验,改进并应用于动物考察其客体永存能力。尽管这两项转移任务都应用于实验场景而非自然场景,但它们可以模拟动物生活中可能遇到的情境,从而有效评估动物理解客体永存性的能力。比如可见转移任务可以类比于以下情境:当动物看到猎物在多个障碍物后移动,或者当猎物消失于障碍物后时,捕食者是否仍理解猎物的客观存在。尽管动物可能较少遇到不可见转移任务中的情景,在生活中不常需要对不能知觉到的物体移动作出推论,但类似情景也可能发生,第六阶段的客体永存能力将带给它们一些生存优势。例如一只雄狨听到一只雌狨的叫声后转向传出声音的地方,与此同时,雌狨在树枝的遮挡下持续移动。当雄狨看向雌狨的位置时,并不能直接看到雌狨,而只能看到一些晃动的树枝(de Blois,1998)。这种情况下,雄狨如果能根据最初的叫声及树枝晃动这个线索,表征不可见的雌狨存在于树枝后,它就可能获得潜在的交配机会,从而增加自身基因的生存几率。我们相信,可见转移任务和不可见转移任务利用标准的实验情景,能够有效模拟动物生活中的可能遇到的问题,反应动物客体永存能力的发展阶段。

3.2.2　空间旋转和转移

空间旋转(Sophian,1984)和空间转移(Bremner,1978)与客体永存一样,都涉及空间认知的范畴(Hermann et al.,2007;Call,2003)。空间旋转任务中,在一个小范围空间——如一平台上——内包含多个遮蔽容器,其中之一含有目标物,当整个空间——即平台——旋转时,空间内所有容器随之旋转。空间转移任务中,多个遮蔽容器置于一小范围空间内,包含目标物的遮蔽容器位置移动——比如交换两容器位置。这两项任务建立在动物理解客体永存的基础上,但与客体永存侧重不同。客体永存着重于生物体能否建立客体的抽象表征,是否明白该客体在时空中的恒定性;而空间旋转和空间转移两种任务则着重于个体能否在小范围内追踪目标物的位置,关注的是个体能否在非目标物移动时关注遮蔽了目标物的遮蔽容器,从而追踪到目标物的位置。除了需要被试拥有客体永存任务中对目标物产生心理表征的能力外，空间旋转和空间转移还进一步要求被试监控遮蔽容器的移动（Beran & Minahan，2000；Call，2003）。再次以前文中树枝后的狨为例，雄绒具有客体永存能力从而可以判断出雌狨的客观存在，而当雌狨持续移动，而导致成串的树枝相继晃动时，如果雄狨能够理解空间转移，根据晃动树枝的轨迹，雄绒就可以判断出雌狨最终的位置。目前对非人灵长类动物空间和客体的研究更多的集中于客体永存的方面，空间旋转和空间转移任务使用得相对较少，但在考察物理认知时，这两项任务被视作两个重要的空间任务代表（Herrmann et al，2007）。

与客体永存任务相似，空间旋转和空间转移任务最初也都用于对婴儿和儿童能力的研究。以婴儿和儿童为被试的研究发现，随着年龄的增长，人类对空间旋转和转移的追踪能力逐步发展（Bremner，1978；Laskyt，Romano，& Wenters，1980；Call，2003；Sophian，1984）。迄今为止，对非人灵长类动物空间旋转和空间转移这两部分的研究主要集中于大猿（黑猩猩、倭黑猩猩和黄猩猩）（Call，2003；Herrmann et al，2007），而以猴为被试的实验相当缺乏。对川金丝猴空间旋转和空间转移的研究填补了这一空白，将推进演化视角的比较研究。本节中沿用 Call（2003）考察黑猩猩和黄猩猩空间客体搜索所使用范式，考察川金丝猴追踪空间变化的能力。

（1）空间旋转任务。

空间旋转实验中，两个遮蔽容器分置旋转平台的两端，旋转平台可进行 0°、180°（包括双向 180°，下文中称与 360°同向的 180°旋转为 180°，反向的为 180°反转）和 360°旋转（图 10-3）。旋转平台置于滑动平台上方，当滑动平台滑向被试时，被试可以选择两个遮蔽容器之一。实验初始时，两个遮蔽容器皆打开，实验者向被试展示一目标物，然后将目标物置于一遮蔽容器前，同时翻转两遮蔽容器，从而遮蔽目标物。在旋转滑动平台及平台上的遮蔽容器转动 0°、180°、180°反转或 360°后，实验者将滑动平台滑向被试，允许其选择。本实验中共测试了四只川金丝猴，每只川金丝猴分别完成了每个条件的 8 个试次。由于被试量较少，难以用每只猴每个条件下的正确率进行统计，因而我们以试次作为数据点，合并所有被试的数据。在 0°，即平台没有旋转的条件下，所有被试都能够顺利选择内含目标物的容器，正确率 100%。这表明被试具有选择的动机，同时再度证实它们具有第四阶段客体永存能力。在 360°，即平台完全旋转一周回到初始状态的条件下，川金丝猴的正确率也显著高于随机水平，然而正确率较 0°有所下降，为 78%，表明被试确实受到旋转影响，并未忽视旋转直接选择原位置。在两个 180°条件下它们的表现却产生了差

异,当 180°旋转的旋转方向与 360°旋转的方向相同时,川金丝猴正确率与几率水平
没有差异;而当二者方向相反时,它们正确率与 360°旋转的正确率相似,为 78%,
显著高于几率水平。

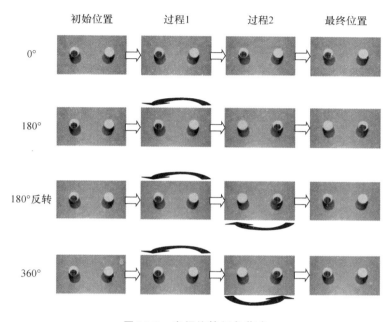

图 10-3 空间旋转任务范式

　　川金丝猴在此任务中的表现与人类儿童的发展轨迹相吻合。婴儿 8 个月大时
通过客体永存第四阶段任务,即在平台无旋转时能够顺利定位目标物。360°的旋
转对儿童来说最为简单,在 3 岁即可达到较高的正确率,而 180°的条件对儿童则最
难,5 岁儿童仅能达到 64.4%的正确率,7 岁儿童增长至 84.4%(Call,2003;Lasky
et al,1980)。川金丝猴的表现与大猿相比略显逊色。黑猩猩(*Pan troglodyte*)和
倭黑猩猩(*Pan paniscus*)在 180°的条件下表现均高于机遇水平(Beran & Minah-
an,2000)。另一项研究也再度验证黑猩猩的出色表现,同时证实了黄猩猩(*Pongo
pygmaeus*)在 0°、180°、360°的任务中也都能正确地追踪客体(Call,2003)。各类猴
中,目前仅有关于新大陆猴中的卷尾猴(capuchin monkey)对空间旋转理解的研
究(Hughes,Mullo,& Santos,2013),由于实验方法与我们的差异较大,难以直接
比较川金丝猴和卷尾猴在空间旋转任务中的表现。尽管研究过的物种较少,但川

金丝猴在不同难度中的表现、它们与大猿和儿童的表现水平都符合儿童认知发展规律，一定程度上再现了空间旋转能力的演化发生。

表 10-5　川金丝猴空间旋转任务中的个体成绩

被试	0°	180°	180°反转	360°	总计
1	8/8	7/8	7/8	6/8	28/32
2	8/8	5/8	5/8	5/8	23/32
3	8/8	1/8	6/8	6/8	21/32
4	8/8	1/8	7/8	8/8	24/32
总计	32/32	14/32	25/32	25/32	96/128

本表引自：万美婷，2009

　　然而必须注意到的是，本实验中如果仔细检查每个被试每个条件的反应结果，四只川金丝猴的表现其实各不相同。其中被试 2 除了在 0°条件完全正确外，其他三个条件的选择都接近几率水平，表明它可能并不能追踪旋转，而只是随机选择。被试 1 在每个条件中正确率均较高，表明它确实能够追踪各个角度的旋转。被试 3 和被试 4 在 180°条件几乎全部选错，而在其他三个条件正确率较高。这样的结果可能有多种解释。首先，它们可能具有一定追踪旋转的能力，但必须具有足够的认知资源才能够准确追踪客体。在 180°反转中高于几率水平的表现表明，尽管两个遮蔽容器位置调换，它们还是能够追踪到目标物位置，可以追踪 180°旋转。而当 180°旋转方向和 360°相同时，两名被试却几乎全部选错，可能由于与 360°相同的旋转方向使这个条件需要更多的认知资源以区分于 360°旋转。另一种可能的解释是，它们采取了其他的策略解决本任务，比如每当旋转方向和 360°相同时，就认为目标物位置不变，因而在 180°条件下选择和 360°相同；而当旋转方向和 360°不同时，则认为目标物位置改变，因而在 180°反转条件下正确率较高。总之，鉴于实验中样本数量较少，川金丝猴在此任务中是否普遍能够理解旋转从而追踪客体无法定论。但是，被试 1 的表现体现了该物种的认知能力可能发展到的水平，即能够追踪 360°、180°反转和 180°旋转，理解旋转空间变化。

　　另外，对 9 个月大的婴儿和一只大猩猩的研究表明，尽管两者均难以完成 180°旋转任务，但如果任务中并非旋转平台，而是改变被试本身的位置，空间的相对变化虽然一样，被试却能够更好地追踪客体（Bremner，1978；Visalberghi，1990）。在动物的生活中，自身位置变化导致空间相对旋转的情况远多于自身位置不动，但外部空间旋转的情况。因而可能改变被试本身位置的实验设计具有更高的生态效度,从而致使被试表现提升。如果改变川金丝猴自身相对于空间的位置,它们表现是否也会提升呢? 由于实验条件的限制我们未能以实验回答上述问题,但有理由预测一个肯定的答案,未来的研究也应尝试继续探索川金丝猴对旋转的理解发展究竟如何。

(2) 空间转移任务。

空间转移任务的实验仪器与空间旋转任务相似(图 10-4)。实验者首先展示目标物,并将其置于两个遮蔽容器中一个的前方。然后实验者同时翻转两个遮蔽容器使其中一个遮蔽目标物。根据不同实验条件,两个遮蔽容器经历不同转移过程后,实验者将滑动平台滑向被试允许选择。实验中共包括四个条件:不转移、一步转移、三步转移和转移倒转。不转移条件下,目标物被容器遮蔽后不移动容器,直接让被试选择;一步转移条件下,遮蔽目标物后实验者双手分别操作一个遮蔽容器,对调两容器位置;三步转移条件下,实验者右手先将目标容器移到平台中央,然后将非目标容器转移至目标容器原来的位置,最后将平台中央的目标容器转移至原非目标容器位置;转移倒转条件中,实验者重复两次"一步转移"的步骤。

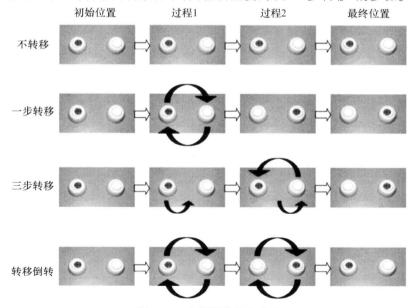

图 10-4　空间转移任务范式

本图引自:万美婷,2009

表 10-6　川金丝猴空间转移任务中的个体成绩

被试	不转移	一步转移	三步转移	转移倒转	总计
1	8/8	6/8	7/8	6/8	27/32
2	6/8	3/8	5/8	5/8	19/32
3	8/8	2/8	6/8	6/8	22/32
4	8/8	4/8	3/8	7/8	22/32
总计	30/32	15/32	21/32	24/32	90/128

本表引自：万美婷，2009

　　实验测试的四只被试在不转移条件下正确率均较高，表明它们有动机寻找目标物完成实验。在转移倒转条件下它们正确率达 75%，高于几率水平。然而在一步转移和三步转移条件下，被试们的选择基本处于几率水平，不能够追随客体转移。

　　仔细分析每个个体的表现，我们再度看到了四个被试间的个体差异。被试一在各个条件中正确率均较高，尽管并未达到 100%，但却是表现出追随客体的移动的能力，可能代表了该物种在此任务中能够达到的最高水平。被试二在客体移动的各个条件正确率都处于几率水平，可能因为无法解决任务，只能采用最简单的随机选择策略。被试三和被试四在转移倒转条件下正确率较高，可能由于在此条件下客体位置实际上并未移动，被试倾向于选择初始位置。被试三在一步转移中的表现似乎给选择初始位置的推断增加了证据，但它却在三步转移中偏好于选择最终位置，又与选择初始位置的策略相矛盾。被试四在两个最终位置变化的条件中选择都趋近随机。这样不统一的结果是由于转移任务超出了川金丝猴能力范围，因而它们只能采取选择初始位置或更简单的随机选择策略试图完成任务。因而本实验的结论是，川金丝猴不能通过客体转移任务，无法在客体被遮蔽物遮蔽的情况下追随遮蔽物位置从而推知目标物位置。

　　相较对空间转移的追踪能力随年龄增长而逐渐发展的儿童，儿童 20 个月时倾向选择客体最初消失的地方，30 个月大时才能开始解决空间转移的监控问题，直到 42 个月才能稳定做出正确的监控。小于 42 个月的儿童在此任务中无法追踪转移时，也采取了与川金丝猴类似的策略，选择初始位置或随机选择（Sophian，1984）。

　　再与其它非人灵长类比较，包括黑猩猩、倭黑猩猩和黄猩猩在内的大猿在空间转移任务中显示了较强的能力，都能够正确追踪转移的客体（Beran & Minahan，

2000；Call，2003）；而以猴为被试的实验迄今为止相当缺乏。如果川金丝猴的能力代表了旧大陆猴和新大陆猴监控空间转移的水平，在猴、猿之间，我们再度看到了认知能力的演化梯度，它与人类儿童的认知发展轨迹相符合。

3.2.3　小结

本节介绍了川金丝猴在三个关于空间与客体的物理认知任务中的表现，它们在客体永存能力方面的表现较其它猴类表亲更加出众，甚至优于演化上更接近于人类的其它大猿；而在空间旋转和空间转移任务中则较大猿略逊一筹。总结来看，我们认为川金丝猴能够理解客体被隐藏，却不能有效追踪被掩蔽的客体位置移动。

3.3　工具与因果

动物理解空间和客体的能力能够帮助它们定位食物，而获取食物的过程还需要其他能力的支持。Bräuer 等人（2006）认为灵长类，尤其是大猿，由于面对多元的食物来源，它们需要更复杂的寻食技能，并且有些物种在自然环境下会对无法直接获取的食物进行加工（extractive foraging），比如树皮里面的幼虫、硬壳里面的坚果、巢穴地下的白蚁。要获取这些无法直接看见的食物需要一些线索来辅助取食，因此，灵长类需要通过视觉或者听觉的线索来对不可见的物体的位置进行推测。比如当灵长类正在捕食的昆虫爬入枯叶堆下，客体永存能力能够让灵长类明白昆虫并未消失，但如何定位寻找昆虫呢？最直接的办法是搜索整个枯叶堆，然而这种行为消耗的能量相当可观，如此捕食并不经济。事实上，根据昆虫在枯叶中爬行的沙沙声，灵长类即可从声音线索进行因果推理，推知昆虫的大致位置再进行搜索，从而大大减小了搜索所耗的能量，并且增大了个体捕食成功的可能性，进而增加了它们的生存机会。另外，灵长类在处理它们的社会问题也是需要一些推理能力（inferential skill），比如根据他人自身的能力来预测其下一步可能采取的行动，确定他人在高度社会复杂性群体中所追求的目标（Kummer，Dasser，& Hoynningen-Huene，1990）。

除了因果推理能力外，选择合适的工具帮助获取食物对灵长类的生存也很重要。曾经人们认为人类和动物的最大区别在于人类可以使用工具，然而近年来越来越多的证据表明黑猩猩、卷尾猴等非人灵长类也都能够使用工具。比如

Matsuzawa(1994)观察到野外的黑猩猩会选择一个较为平整的石头作为砧板,再选一个适合抓握的石头作为锤子来砸开坚硬的果实。工具使用被看做是操作客体(object manipulation)的一个特例,而对客体的理解能力与操作客体的经历密不可分(Piegat,1952)。使用工具不仅需要动物能够表征客体,并且能够明白这个客体是通向食物的联结(Hauser et al.,1999)。相比直接使用工具解决问题,还有一类更加基础的任务,考察动物是否能够根据工具特性——比如连接关系——理解工具功能,在后面"根据功能推理任务"中我们将会详细介绍。

黑猩猩、倭黑猩猩、黄猩猩和大猩猩四种大猿都能够根据声音线索找到目标物(Call,2004);倭黑猩猩、黄猩猩和大猩猩还能根据视觉线索来推测物体的位置(Call,2007);另外还有研究表明黑猩猩和倭黑猩猩虽然善于使用物理线索(如声音、形态)推测目标物的位置,却不善于使用社会线索——如人类的指向、人类的目光(Bräuer et al.,2006)。通常儿童到 3 岁才能在一些任务中运用基本因果关系法则,比如连接关系、压力关系和引力关系(见 Horner & Whiten,2007)。直至目前,仅有一例类似的研究考察了旧大陆猴的根据线索推理的能力。Cheney 等人(1995)发现南非大狒狒能够根据个体的声音线索来推测将要出现的个体身份,如果被试听到的声音来自于某个熟悉的个体,但是随后出现的个体不是声音发出者,被试会出现激烈的反应;如果身份和声音匹配,则不会。然而,迄今为止还没有研究者考察旧大陆猴的根据功能推理的能力。我们完全不清楚旧大陆猴因果关系推理能力处于何种水平,而本节关于川金丝猴根据线索推理和根据功能推理的能力将填补这一空白。

3.3.1　根据线索推理任务

本节介绍的线索主要包括声音线索和形状线索两类,两个实验情景和程序非常相似。声音线索实验中,两个带盖圆柱容器分置滑动平台两侧,一个挡板置于平台和被试之间以阻挡被试视线,防止其看到隐藏目标物的过程。实验者首先向被试展示两个容器内部无物,然后将两个容器置于挡板后的平台两侧。之后实验者向被试展示目标物,吸引被试注意后,将目标物藏于一个容器中。完成隐藏过程后实验者移除挡板,拿起并摇动目标容器或非目标容器后放回,之后再拿起另一容器但不摇动后放下。从而实验分为两个条件:摇动目标容器和摇动非目标容器,被试可以根据有声音推断该容器为目标,或根据无声音推断另一容器为目标。在任务前所有被试首先完成一个暖身试次,试次中实验者在被试面前将目标物置于一个容器中,摇晃容器使之发出声音,然后由被试观察并取得目标物;继而展示另一空容器,并摇晃三次,由被试观察。

形状线索实验中,两块方塑料板代替了两个圆柱容器分置于滑动平台两侧。实验中实验者将目标物置于一块塑料板下,使其倾斜约 15 度角,开口朝向实验者。被试无法直接看到目标物,但可以根据塑料板被顶起判断目标物位置判断目标物所处位置。

四只川金丝猴分别完成了这两个任务,结果如表 10-7 所示。纵观参与实验的所有被试在各项任务中的表现,川金丝猴在声音线索任务中表现好于形状线索任务。其中三只被试在声音线索任务中正确率显著高于几率水平,显示出它们对声音线索的敏感性。而所有被试在形状任务线索中表现都未超出几率水平,表明它们不能利用本实验中的形状线索推理目标物位置。然而值得注意的是,被试一和被试四在形状线索任务中正确率均达到 75%,统计上也接近显著地高于随机水平($p = 0.077$),提示它们可能具有根据形状线索推理的能力。

表 10-7　川金丝猴在根据线索推理的个体表现

被试	根据声音线索推理	根据形状线索推理	总计
1	12＋14/32**	12/16	38/48**
2	11＋14/32**	7/16	32/48*
3	11＋11/32*	8/16	30/48
4	10＋8/32	12/16	30/48
总计	44＋47/128	39/64	130/192

注:在根据声音线索推理表格中"目标容器＋非目标容器"的正确次数。
* $p < 0.05$;** $p < 0.001$。
本表引自:万美婷,2009

根据声音线索推理的实验中,"摇动非目标容器"的难度高于"摇动目标容器",因为摇动目标容器时,被试仅需要一步推理,即声音意味着内含目标;而摇动非目标容器时的推理过程更加复杂,被试需要首先推理没有声音意味着此容器不含目标物,并进而推理目标物必在另一个容器中。川金丝猴在两个条件中都达到了较高的正确率,表明它们确实具有因果推理的能力,而非仅仅建立或习得声音和目标的简单联系。

和其它物种比较,在同一声音线索范式中大猿对"摇动目标容器"的反应正确率（≥90％）高于"摇动非目标容器"（≤70％）（Call，2004），而川金丝猴反应的正确率与之相似，表明它们在此任务中根据声音推理的能力与大猿不相上下，即便只有部分的线索也能很好地找到目标物的位置。仔细检查实验结果，在"摇动目标容器"条件下，当实验者摇过第一个目标容器后，有九个试次中川金丝猴马上做出反应，试图选择该容器；相比之下，在"摇动非目标容器"条件下，所有被试在所有试次中都在实验者操作完两个容器后才反应。这样的结果与两个任务的难度相符，也与大猿的实验结果相符。鉴于目前尚无实验运用此范式测试其它猴类，我们无法直观地比较川金丝猴和其它旧大陆猴等的认知水平。

大猿在根据形状线索推理任务中的表现并不比声音线索差（Herrmann et al.，2007），而本实验中川金丝猴根据形状推理的能力却有些差强人意。一方面，可能由于本实验中采用的目标物为半粒花生，体积较小，对遮蔽的塑料板形状改变不大，造成川金丝猴无法分清两遮蔽物的形状差异。另一方面，可能川金丝猴根据形状推理的能力本身较弱，因而无法完成此项任务。鉴于本实验的实验者也曾用相同范式测验 34 个月大儿童的推理能力，而在实验中儿童同样表现出较好的根据声音推理的能力，却无法利用形状线索推理，这与前人报道的实验结果不符（Herrmann et al.，2007），因而我们推测本实验中的形状线索不明显更有可能是导致儿童和川金丝猴失败的原因。在未来的实验中应当改进实验范式，使形状变化更加明显，从而进一步考察川金丝猴是否能够利用形状线索进行推理，参考它们能够使用声音线索的结论，我们有理由相信川金丝猴能够使用形状线索进行推理。

3.3.2　根据功能推理任务

根据功能推理的实验中也包含两个任务，一个是"连结"条件，一个是"承载"条件（Hauser，Kralik，& Botton-Mahan，1999）。"连结"条件中，实验设置如图10-5所示，包括一个滑动平台和两个瓷砖/棉布承载工具，其中一个的瓷砖和棉布相连，另一个不相连，两个承载工具平行置于平台上。实验者向被试展示两个目标物后，将目标物分别置于两个承载工具的瓷砖端，将平台推向被试，此时棉布端在被试可操作的范围内，而瓷砖及瓷砖上的目标物超出了被试可以够到的范围。因而当被试选择目标物时，必须借助承载工具带动上面的目标物靠近自己。被试如果能够理解只有连结的工具才能达成上述功能，则应该选择连接的瓷砖/棉布工具。

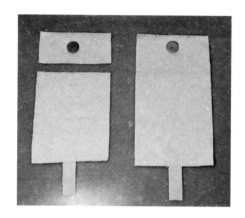

(a)"连结"条件

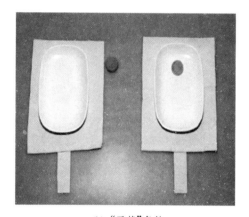

(b)"承载"条件

图 10-5　根据功能推理的仪器示意图

本表引自：万美婷，2009

　　"承载"条件中与"连结"条件的情境相似，同样是两个承载工具平行置于滑动平台上，但此条件中两个承载工具均为一块功能完整的塑料板，而实验操作在于实验者将一个目标物置于其中一个工具上，即"承载"，而将另一个目标物置于另一个工具旁，即"不承载"。只有当目标物被工具承载时，使用承载工具才能够成功将目标物移动入可获取的范围之内。

　　四只川金丝猴在不同条件下的表现如表 10-8 所示。在"连结"条件中除了被试二显著高于随机水平外,被试一和被试三也均接近显著($p = 0.077$);在"承载"条件下大部分被试都高于随机水平地选择了承载了目标物的工具。这些结果表明它们能够推理理解工具功能及工具特性,从而相应选择并使用简单工具达成目标。尽管本实验中的四只川金丝猴正确率不同,显示出个体差异,但其中三只都能够胜任这两项任务,因而我们有理由认为川金丝猴普遍能够根据功能推理工具用途。然而毕竟实验中被试数量较少,只有增大样本量才能帮助我们确信川金丝猴的能力。

表 10-8　川金丝猴在根据功能推理中的个体表现

被试	连结条件	承载条件	总计
1	12/16	16/16**	27/32**
2	14/16**	13/16*	27/32**
3	12/16	15/16**	27/32**
4	10/16	9/16	19/32
总计	47/64	53/64	100/128

* $p<0.05$；** $p<0.001$。
本表引自：万美婷,2009

　　和其它灵长类相比(Spinozzi & Potí,1989),黑猩猩和黄猩猩也能够高于机遇水平地完成这两项任务,但正确率只略高于 60%;新大陆猴中的棉头狨(Hauser, Kralik, & Botto-Mahan,1999)也能够理解这两个任务,并且实验中它们还能够专注于功能,而无视其他干扰特性(比如工具颜色)。川金丝猴的能力和其它灵长类的一般水平相当。

3.3.3　小结

　　本节介绍了川金丝猴在关于工具与因果的物理认知任务中的表现,它们能够根据声音线索推理客体位置,但关于它们能否有效利用形状线索有待进一步考察。川金丝猴可以根据功能进行推理,选择使用合适的工具帮助自己获取食物。现存关于其它灵长类的研究较少,因而还难以将川金丝猴和其它物种比较,获取演化证据。

3.4　抑制控制

　　空间与客体、工具与因果都注重于川金丝猴对物理世界特定方面的理解,本节将涉及的抑制控制能力（inhibitory control）则更广泛地涉及灵长类的觅食、求偶等各个方面。那么什么是"抑制控制"呢？抑制控制能力指个体为实现特定目标对干扰性优势反应进行抑制的能力。抑制干扰性的优势反应，压抑冲动行为可以使个体获得更大的收益。例如，在自然环境中，当雌黑猩猩和等级较低的雄性交配时，它会抑制交配叫声从而避免引起高地位雄性的注意（de Waal，2007）。这个例子里，叫声就是干扰性的优势反应，而雌黑猩猩通过抑制控制能力获得了交配机会。在实验研究中，非人灵长类同样表现出了一定的自我控制（self-control）能力。比如长尾猴抑制选择可以立即获得的少的食物，而等待后可获得更多的食物（Pelé，Dufour，Micheletta，& Thierry，2010）；黑猩猩、黄猩猩、倭黑猩猩和蜘蛛猴在一系列测试抑制控制的实验中也都表现较好（Amici et al.，2008）。抑制控制是物种演化适应的结果，是一种人类和非人灵长类共享的高级认知能力（张真，苏彦捷，2004）。

对人类来说，抑制控制能力是执行功能（executive function）的核心成分，和执行功能其他成分——如工作记忆，计划——紧密相连，在完成复杂的认知任务时，协调各种认知过程，以保证认知系统以灵活、优化的方式实行特定目标。婴儿在客体永存任务的第四阶段无法克服 A 非 B 错误，可能就是因为抑制控制能力尚未发展，因而在客体几次被藏于某一位置，继而转移位置后，婴儿无法抑制去之前位置寻找的冲动，从而无法去新位置寻找（Diamond，1991；李红，高山，王乃戈，2004）。在动物认知研究中，A 非 B 任务被广泛用于测试灵长类的抑制控制能力（Amici et al.，2008），本节中，我们也将介绍川金丝猴在 A 非 B 任务中的表现，同时，还将介绍圆筒抑制控制任务，从而讨论川金丝猴的抑制控制能力。

3.4.1　A 非 B 任务

A 非 B 任务（A-not-B task）（Diamond，1991，转引自 Call & Tomasello，1997）是用于研究抑制控制能力的一个范式，常用于考察婴儿或学前儿童的执行功能。实验者首先向被试展示目标物，然后将其藏于 A 容器下，让被试寻找（图10-6），被试做出正确选择即可获得目标物。这样的试次称为控制试次。连续三个控制试次后，第四个试次为测试试次，实验者首先将物体藏在地点 A，然后当着被试的面把物体移动到地点 B，再让被试寻找。这样的连续四个试次作为一组实验，如果被试在控制试次中选择错误，则实验从头开始。

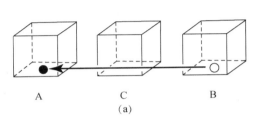

A   C   B

（a）   （b）

图 10-6　川金丝猴 A 非 B 实验

（a）A 非 B 实验示意图；（b）A 非 B 实验情境

本实验中测试的 9 只川金丝猴共完成了 20 组 A 非 B 实验,结果参见表 10-9,图 10-7,图 10-8。被试在所有控制试次中共有 79.7％选择正确,显著高于机遇水平;而在测试试次中有 45％选择正确,并未显著高于随机水平。尽管川金丝猴在测试试次中正确率低于控制试次,但它们在测试试次中仅有 2 次(10％)选择了原来藏目标物的 A 位置,而有 90％的试次都转移了搜索位置,表明它们能够抑制去之前位置的冲动。然而它们仅在 45％试次正确选择了 B 位置,而 45％试次中错误的选择了 C 位置,可能因为转移过程中抑制能力或工作记忆不够强,所以开始出现偏向于中间的选择,但尚不能顺利转移至 B 位置的现象。由于样本量的局限,本实验中无法进一步证实上述推测,增加被试数和试次数将有助于提供更多证据。

表 10-9　川金丝猴 A 非 B 任务结果统计表*

	正确/总试次	正确率	错误/总试次	错误率
控制试次	51/64	79.7％	13(10)/64	20.3％(15.6％)
测试试次	9/20	45％	11(9)/20	55％(45％)

* 表中错误选择包括选择没有藏食物的靠边和中间两个位置的次数,括号里的是选择中间位置的次数及比率。

本表引自：陶若婷,2010

与黑猩猩、倭黑猩猩、蜘蛛猴等物种相比（Amici et al.,2008），在 A 非 B 实验中川金丝猴的正确率较低。由于之前的实验中我们曾经谈及川金丝猴追随客体的能力好于其它灵长类,因而它们在 A 非 B 任务中的表现可能受抑制控制能力的局限。

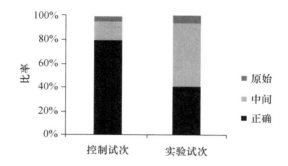

图 10-7　川金丝猴 A 非 B 任务的两个条件下三种选择的比例

本图引自:陶若婷,2010

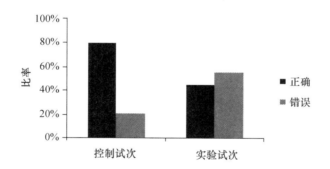

图 10-8　川金丝猴在 A 非 B 实验中的表现统计

在所有试次中,正确选择都指被试选择了藏有食物的位置,原始选择指被试在测试试次中选择了第一次藏食物的位置,即 A 位置;或在控制试次中选择了靠边的没有藏食物的位置,即 B 位置。

本图引自:陶若婷,2010

3.4.2　圆筒抑制控制任务

圆筒任务用于检验被试是否能抑制直接取得食物的冲动。首先在暖身条件中,实验者当着被试的面把食物放入不透明圆筒中,随后让被试熟悉从不透明圆筒侧面能够获取食物。待被试习得圆筒特性后,进入测试试次,实验者在透明圆筒中放置食物，然后呈现给被试，记录被试的反应。如果被试可以抑制直接抓取食物的冲动，绕过透明圆筒从侧面获取食物，则说明被试可以完成该任务。一组实验中被试需要连续四次通过暖身条件才能够进入实验试次，实验试次共重复 10 次。

(a) 暖身试次　　　　　　　　　　　　(b) 测试试次

图 10-9　圆筒抑制控制实验示意图

　　参与本实验的 8 只川金丝猴各完成了一组实验。被试都能够较好的完成暖身试次，平均经过 5.75 次暖身后进入实验试次。其中只有 3 名被试需要 5 次以上的实验，说明川金丝猴能够很快的掌握不透明圆筒的特性，学会从侧面获取食物。所有被试总共的 80 个实验试次中有 28 次反应正确，正确率为 35%。测试试次的前五个试次正确率为 25%，显著低于后五个试次的正确率（45%），表明随着实验进程，川金丝猴对于实验的规则有了更好的理解，被试在实验中的错误不全是由于抑制控制能力发展不够完善，而是因为对实验任务不够熟悉，增加实验试次被试成功率可能会继续上升。

　　与其它灵长类相比，大猿、卷尾猴、蜘蛛猴在圆筒任务中表现远胜于川金丝猴，而红面猴、环尾狐猴、黑狐猴、狒狒、长尾猕猴、獴狐猴与金丝猴不相上下。

3.4.3　小结

　　本节以 A 非 B 任务和圆筒抑制控制任务入手，介绍了川金丝猴的抑制控制能力,它们能够表现出一些抑制控制能力,但和其它物种相比能力有限。

4　结语

4.1　演化假说

我们已初步讨论了川金丝猴的物理认知能力,总结了对其空间能力、因果能力、抑制控制能力的相关研究,并与其他非人灵长类,以及人类婴儿、儿童进行了比较,从演化的视角探讨了这些能力的演化发生。

食叶的川金丝猴觅食环境和觅食行为相对于其它食果性或杂食性的灵长类来说是比较简单的。因而根据生态智力假说,川金丝猴的物理认知水平应该不如食果性或杂食性的灵长类。川金丝猴抑制控制能力弱于其它灵长类,符合觅食智力假说。然而本章我们介绍的其他研究中,川金丝猴在因果关系推理任务中与四种大猿和两种新大陆猴的能力相当,未显逊色。鉴于从居住环境和食性的两个方面来看,川金丝猴的居住环境与黄猩猩类似,而食性远没有黑猩猩、倭黑猩猩和黄猩猩这三种大猿复杂,来自川金丝猴的数据似乎与生态智力假说背道而驰。在客体永存方面,川金丝猴比食性更复杂的恒河猴和松鼠猴能力更强,再次和生态智力假说矛盾。在空间转移和空间旋转方面川金丝猴较黑猩猩、倭黑猩猩和黄猩猩要差,似乎符合生态智力假说的预期。然而大猿的智力水平本身高于猴类,又由于缺乏关于其它猴类的相关研究,我们难以贸下结论(Miklósi,2007)。

值得注意的是,在几项空间任务中,川金丝猴虽然具有客体永存最高阶段的能力,在另两项任务中却表现得差强人意。既然它们能对消失物体产生心理表征,并且能够根据线索推理出物体的位置,为何却无法通过空间旋转和空间转移的任务呢?比较两种任务的异同,空间旋转和空间转移除了需要对物体心理表征外,还需要实时地监控遮蔽容器的移动,川金丝猴可能不具备追踪遮蔽容器的能力。川金丝猴的觅食行为可能正是它们未能演化产生这种行为的关键。它们主要的食物是相对静止的树叶,在觅食活动中食物并不移动,它们也就不需要追踪食物的移动。相较之下,黑猩猩和倭黑猩猩除了以植物为食外,还会捕食移动速度较快的昆虫、小型哺乳类动物,尤其在合作捕猎中需要高度协调环境和客体空间位移关系。可能正是觅食压力的原因,导致了川金丝猴较差的空间转移和空间旋转能力。

川金丝猴觅食环境简单,但却具有庞大的社群和较强的社会认知能力(任仁眉等,2000;Zhang et al.,2008)。它们的一个社群由多个一雄多雌的家庭小群和全雄群共同组成,数量可多达600只,并且其合群—分群行为频繁,可分为季节性合群—分群和短暂性合群—分群(陈服官,1989)。那么,根据社会智力假说,川金丝猴的物理认知水平是否因其社会结构复杂而得以提高呢?从我们刚刚讨论过的空间认知能力来看,川金丝猴客体永存能力或许正是在追踪社群中其它个体动态的过程中得以发展,然而简单以社会智力假说解释其空间其他方面能力并不出众的现象,似乎并不能令人完全信服。

那么社会交往是否促进了川金丝猴因果关系推理能力的发展呢?首先必须澄清一点:因果关系本身既存在于物理世界,也存在于社会交往之中。比如,大风吹过,树枝摇摆,水果掉下来,是物理世界的因果关系;又如,小猴发出警报声音,母猴跑过去抱住小猴,是社会交往中的因果关系。在两个物理任务中川金丝猴根据线索和功能推理的能力都不输大猿,或许正是由于它们在复杂的社会交往中习得了抽象的因果关系表征,进而应用于对物理世界的推理。

尽管川金丝猴是合群—分群的物种,但它们在抑制控制任务中的表现并不出众,这与Amici等人(2008)"合群—分群程度高的物种在抑制控制任务中表现更好"的结论相矛盾。合群—分群是否确实促进动物认知能力演化有必要重新考察。另外,川金丝猴的合群—分群并非在个体层面上,而是在家庭单位层面上,是否合群—分群影响动物认知能力演化,但只有个体层面上才效果显著?想要回答这些问题都有必要检验更多的物种,只有物种的样本足够才能够提供更有力的证据。

最后,不得不承认的是,灵长类的生存环境是个整体,简单认为认知能力是由哪一种压力推动进化而来似乎太过武断。如同不同达尔文雀的鸟喙因生态环境而演化为不同形态(Darwin,1859,1989),不同动物的认知能力也可能因环境压力而各得所长。

4.2　研究展望

本章主要介绍了对川金丝猴抑制控制能力、空间能力和因果关系推理方面的研究,初步探索了川金丝猴物理认知能力。然而由于实验条件所限,每个实验中的样本量都相当有限,扩大样本量能够为我们的结论提供更有力的证据。另外,本章中的实验结论都建立在笼养川金丝猴的证据上,可能会带来潜在偏差。相比野生川金丝猴,笼养个体在生活环境中缺乏挑战,可能认知能力的发展程度并不相同。

另一方面,物理认知能力除了已介绍的几个方面之外,还包括特征与分类、数量等多个方面,在未来研究中应该继续进行补充,完善我们对川金丝猴这一物种物理认知能力的认识。

和物理认知能力相对的是认知能力的另一个重要组成部分。川金丝猴特殊的社会结构可能对其社会认知能力演化产生了特殊的影响,因而对它们社会认知的研究有着巨大的潜在价值。

目前已有研究者开始了川金丝猴的社会认知研究,如追随他人注意力、利用他人交流手势理解合作情景、利用他人知觉信息理解竞争情境等(Tan et al. ,2014)。但相关研究数量仍然很少,涉及方面不广,在未来的研究中应该给予重视。

参考文献

Amici,F. , Aureli,F. , & Call,J. (2008). Fission-fusion dynamics, behavioral flexibility, and inhibitory control in primates.*Current Biology* ,18(18) ,1415-1419.

Barton,R. A. , & Dunbar,R. I. (1997). Evolution of the social brain. In Whiten, A. , & Byrne,R. W. (Eds.),*Machiavellian Intelligence II: Extensions and Evaluations* (Vol. 2) (pp. 240). London: Cambridge University Press.

Beran,M. J. , & Minahan, M. F. (2000). Monitoring spatial transpositions by bonobos (*Pan paniscus*) and Chimpanzees (*Pan troglodytes*).*Journal of Comparative Psychology* ,13 (1-2) ,1-15.

Bräuer,J. ,Kaminski,J. ,Riedel,J. ,Call,J. , & Tomasello,M. (2006). Making inferences about the location of hidden food: Social dog,causal ape.*Journal of Comparative Psychology* ,120(1) ,38-47.

Bremner, J. G. (1978). Egocentric versus allocentric spatial coding in nine-month-old infants: Factors influencing the choice of code.*Developmental Psychology* ,14(4) ,346-355.

Byrne,R. W. (1996). Relating brain size to intelligence in primates. In Mellars,P. , & Gibson,K. (Eds.),*The Early Human Mind* (pp. 49-56). Cambridge: McDonald Institute Research Monographs.

Byrne,R. W. , & Corp,N. (2004). Neocortex size predicts deception rate in primates.*Proceedings of the Royal Society B: Biological Sciences ,271(1549),1693-1699.

Call,J. (2003). Spatial rotations and transpositions in orangutans (Pongo pygmaeus) and chimpanzees (Pan troglodytes).Primates ,44(4),347-357.

Call,J. (2004). Inferences About the location of food in the great apes (Pan paniscus, Pan troglodytes,Gorilla gorilla,and Pongo pygmaeus).Journal of Comparative Psychology , 118(2),232-241.

Call,J. (2007). Apes know that hidden objects can affect the orientation of other objects.Cognition ,105(1),1-15.

Call,J. , & Tomasello,M. (2008). Does the chimpanzee have a theory of mind? 30 years later. Trends in Cognitive Sciences ,12(5),187-192.

Cheney,D. , & Seyfarth,R. (1990). Attending to behaviour versus attending to knowledge: examining monkeys' attribution of mental states.Animal Behaviour ,40(4),742-753.

Cheney,D. L. , Seyfarth,R. M. , & Silk, J. B. (1995). The responses of female baboons (Papio cynocephalus ursinus) to anomalous social interactions: evidence for causal reasoning? Journal of Comparative Psychology ,109(2),134-141.

Darwin,C. (1859).On the Origin of Species by Means of Natural Selection. London: John Murray Press.

Darwin,C. (1871).The Descent of Man, and Selection in Relation to Sex. London: John Murray.

Darwin,C. (1872). The Expression of Emotions in Man and Animals. New York: Philosophical Library.

Darwin,C. (1989). The voyage of the Beagle.Darwin: The Indelible Stamp.

Darwin,C. (1989). Voyage of the Beagle,1839.London: Dent.

de Blois, S. T. , Novak, M. A. , & Bond, M. (1998). Object permanence in orangutans (Pongo pygmaeus) and squirrel monkeys (Saimiri sciureus). Journal of Comparative Psychology ,112(2),137-152.

de Waal,F. (2007).Chimpanzee Politics: Power and Sex among Apes. Maryland: The John Hopkins University Press.

Diamond,A. (1991). Neuropsychological insights into the meaning of object concept development. In Carey,S. & Gelman,R. (Eds.),The Epigenesist of Mind: Essays on Biology and Cognition (pp. 67-110). Hillsdale,NJ: Lawrence Erlbaum Associates,Inc.

Dunbar,R. I. M. (1998). The social brain hypothesis. Evolutionary Anthropology ,6(5), 178-190.

Dunbar,R. I. , & Shultz,S. (2007). Evolution in the social brain.*Science*,317(5843),1344-1347.

Furuichi,T. ,Idani,G. I. ,Ihobe,H. ,Kuroda,S. ,Kitamura,K. ,Mori,A. ,et al. , & Kano,T. (1998). Population dynamics of wild bonobos (*Pan paniscus*) at Wamba.*International Journal of Primatology*,19(6),1029-1043.

Gallup,G. G. (1970). Chimpanzees: self-recognition.*Science*,167(3914),86-87.

Gallup Jr,G. G. ,Anderson,J. R. , & Shillito,D. J. (2002). The mirror test. *The Cognitive Animal: Empirical and Theoretical Perspectives on Animal Cognition*,325-33.

Gibson, K. R. (1986). Cognition, brain size and the extraction of embedded food resources. In Else,J. G. , & Lee,P. C. (Eds.),*Primate Ontogeny,Cognition,and Social Behaviour*(pp. 93-104). Cambridge: Cambridge University Press.

Grueter,C. C. , Li,D. ,Ren,B. ,Wei,F. , Xiang,Z. , & van Schaik,C. P. (2009). Fallback foods of temperate-living primates: a case study on snub-nosed monkeys.*American Journal of Physical Anthropology*,140(4),700-715.

Guo,S. ,Li,B. , & Watanabe,K. (2007). Diet and activity budget of Rhinopithecus roxellana in the Qinling Mountains,China.*Primates*,48(4),268-276.

Hauser,M. D. ,Kralik,J. , & Botto-Mahan,C. (1999). Problem solving and functional design features: experiments on cotton-top tamarins,Saguinus oedipus oedipus.*Animal Behaviour*,57(3),565-582.

Herrmann,E. , Call, J. , Victoria, M. , Lloreda, H. , Hare, B. , & Tomasello, M. (2007). Humans have evolved specialized skills of social cognition: The cultural intelligence hypothesis.*Science*,317(5843),1360-1367.

Horner,V. , & Whiten,A. (2007). Learning from others' mistakes? Limits on understanding a trap-tube task by young chimpanzees (*Pan troglodytes*) and Children (*Homo sapiens*). *Journal of Comparative Psychology*,121(1),12-21.

Hughes,K. D. ,Mullo,E. , & Santos,L. R. (2013). Solving small spaces: investigating the use of landmark cues in brown capuchins (*Cebus apella*).*Animal Cognition*,16(5), 803-817.

Humphray,N. K. (1976). The social function of intellect. In Bateson, P. , Hinde, R. A. (Eds.) *Growing Points in Ethology*(pp. 303-321). Cambridge: Cambridge University Press.

Jolly,A. (1985). The evolution of primate behavior.*American Scientist*,73(3),230-239.

Jolly,A. (1966). Lemur social behavior and primate intelligence. *Science*, 153(3735), 510-506.

Kingstone,A. , Smilek,D. , & Eastwood, J. D. (2008). Cognitive ethology: A new approach for studying human cognition. *British Journal of Psychology* ,99(3) ,317-340.

Kirkpatrick,R. C. , & Grueter, C. C. (2010). Snub-nosed monkeys: multilevel societies across varied environments. *Evolutionary Anthropology* ,19(3) ,98-113.

Kummer,H. ,Dasser,V. , & Hoynningen-Huene,P. (1990). Exploring primate social cognition: Some critical remarks. *Behaviour* ,112(1-2) ,84-98.

Lasky,R. E. ,Romano, N. , & Wenters, J. (1980). Spatial localization in children after changes in position. *Journal of Experimental Child Psychology* ,29(2) ,225-248.

Li,Y. (2006). Seasonal variation of diet and food availability in a group of Sichuan snub-nosed monkeys in Shennongjia Nature Reserve, China. *American Journal of Primatology* , 68 (3) ,217-233.

Marshall,A. J. , & Wrangham, R. W. (2007). Evolutionary consequences of fallback foods. *International Journal of Primatology* ,28(6) ,1219-1235.

Matsuzawa,T. (1994). Field experiments on use of stone tools by chimpanzees in the wild. In Wrangham,R. W. ,McGrew,W. C. ,de Waal,F. B. M. (Eds.) ,*Chimpanzee Cultures* (pp. 351-370). Boston,MA: Harvard University Press.

MacLean,E. L. ,Hare,B. ,Nunn,C. L. ,Addessi,E. ,Amici,F. ,Anderson,R. C. ,... & van Schaik,C. P. (2014). The evolution of self-control. *Proceedings of the National Academy of Sciences* ,111(20) ,E2140-E2148.

Miklósi,á. (2007). *Dog Behaviour, Evolution, and Cognition* . Oxford University Press.

Milton,K. (1981). Distribution patterns of tropical plant foods as an evolutionary stimulus to primate mental development. *American Anthropologist* ,83(3) ,534-548.

Milton,K. (1982). Dietary quality and demographic regulation in a howler monkey population. In E. G. Leigh,E. S. Rand, & D. M. Windsor (Eds.) ,*The Ecology of a Tropical Rain Forest: Seasonal Rhythms and Long-term Changes* (pp. 273-289). Washington,DC: Smithsonian Institution Press.

Milton,K. (1988). Foraging behaviour and the evolution of primate intelligence. In Byrne, R. W. ,Whiten, A. (Eds.) ,*Machiavellian Intelligence. Social Expertise and the Evolution of Intellect in Monkeys, Apes, and Humans* (pp. 285-305). New York: Oxford University Press.

Milton K. (1993). Diet and primate evolution. *Scientific American* ,269(2) ,86-93.

Parker,S. T. , & Gibson, K. R. (1977). Object manipulation, tool use, and sensorimotor intelligence as feeding adaptations in Cebus monkeys and great apes. *Journal of Human Evolution* ,6(7) ,623-641.

Parker,S. T. , & Gibson, K. R. (1979). A developmental model for the evolution of language and intelligence in early hominids.*Behavioral and Brain Sciences*,2(3),367-381.

Pelé,M.,Dufour,V.,Micheletta,J.,& Thierry,B. (2010). Long-tailed macaques display unexpected waiting abilities in exchange tasks.*Animal Cognition*,13(2),263-271.

Piaget,J. (1952).*The Origins of Intelligence in Children*. New York: International University Press.

Piaget,J. (1954). *The Construction of Reality in the Child*. New York, NY: Routledge Press.

Piaget,J. (1969).*The Language and Thought of the Child*. Cleveland: Meridian Books.

Premack,D.,& Woodruff,G. (1978). Does the chimpanzee have a theory of mind? *Behavioral and Brain Sciences*,1(04),515-526.

Qi,X. G.,Garber, P. A.,Ji,W.,Huang,Z. P.,Huang,K.,Zhang,P.,... & Li, B. G. (2014). Satellite telemetry and social modeling offer new insights into the origin of primate multilevel societies.*Nature Communications*,5.

Ren,R.,Su,Y.,Yan,K.,Li,J.,Zhou,Y.,Zhu,Z.,et al. (1998). Preliminary survey of the social organization of*Rhinopithecus roxellana* in Shennongjia National Natural Reserve,Hubei,China. In N. G. Jablonski (Ed.),*The Natural History of the doucs and snub-nosed Monkeys*(pp. 269-278). Singapore: World Scientific.

Rosati,A. G.,& Hare,B. (2009). Looking past the model species: diversity in gaze-following skills across primates.*Current Opinion in Neurobiology*,19(1),45-51.

Siegal,M. (1999). Language and thought: The fundamental significance of conversational awareness for cognitive development.*Developmental Science*,2(1),1-14.

Sophian,C. (1984). Spatial transpositions and the early development of search.*Developmental Psychology*,20(1),21-28.

Spinozzi,G.,& Potí,P. (1989). Causality I: The support problem.

Tan,J.,Tao,R.,& Su,Y. (2014). Testing the Cognition of the Forgotten Colobines: A First Look at Golden Snub-Nosed Monkeys (*Rhinopithecus roxellana*).*International Journal of Primatology*,35(2),376-393.

Tomasello,M.,& Call,J. (1994). Social cognition of monkeys and apes.*American Journal of Physical Anthropology*,37(S19),273-305.

Tomasello,M.,& Call,J. (1997).*Primate Cognition*. New York: Oxford University Press.

Visalberghi,E. (1990). Tool use in*Cebus*.*Folia Primatologica*,54(3-4),146-154.

Whiten,A.,& Byrne,R. W. (1989). The Machiavellian intelligence hypotheses. In Byrne, R. W.,Whiten,A. (Eds.) *Machiavellian Intelligence. Social Expertise and the Evolution of*

Intellect in Monkeys, Apes, and Humans (pp. 1-10). New York：Oxford University Press.

Zhang, Z. , Su, Y. , Chan, R. C. , & Reimann, G. (2008). A preliminary study of food transfer in sichuan snub-nosed monkeys (*Rhinopithecus roxellana*). *American Journal of Primatology* , 70 (2) , 148-152.

陈服官. (1989). 金丝猴研究进展. 西安：西北大学出版社.

李红, 高山, 王乃弋. (2004). 执行功能研究方法评述. 心理科学进展, 12(5), 693-705.

林崇德, 张文新. (1996). 认知发展与社会认知发展. 心理发展与教育, 1, 50-55.

任仁眉, 严康慧, 苏彦捷, 周茵, 李进军, 朱兆泉, 胡振林, 胡云峰. (2000). 金丝猴的社会. 北京：北京大学出版社.

陶若婷. (2010). 川金丝猴抑制控制能力探索. 硕士学位论文. 北京大学.

万美婷. (2006). 对川金丝猴客体永存性的研究. 硕士学位论文. 北京大学.

万美婷. (2009). 川金丝猴的空间客体搜索和因果关系推理. 硕士学位论文. 北京大学.

张真, 苏彦捷. (2004). 非人灵长类的抑制控制能力. 心理科学进展, 12(5), 752-61.

附录

实验室完成的与金丝猴有关的工作。

中文著作

任仁眉,严康慧,苏彦捷,李进军,周茵,朱兆泉,胡振林,胡云峰.金丝猴的社会－野外研究.北京:北京大学出版社,2000.8.

苏彦捷,第二篇金丝猴地理分布、种群数量和保护第二作者(pp.79-102);第三篇各论,第一章川金丝猴1—5节第二作者(pp.103-126),第6节生物学资料第一作者(pp.126-170)在全国强,谢家骅主编.金丝猴研究,2002,12,上海:上海科技教育出版社.

严康慧,苏彦捷,李进军,周茵,任仁眉,朱兆泉,胡振林,胡云峰.试论雄性川金丝猴在群中的护卫行为.见夏武平,张荣祖主编.灵长类研究与保护.北京:中国林业出版社,1995:250-255.

中文论文

任仁眉,严康慧,苏彦捷,戚汉君,鲍文永.川金丝猴社会行为模式的观察研究.心理学报.1990,第2期,159-167.

任仁眉,苏彦捷,严康慧,戚汉君,鲍文永.繁殖笼内川金丝猴社群结构的研究.心理学报.1990,第3期,277-282.

苏彦捷,任仁眉,戚汉君,梁冰,鲍文永.繁殖群中婴幼川金丝猴社会关系发展的个案研究.心理学报,1992,第1期,66-72.

赵迎春,苏彦捷*.非人灵长类的警报叫声.兽类学报,2005,25(1):81-85.

严康慧,苏彦捷*,任仁眉.川金丝猴社会行为节目及其动作模式.兽类学报,2006,26(2):129-135.

张真,苏彦捷*.灵长类动物的食物分享行为.人类学报,2007,26(1):85-94.

英文论文

Ren, R. M. , Yan, K. H. , Su, Y. J. , Qi, H. J. , Liang, B. , Bao, W. Y. , and de Waal, F. B. M.

(1991). The reconciliation behavior of golden monkeys (*Rhinopithecus roxellana*) in small breeding groups, Primates, 32(3): 321-327. [SCI]

Ren, R. M., Yan, K. H., Su, Y. J., Qi, H. J., Liang, B., Bao, W. Y., and de Waal, F. B. M. (1995). The reproductive behavior of golden monkeys in captivity (*Rhinopithecus roxellana roxellana*). Primates, 36(1): 135-143. [SCI]

Su, Y. J., Ren, R. M., Yan, K. H., Li, J. J., Zhou, Y., Zhu, Z. Q., Hu, Z. L., Hu, Y. F. (1998). Preliminary Survey of the Home Range and Ranging Behavior of Golden Monkey (*Rhinopithecus [Rhinopithecus] roxellana*) in Shennongjia National Natural Reserve, Hubei, China. In C. E. Oxnard (Series Ed.) & N. G. Jablonski (Vol. Ed.), Recent Advances in Human Biology: Vol. 4. The Natural History of the Doucs and Snub-nosed Monkeys (pp. 255-268). World Scientific Publishing Co. Pte. Ltd.

Ren, R. M., Su, Y. J., Yan, K. H., Li, J. J., Zhou, Y., Zhu, Z. Q., Hu, Z. L., Hu, Y. F. (1998). Preliminary Survey of the Social Organization of Golden Monkey (*Rhinopithecus [Rhinopithecus] roxellana*) in Shennongjia National Natural Reserve, Hubei, China. In C. E. Oxnard (Series Ed.) & N. G. Jablonski (Vol. Ed.), Recent Advances in Human Biology: Vol. 4. The Natural History of thr Doucs and Snub-nosed Monkeys (pp. 269-277). World Scientific Publishing Co. Pte. Ltd.

Zhang Zhen, Su Yanjie*, Chan R C K & Reimann Giselle (2008). A preliminary study of food transfer in sichuan snub-nosed monkeys (*Rhinopithecus roxellana*). American Journal of Primatology, 70(2): 148-152.

Ren RM, Yan KH, Su YJ, Xia SZ, Jin HY, Qiu JJ and Romero T. (2010). Social behavior of a captive group of Golden Snub-Nosed Langur (*Rhinopithecus roxellana*). Zoological Studies, 49(1): 1-8.

Zhang Zhen, Su Yanjie* & Chan RCK. (2010). A preliminary study on the function of food begging in Sichuan snub-nosed monkeys (*Rhinopithecus roxellana*): Challenge to begging for nutritional gain. Folia Primatologica, 81(5): 265-272 (DOI: 10.1159/000322356).

Xue Ming & Su Yanjie* (2011). Food transfer in Sichuan snub-nosed monkeys (*Rhinopithecus roxellana*). International Journal of Primatology (Int J Primatol), 32(2): 445-455 (DOI: 10.1007/s10764-010-9480-9).

Jin J, Su Y*, Tao Y, Guo S, & Yu Z (2013). Personality as a predictor of general health in captive golden snub-nosed monkeys (*Rhinopithecus roxellana*). American Journal of Primatology, 75(6): 524-533.

Tan Jingzhi, Tao Ruoting & Su Yanjie* (2014). Testing the Cognition of the Forgotten

Colobines：A First Look at Golden Snub-Nosed Monkeys (*Rhinopithecus roxellana*). International Journal of Primatology，35(2)：376-393 (1.99427/152 Q1).

MacLean EL，…Su Yanjie，…Tan Jingzhi，Tao Ruoting，…and Zhao Yini (2014). The evolution of self-control. PNAS，111 (20)：E2140-E2148 www. pnas. org/cgi/doi/10. 1073/pnas. 1323533111 (9.889 4/55 Q1).

研究录像获奖

Ren，R. M. ，Su，Y. J. ，Yan，K. H. ，Li，J. J. ，Zhou，Y. ，Zhu，Z. Q. ，Hu，Z. L. ，Hu，Y. F. (1996). Social Organization of *Rhinopithecus roxellana*. First Prize in the Independent Category of Primate Film and Video Competition by International Primatological Society.

国家自然科学基金

1991.1—1993.12　39070348　金丝猴社会行为的心理学及生态学研究(主持：任仁眉)

1999.1—2001.12　39870111　川金丝猴社群结构形成机制的研究(主持：苏彦捷)

2002.1—2004.12　30170131　川金丝猴发声通讯行为的系统研究(主持：苏彦捷)

2004.1—2006.12　30370201　川金丝猴对其社群中第三方关系的理解及其作用(主持：苏彦捷)

2010.1—2012.12　30970907　分享的发展机制：从目标意图的联合注意到资源分享行为的追踪研究(主持：苏彦捷)

2012—2014 973(2010CB833904)：攻击与亲和行为的机理和异常-多学科多层次交叉研究：人类攻击与亲和行为的发展心理学研究(参与)

学位论文

陈玢.(2002).川金丝猴的发生通讯行为.硕士学位论文.北京：北京大学.

刘青.(2004).川金丝猴的警报叫声.学士学位论文.北京：北京大学.

陶若婷.(2010).川金丝猴抑制控制能力探索.学士学位论文.北京：北京大学.

万美婷.(2006).对川金丝猴客体永存性的研究.学士学位论文.北京：北京大学.

万美婷.(2009).川金丝猴的空间客体搜索和因果关系推理.硕士学位论文.北京：北京大学.

谭竞智.(2008).川金丝猴的意图理解.学士学位论文.北京：北京大学.

王博.(2006).川金丝猴对母婴关系的认知.学士学位论文.北京：北京大学.

王慧梅.(2005).川金丝猴个体对其社会关系的认知.硕士学位论文.北京：北京大学.

徐慧.(2014).川金丝猴数量认知之相对数量判断.学士学位论文.北京：北京大学.

衣琳琳.(2003).川金丝猴的联系叫声和威胁叫声.硕士学位论文.北京：北京大学.

赵迎春.(2005).川金丝猴联系叫声的跨物种识别.硕士学位论文.北京：北京大学.

张真.(2008).分享情境中利他行为的比较研究.博士学位论文.北京：北京大学.